心なし研削盤の
原理と設計

— 研削加工の力学 —

宮下 政和
大東 聖昌
金井 　彰　共著
橋本 福雄

コロナ社

まえがき

　製造現場では，長年の経験を積んだ技能者が工作機械を操り，求められる加工精度を満足する機械部品の加工に励んでいる。いま，その技能者の高い技能を次世代に伝承する課題が話題となっている。ここで，工作機械のユーザとメーカの間で目標の加工精度を実現するための加工技術の役割分担の関係を検討してみる。

　研削加工の場合には，工具である研削砥石の目立て，形直し加工によって生ずる形状精度，砥粒切れ刃分布，また研削負荷によって生ずる砥石，砥粒の減耗過程におけるこれら特性の変化に関する複雑な因果関係の下で，所定の生産性の制約の中で安定した研削条件を求めることはきわめて困難である。

　熟練した技能者は，研削砥石の選択と目立て，形直しの加工条件を含め総合的判断として研削条件を決め，目的の生産性と加工精度を実現しているものと考えられる。

　このような状況の中で，生産現場ではいろいろなトラブルが生じる。例えば，加工精度を阻外する代表的トラブルの一つとして研削加工面に生ずるびびりマークの発生がある。これに対する工作機械メーカ側が示すトラブル解消策を例示すると，びびりマーク発生の振動外乱を以下の二つに分類し，その発生源を見出し，その抑制をユーザに求めている。

(1)　工作物の回転速度と同期する外乱に対しては，主軸台および工作物支持系に存在する振動外乱
(2)　工作物の回転速度を変えてもびびり振動数に変化のない振動外乱については，砥石の不平衡，駆動軸モータ，ベルトなど砥石支持系の振動外乱および環境の振動外乱など

　本来，ユーザ側が必要とする研削盤の仕様項目は各種振動外乱に対する研削盤の振動特性，すなわち外乱振動が工作物-砥石間の相対振動に与える周波数特性である。この情報があれば，共振点に近い振動外乱から抑制する具体的対策が可能となる。

　びびり振動には，外乱振動源を抑制してもなお残る自励びびり振動という，研削加工系に内在する不安定振動現象がある。その原因として，砥石外周面に生ずるうねりによる砥石再生形と，工作部外周に生ずるうねりによる工作物再生形の2種類があり，いずれも研削加工系の共振特性と連成して生ずる現象である。

　研削盤メーカは，その対策例として以下のことなどを示しているが，その具体的数値と根拠を示していない。

(1) 工作物の回転速度を下げる。
(2) 研削幅を狭くする。

その理由は，工作物の支持条件の選択，すなわちその力学的特性はユーザの選択に任せられているためと考えられる。自励びびり振動抑制のためには，研削加工系の中で剛性の最も低い工作物，および支持系への対策が中心となる場合が多いからである。工作物支持系の剛性向上対策として，メーカ側からはレストの使用が用意されている。研削点に対向する位置にレストを固定し，工作物の回転中心に擾乱を与えないようにレスト受面を手動で調節し，工作物の変形を防止する装置である。これは，技能者の熟練を前提とするものである。

以上，びびり振動対策の場合を例として，研削盤メーカとユーザの技術的立場のギャップを示したが，研削砥石メーカとユーザの立場のギャップも同様である。このようなギャップを解消して研削加工技術全体の発展を図るためには，研削加工技術に関与する技術者が担うべき「研削加工の力学」の展開が必要である。研削砥石，砥粒の減耗・破壊の力学，研削機械の力学，研削液の流体力学など，そしてこれら総合した研削加工の力学である。

これら力学の表現手段は，現象の支配的パラメータの選択とその数値化である。トラブルシューティングの具体的ガイドラインは，これらによって表現可能となる。

簡単な例として，研削サイクルの設計の基礎となる研削系の時定数がある。これは，研削剛性と研削加工系のループコンプライアンスの二つのパラメータの関数である。研削サイクルの高能率化の議論は，これらパラメータの検討によって成り立つ。このような具体的パラメータを用いて表現する技術的対話は，研削盤，研削砥石などのメーカ，ユーザの立場の違いを越えて研削技術の総合的発展を促すもので，従来，生産技術の立場から問題視されている研削加工における因果律の不確かさの改善にも寄与するものである。

円筒研削加工においては，工作物の回転中心が最終的に一定となるとき，その真円度が保証される。

本書が扱う心なし研削加工法は，工作物の回転中心を決める幾何学がセンタ支持研削加工法と原理的に異なる加工法である。センタ支持研削加工における工作物の回転中心は，両センタで保持された中心線と幾何学的に一致する。これに対し心なし研削加工においては，工作物の被研削加工面は受板頂面，調整砥石作業面で保持されるため，工作物外周の歪円のうねりが工作物の回転中心に作用するという幾何学的配置になっている。したがって，真円誤差をもつ工作物を研削する場合，その回転中心は一定でない。

そこで，心なし研削加工機械の発明以来，心なし研削加工による成円作用に関してはもっぱら作業現場の経験則を中心に議論することが多かった。ここでのトラブルの代表的なものは，工作物の支持高さ（心高）が低いときは奇数山のうねりの歪円，高過ぎるとSpinnerと呼ばれる工作物が研削砥石の周速に近い高速で異状回転する，空転の危険が生じるというも

のであった。

　また，センタ支持円筒研削の場合に触れた自励びびり振動の発生も，心なし研削加工においてはより多くの因子の組合せに原因があるため，経験による因果律の特定はきわめて困難で，その防止対策としては工作物の心高をなるべく低くするという経験則のみである。このような事情から，心なし研削においては"おむすび"と呼ばれる奇数山の歪円が生じやすいという先入観が広くもたれている。

　本書では，自励びびり振動発生の安定限界のみならず，自励振動の発達率，また振動外乱に対する振幅減衰率の一般解を「心なし研削加工の力学」に基づき解明する。また，具体的実験機械の力学的パラメータを同定し，それらを一般解に適用したうえで，実験機械による成円作用の観測結果が力学的モデルとよく一致することを示している。

　以上の結果から，自励びびり振動の発生条件とその振幅発達率，成円作用が最大となる最適セットアップ条件などを，具体的パラメータを用いて表現するガイドラインの設計が可能となる。

　一般的に，びびり振動抑制のための研削機械設計上の対策として挙げられるのは，以下の2点である。

(1)　送り駆動系の剛性の向上
(2)　送り案内系の減衰比の向上

　最近は，研削加工系の送り分解能の向上を優先する立場から，超精密研削機械においては，テーブル案内軸受として転がり軸受ないし静圧軸受など摩擦抵抗の小さい軸受が多く用いられる。しかし，これらは振動外乱に対するエネルギー吸収の能力に劣っている。これに対し，伝統的な滑り軸受は摩擦抵抗が大きく，送り分解能に劣る欠点があるが，外乱に対するダンピング効果に秀れている。

　そこで，本書では滑り軸受のもつ高いダンピング特性をもち，かつ従来問題視されたスティックスリップ，ロストモーションなどによる送り分解能の欠点を克服する，高剛性で高分解能の滑り軸受案内テーブル駆動機構を新しく提案し，上述の2条件を満足する設計手法を紹介する。

　さらに，これを用いた高剛性・超精密心なし研削機械の設計例を例示し，心なし研削機械の成円作用の原理を取り入れることによって，自励びびり振動から事実上フリーな研削特性を，その実験結果を示しながら紹介する。

　本書は第1部および第2部から構成される。

　第1部では，心なし研削盤の原理をその幾何学的構成と力学的特性の立場から解説する。第2部では，びびり振動対策に必要な高剛性で，かつ高い送り分解能をもつ研削盤に必要な新しい機械要素の提案と，これらで構成される新たな心なし研削盤の設計手法，およびその

研削特性を具体的に紹介する。

　特に，第2部は心なし研削盤のメーカである（株）日進機械製作所とユーザであるティムケン社（Timken Co.）双方のこれら設計原理の共通の認識に基づく協力によって実現することができた，"新たな心なし研削盤"による研究の成果によるものであり，ここで両者に感謝したい。

　また，共著者である大東聖昌，金井彰，橋本福雄の諸氏は30数年にわたるこの分野の中心的共同研究者であり，また東京都立大学大学院の関連の歴代の院生，および内外の多くの関係者の協力によって今日の成果が得られたものである。心から彼らに感謝したい。

　さらに，筆者の50年余にわたる地道な"心なし研削加工技術"の研究生活を，度重なる転職にもかかわらずつねに支えてくれた妻に，ここで改めて感謝したい。

2009年6月

著者を代表して　宮　下　政　和

　次ページ以降，著者代表の宮下先生が懇意にしている，ティムケン（Timken）社元社長であるRobert Leibensperger氏による推薦の辞を，オリジナル英文と和文訳で掲載いたしました。

Preface: "Principles of Centerless Grinding"

As Director of Research and Development and later Vice President-Technology for The Timken Company from 1982 to 1995. I was responsible for New Product and Process Development and Research for the Company's bearing and steel products. After World War II, especially in the 1960's, the world began to change to being a more global economy and The Timken Company saw its competition involved in many countries in the World. Companies from Europe and Japan were making new investments in steel and bearing manufacturing capabilities and to pay for these investments were often exporting their products to the United States, often at prices lower than the going market rate. Also, as the technology developed for the U. S. space program became available to industry, a boom in new electronic control technology occurred at a rapid pace. By the 1970's this technology became available to control bearing and steel making manufacturing equipment.

Anti-friction bearings are one of the most precise and demanding machine components in the mechanical world. Design contact stresses are 200,000 to 300,000 psi and the precision of components are measured in millionths of an inch. (A human hair is .004″ in diameter so 4 millionths is 1/100 the thickness of a human hair). To maximize bearing performance the steels used to make bearings must be free of non-metallic inclusions and the precision of the components must be precise and consistent. Because steel making and grinding and honing machines to manufacture bearings are such a niche industry, bearing manufacturers have learned that they must customize the machine tool industry's standard equipment if they are to be competitive with their products in the marketplace. In some cases, bearing manufacturers have gone into the machice tool business themselves in order to obtain the quality equipment that was needed.

It became apparent, in the 1980's, that because of the availability of new technology, that the bearing and steel making industries had to make significant investments in their manufacturing equipment if they were to remain competitive in the global marketplace.

Once it was recognized that new investments would be required, it became my responsibility at The Timken Company to make sure that when we invested in new bearing and steel making equipment we selected the best machines with state-of-the-art technology and purchased that equipment no matter where it was made in the world. To accomplish this at Timken, teams were fomed to search out this technology. In the case of bearings we assigned an experienced and senior person, with 35 years of manufacturing experience, to lead this effort. Ray Addicott led this search worldwide visiting machine tool companies and Universities around the globe. It was through his effort that we met Dr. Miyashita, Professor at Tokyo Metropolitan University, who was also head of a small Ultra Precision Research Center consulting group.

We quickly learned that Dr. Miyashita and his team, a number of them who are co-authors of this book, had combed the world's literature on grinding technology and had an excellent understanding of the theory of grinding dynamics.

Their research revealed that by changing the slide configurations on conventional grinding machines and applying state-of-the-art electronically controlled servo motors, stick slip in slides could be eliminated. The result is consistent ongoing micro-precision finished parts. We were impressed with their accomplishment and immediately began to work with them and one of their clients, The Nissin Company, to develop state-of-the-art grinders for our manufacturing plants. The venture proved to be a great success. It also led to a life long personal friendship with Dr. Miyashita and to The Timken Company hiring one of Dr. Miyashita's PhD students, Dr Fukuo Hashimoto, who today is Senior Scientist and Director. Those who are interested in the specialty of precision grinding technology will find this book to represent the latest thinking in your field. It is also a very useful treatise in that it takes fundamental theory and applies it to practical grinding machine design.

Robert Leibensperger

Retired Executive Vice President, COO

and President, Bearing

The Timken Company

Canton, OH USA

序論:「心なし研削の原理」

　私は,1982年から1995年にわたってティムケン(Timken)社のR＆Dの責任者,また,後に技術担当の副社長として軸受および製鋼の商品および生産技術の責任を負っていた。第2次世界大戦後,特に1960年代の世界はグローバル経済の時代となり,ティムケン社も世界の企業と競争することとなった。ヨーロッパおよび日本の企業は製鋼および軸受の生産設備に新たな投資を進め,米国市場に進出し,ときに市場価格以下の値段を示した。他方,米国の宇宙計画で進められた技術の民間への応用,電子制御技術のブームが急速な技術の発展をもたらした。1970年代には,このような技術革新が製鋼,軸受の生産技術にも及ぶこととなった。

　anti-friction軸受は機械技術の世界で最も精密で要求の厳しい機械要素の一つである。接触荷重の設計値は140 kgf/mm^{2}から210 kgf/mm^{2}に及び,かつ部品精度は0.025 μm単位で測定される。軸受性能を最高レベルにするには,軸受鋼の非金属不純物の徹底排除とともに部品精度の高精度・一定化を図らなければならない。軸受製造に用いる製鋼設備,研削盤,ホーニング機械はニッチ産業であり,市場の競争力をもつためには,軸受メーカは工作機械メーカの標準仕様機械から特別発注をしなければならないことを学んでいる。

　1980年代に入ると,新技術導入のため軸受と製鋼企業はグローバル市場で生き残るためその生産設備に重大な設備投資をしなければならなくなった。

　そこで,新しい投資計画の必要性からティムケン社においては,新しい生産設備導入のため,世界中あらゆる所から最新の技術を取り入れた最良の工作機械を選択する責任が私に委ねられた。この使命のため35年の生産技術の経験をもつRay Addicottを長とする特別チームを編成し,世界中の工作機械メーカおよび大学を調査することとなった。

　当時東京都立大学教授であったDr. Miyashitaと出会ったのは彼の努力の賜(たまもの)である。Dr. Miyashitaおよびそのチームが研削技術に関する世界の文献を精査し,研削加工の力学理論の優れた理解者であることをただちに知ることとなった。グループの何人かは本書の共著者である。

　彼らは,従来の研削盤の滑り軸受案内機構に手を加え,最新の電子制御サーボモータを適用して滑り軸受案内につきもののスティックスリップ現象を除去できることを明らかにしている。この成果は精密研削加工に通ずるものである。われわれはその成果に深い感銘を受け,ただちに協力関係にある日進機械製作所とともにわが社の生産工場のための最新の研削

盤として開発を進めることとなった。その結果は大成功であった。これを契機にDr. Miyashitaとの生涯の個人的友人関係が生まれ，彼の博士課程の院生であったDr. Hashimotoのティムケン社への入社へとつながった。Dr. Hashimotoは現在ティムケン社の先端生産技術担当の技師長兼ディレクタである。

精密研削加工技術に興味のある読者にとって，本書はこの分野の最新の考え方を示しており，研削盤の基本的理論とこれに基づく具体的設計に役立つものである。

ロバート・ライベンスパーガ
元執行副社長COO兼
元軸受部門社長
ティムケン社
カントン，オハイオ州
米国

目　　次

第1部　心なし研削盤の原理

1. 心なし研削方式の誕生と経験則（1915～1950年代）

1.1　心なし研削方式の誕生 …………………………………………………………… 2
1.2　心なし研削盤の成円作用に関する経験則（1922～1950年代）………………… 6
　1.2.1　1932年当時の経験則 ……………………………………………………… 6
　1.2.2　1950年代に至る経験則 …………………………………………………… 9
　1.2.3　当時の表面粗さ，真円度測定機器の状況 ……………………………… 10

2. 円筒研削の変革技術としての心なし研削方式

2.1　V形支持円筒研削方式の系譜 ……………………………………………………… 12
2.2　円筒研削加工原理としての心出し機構の幾何学的原理 ………………………… 14
2.3　心出し基準面の精度の検討 ………………………………………………………… 15
2.4　工作物支持系の剛性および回転駆動機構の比較 ………………………………… 19
2.5　再生心出しおよび摩擦回転駆動の機能を前提とする心なし研削盤の特色と利点
　　　……………………………………………………………………………………… 21
2.6　V形外周支持研削盤の開発の歴史 ………………………………………………… 22

3. 工作物の"摩擦回転駆動系"の力学的成立条件

3.1　工作物が研削力を受けて"摩擦回転駆動系"が成り立つための経験則 ………… 25
3.2　単純円筒状工作物の摩擦回転駆動系の力学とセットアップ条件の
　　　ガイドラインとなるパラメータの導入 ………………………………………… 25
3.3　摩擦回転駆動系を支配するパラメータによるセットアップ条件の選び方 …… 29

4. 各種調整砥石の摩擦・摩耗特性およびその課題

4.1　各種調整砥石の摩擦・摩耗特性の測定 ………………………………………… 31

4.2 研削過程にある調整砥石の制動力の負荷特性……………………………………37
4.3 段付き工作物の安定・安全作業問題……………………………………………38
4.4 心なし研削における研削作業の安定・安全対策………………………………43

5. 幾何学的成円作用の解析

5.1 研削点における真円誤差測定から成円作用を考える
　　　── 真円誤差が検出できなければ成円作用はない…………………………44
5.2 幾何学的成円機構を表す伝達関数と成円作用の過度応答……………………49

6. 静力学的成円機構の解析

6.1 構成要素の静剛性を含む成円機構のブロック線図
　　　── 成円機構に及ぼす切残し現象の影響………………………………………58
6.2 調整砥石の弾性接触弧と成円機構………………………………………………66

7. 成円機構に関する基礎実験と解析モデルの検討

7.1 外乱入力の検討……………………………………………………………………71
7.2 振動外乱環境下における加工真円誤差の発生…………………………………72
7.3 規則的外乱入力に対する歪円出力の応答特性…………………………………74
　　7.3.1 接線送り方式心なし研削盤の基礎実験……………………………………75
　　7.3.2 切欠付き円筒体の加工真円度と心高角……………………………………76
　　7.3.3 平坦部のある円筒体の高調波歪成分を外乱入力と考えた場合の
　　　　　加工真円度に及ぼす伝達特性の数値計算と実験値……………………78
7.4 うねり山数が3山および20山の初期歪円入力に対する心高角対
　　成円過程の比較実験と歪円減衰率の算定………………………………………79
7.5 シューセンタレスにおける成円作用の基礎実験………………………………81
7.6 調整砥石のツルーイング精度改善対策と加工真円度への影響………………84
　　7.6.1 調整砥石軸系の高剛性・高精密化対策……………………………………84
　　7.6.2 研削ツルーイングと成形精度………………………………………………85
　　7.6.3 ツルーイング法が調整砥石の機能に及ぼす影響…………………………87
　　7.6.4 調整砥石のツルーイング精度と加工精度…………………………………90

8. センタ支持円筒プランジ研削における自励びびり振動の発生機構

8.1 センタ支持円筒プランジ研削の成円作用における再生効果とは
　　　── 再生効果によるうねりの伝達特性…………………………………………93

8.2　センタ支持円筒プランジ研削加工系の動力学的ブロック線図と特性方程式 ………… 97
　　8.2.1　再生関数のベクトル軌跡 ― 等 σ 線図，等 Δn 線図の導入 ………………… 98
　　8.2.2　研削機械系のコンプライアンスのベクトル軌跡 ………………………… 100
　　8.2.3　ベクトル軌跡合致法による特性根の求め方 ……………………………… 103
8.3　センタ支持円筒研削加工系の安定判別式と自励びびり振動対策 ………………… 105
8.4　再生限界を含む特性根の分布領域の近似計算と自励びびり振動対策 ………… 106

9. 心なし研削加工系の動力学的成円機構のブロック線図と安定判別線図
── 一般論

9.1　心なし研削加工系の動力学的成円機構のブロック線図と特性方程式 ………… 109
9.2　再生関数 ― $f(s)$ の近似ベクトル軌跡 ……………………………………… 111
9.3　特性根の求め方 ― 安定判別線図の導入 …………………………………… 114
9.4　心なし研削加工系の無次元化コンプライアンスのベクトル軌跡 ……………… 120

10. 心なし研削実験条件と対象とする成円機構の数値解析
── 具体的事例解析

10.1　心なし研削実験条件の特性パラメータと研削加工系の無次元化コンプライアンスの
　　　ベクトル軌跡 ……………………………………………………………………… 122
10.2　位相合致法による不安定振動根の発生領域
　　　― f_{nr} = 100 Hz 近傍の安定判別線図の数値計算 …………………………… 123
10.3　nn_w vs. $n\gamma$ 線図における等 σ 線図 ― 成円作用判別線図の導入 ……………… 125
　　10.3.1　$\sigma \geqq 0$ の等 σ 線図と安定研削条件 ― n_w/γ 値の選び方 ………………… 125
　　10.3.2　成円作用判別線図の導入と複素平面上の特性根 $s = \sigma + jn$ の配置 …… 126
　　10.3.3　静力学的・動力学的成円機構を総合的に表現する成円作用判別線図 … 128
10.4　研削加工系の特性パラメータと特性根の最大振幅発達率 σ_{max} との関係 ……… 129
10.5　再生心出し関数 $A(jn)$ の近似条件と等 σ 線図 ……………………………… 131
10.6　位相合致法による安定判別線図上における自励びびり振動の発生機構と抑止対策
　　　………………………………………………………………………………………… 134

11. 心なし研削実験による自励びびり振動発生モデルの検証

11.1　自励びびり振動実験に必要な心なし研削盤 Hi-Grind1 の改造 ……………… 136
11.2　ドレッサ送り機構の固有振動数に起因する自励びびり振動の発生 ………… 139
11.3　自励びびり振動の発生過程の観測例 ………………………………………… 140

xii　目　　　次

11.4　自励びびり振動発生条件を示す $n\gamma$ vs. nn_w 線図 — 高速安定領域と低速安定領域（解析）………………………………………………………………………………… *141*

11.5　実験によって求めた安定判別線図 — 低速安定限界線……………………… *142*

11.6　心なし研削における成円作用を支配するキーパラメータ n_w/γ と
　　　自励びびり振動研削現象の観察…………………………………………… *145*

11.7　安定研削条件の求め方 — 近似解法………………………………………… *150*

11.8　自励びびり振動抑制のための心なし研削機械の設計指針………………… *152*

第2部　心なし研削盤の設計

1.　滑り軸受案内テーブルの高剛性・高分解能位置決めサーボ系の設計

1.1　スティックスリップ防止対策としての力操作形サーボ系とその構成……… *154*

1.2　滑り軸受案内テーブル駆動系への適用………………………………………… *157*

　1.2.1　力操作形油圧アクチュエータの駆動特性……………………………… *157*

　1.2.2　滑り軸受案内テーブルの力操作形位置決めサーボ系の特性………… *160*

1.3　滑り軸受案内テーブルの力操作形サーボ系の特長…………………………… *168*

2.　新たな心なし研削盤の開発

2.1　新たな心なし研削盤の構成と成果……………………………………………… *170*

2.2　総形心なし研削におけるびびり振動の抑制…………………………………… *170*

　2.2.1　基　本　設　計…………………………………………………………… *171*

　2.2.2　諸特性の実験的検証……………………………………………………… *173*

　2.2.3　びびり振動の抑制に及ぼす影響………………………………………… *176*

　2.2.4　真円度の高精度化………………………………………………………… *180*

2.3　高精度砥石修正による砥石の長寿命化………………………………………… *181*

　2.3.1　研削条件のチェイン……………………………………………………… *182*

　2.3.2　高精度心なし研削盤における砥石寿命 — 一般砥石の場合………… *187*

　2.3.3　高精度心なし研削盤の超砥粒ホイールへの適用……………………… *190*

2.4　心なしスルフィードにおける寸法精度の高精度化…………………………… *194*

　2.4.1　寸法精度に関する諸課題………………………………………………… *195*

　2.4.2　寸法の経時変化…………………………………………………………… *195*

　2.4.3　寸法の隣接誤差…………………………………………………………… *197*

　2.4.4　寸法偏差の検出 — ポストプロセスゲージ…………………………… *200*

2.5　心なし研削盤の基本構成 …………………………………………… 201
　　2.5.1　新たな位置決め機構 ……………………………………………… 203
　　2.5.2　油圧サーボ弁の選定 ……………………………………………… 203
　　2.5.3　送りねじに作用する残留力を検出する場合 …………………… 204
　　2.5.4　テーブル位置を検出する場合 …………………………………… 206
　　2.5.5　軸受隙間制御による寸法補正機構 ……………………………… 208
　　2.5.6　工作物寸法への転写精度 ………………………………………… 209
2.6　生産研削における寸法精度 ………………………………………… 209
　　2.6.1　ポストプロセスゲージ：抜取り検測 …………………………… 210
　　2.6.2　ポストプロセスゲージ：全数検測 ……………………………… 211
　　2.6.3　ポストプロセスゲージが適用できない場合 …………………… 212
2.7　直 径 測 定 器 ………………………………………………………… 213

引用・参考文献 ……………………………………………………………… 215
索　　　引 …………………………………………………………………… 219

記　号　表

$A(s),$	：再生心出し関数	n_w	：工作物回転速度
$A(jn)$	$A(s) = 1 - \varepsilon' e^{-\varphi_1 s} + (1-\varepsilon)e^{-\varphi_2 s}$	n_B	：再生限界うねり山数
a	：砥粒切れ刃間隔，	n_E	：最小位相角うねり山数
	工作物-砥石間相対振幅	n_{wE}	：最小位相角の工作物回転数
a_B	：再生限界うねり振幅	q	：工作物-研削砥石間の周速比
a_d	：ドレッサ切込み	$q_i(\varphi)$	：周期的切込み入力
b	：研削幅，接触幅	R	：等σ線図の半径
D_e	：等価砥石直径	R_e	：等価砥石半径
D_r	：調整砥石直径	R_r	：調整砥石半径
D_s	：研削砥石直径	R_w	：工作物半径
D_w	：工作物直径	r_0	：工作物平均半径
d_c	：延性・脆性遷移切取り厚さ	$r(\varphi)$	：工作物の真円誤差，歪量
d_g	：砥粒切取り厚さ	$r_w(\varphi)$	：工作物外周形状　$r_w(\varphi) = r_0 + r(\varphi)$
d_s	：平均切屑厚さ	r_1	：OB方向の歪量
d_w	：砥石切込み	r_2	：OR方向の歪量
F_n	：研削力法線分力	r_3	：OG方向の歪量
F'_n	：単位研削幅当り研削法線分力	s	：ラプラス演算子　$s = \sigma + jn$
F_t	：研削力接線分力	$t(\varphi)$	：研削点における歪円の拡大率
F_{tL}	：最小自転摩擦力	u	：$u = \omega/\omega_n, f/f_n$
F_{tU}	：制動限界摩擦力	v_r	：調整砥石周速
f_B	：再生限界周波数	v_s	：研削砥石周速
f_E	：最小位相角の周波数	v_w	：工作物周速
$f(jn)$	：再生関数　$f(jn) = (1 - e^{-2\pi jn})/A(jn)$	Z'_w	：切屑除去率
f_c	：再生びびり振動数	Z_{cr}	：接触弧長さ $2l_{cr}$ による切込みへの
f_d	：ドレッサ送り		フィルタ効果
f_n	：固有振動数	Z_{cs}	：接触弧長さ $2l_{cs}$ による切込みへの
$G_m(s)$	：工作物支持系の無次元化コンプライアンス		フィルタ効果
h	：心　高	α	：$\alpha = \sin^{-1}\{h/(R_r + R_w)\}$
k_{mr}	：調整砥石支持系の剛性	β	：$\beta = \sin^{-1}\{h/(R_s + R_w)\}$
k_{ms}	：研削砥石支持系の剛性	γ	：心高角　$\gamma = \alpha + \beta$
k'_{cr}	：調整砥石の単位幅当り接触剛性	γ_0	：最高心高角
k'_{cs}	：研削砥石の単位幅当り接触剛性	θ	：受板頂角
k_w	：研削剛性	ε'	：$\varepsilon' = \sin\gamma/\cos(\theta - \alpha)$
k'_w	：単位幅当り研削剛性	$1-\varepsilon$	：$1-\varepsilon = \cos(\theta + \beta)/\cos(\theta - \alpha)$
$2l_{cr}$	：調整砥石の工作物との接触弧長さ	ζ_e	：切残し率
$2l_{cs}$	：研削砥石の工作物との接触弧長さ	ζ_w	：切込み率
N	：工作物累積回転数	κ	：段付き工作物の形状係数
$N_T(n)$	：振幅減衰時定数	λ	：歪円うねりの波長
n	：工作物外周のうねり山数	λ_s	：調整砥石の自転係数
n_i	：整数うねり山数	μ_r	：調整砥石の滑り摩擦係数
Δn	：うねり端数　$0 < \Delta n < 1.0$	μ_{rc}	：調整砥石の無負荷自転限界摩擦係数
n_e	：偶数うねり山数	μ_{r0}	：調整砥石の制動摩擦係数
$n_{e,p}$	：偶数山固有歪円山数　$n_{e,p} = [\pi/\gamma]_e$	$\mu_{r\max}$	：調整砥石の最大摩擦係数
n_o	：奇数うねり山数	σ_c	：歪円の振幅発達率
$n_{o,p}$	：奇数山固有歪円山数　$n_{o,p} = [2\pi/\gamma]_o$	ω_B	：再生限界角周波数

第1部

心なし研削盤の原理

1 心なし研削方式の誕生と経験則 (1915〜1950年代)

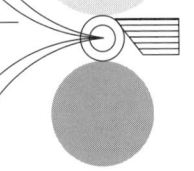

1.1 心なし研削方式の誕生

　人類の有史以来最も古い心なし研削方式は，平らな砂岩上に水を加え，工作物を転がして円筒体にしてつくった矢の製作法といわれている。近代の工作機械の発達の歴史の中で，最も基本的形態ともいうべき旋削加工においては，工作物を両センタで保持，回転駆動し，刃物台を移動して円筒体を創成する。工作物の両センタ支持方式は，その幾何学的創成原理の簡潔，かつ明快さのため，19世紀に開発が始まった研削盤においても当初研削旋盤と呼ばれ，後に万能研削盤といわれた。ブラウン・シャープ（Brown & Sharp）社の円筒研削盤においても両センタ方式の加工原理を採用している。**図1.1**はブラウン・シャープ社の万能研削盤を示す。

図1.1 ブラウン・シャープ社の万能研削盤第1号（1876）[1.1]

　工作物をその外周で支えて断面形状を円くする心なし研削方式の模索はWilkinsonのスピンドル研削盤（1820），Schleicherの自動送りニードル研削盤（1853）とともに古いといわれている[1.1]。

　図1.2は，Detroit Machine Companyが1912年に広告で示したといわれる初期心なし研削盤の動作原理を示す。外径16インチ，幅4インチの砥石をわずかに円すい形にして工作物を案内プレートに沿って引き込み，送りが与えられながら外周研削が行われる。**図1.3**

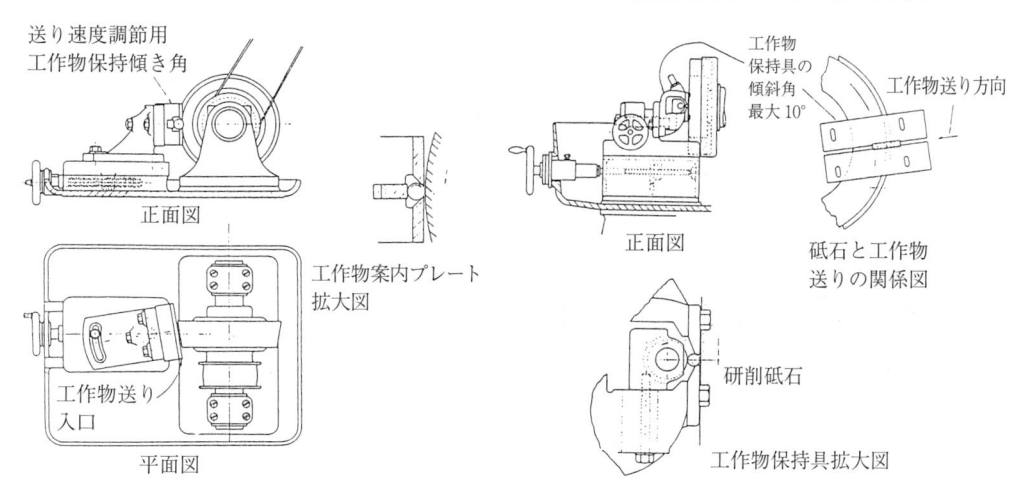

図1.2 初期心なし研削盤の動作原理[1.1),1.2)]

図1.3 円筒形状の砥石による心なし研削盤[1.2)]

はこれを改良した，円筒形状の砥石による研削盤を示す。

図1.2および図1.3では，工作物の周速を調節するための安定した機能に問題が残る。このため，新たに調整砥石と呼ばれる工作物との摩擦力を利用して工作物の回転数の安定化を図ったものが**図1.4**である。ここで，工作物の送り方向を決める案内プレートが研削砥石の直径方向にわずかの傾きが与えられており，この傾きが工作物の送り速度を決めている。図1.4では，砥石端面で研削が行われているのに対し，砥石外周面で研削する方式が**図1.5**である。ここで初めて研削砥石，調整砥石および工作物受板からなる今日の心なし研削盤の原形が示されることになる。

図1.6は，1926年当時の生産現場における心なし研削盤の外観である。筆者が1950年代軸受メーカで働いた生産現場そのものである。図1.5は最初に今日の心なし研削盤の特許を

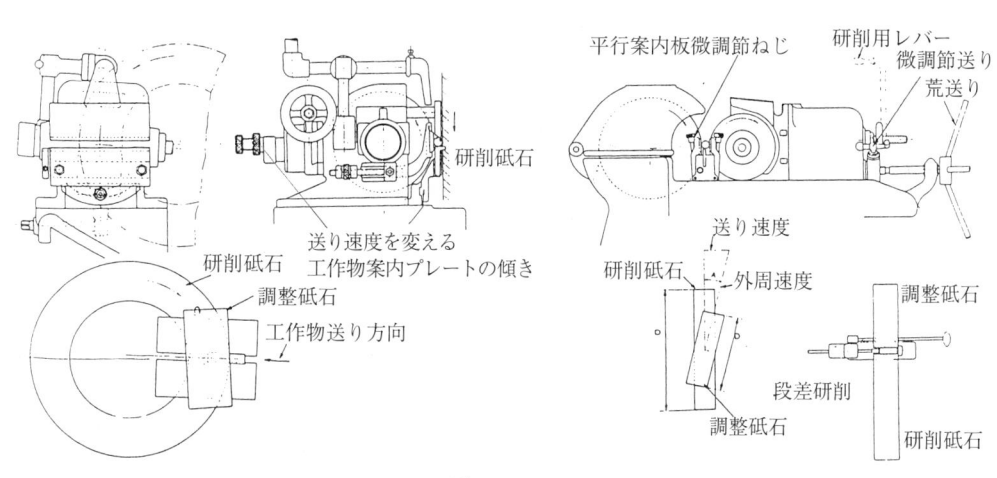

図1.4 単純円筒体研削用心なし研削方式[1.2)]

図1.5 研削，調整両砥石外周面を通過する心なし研削方式[1.2)]

1. 心なし研削方式の誕生と経験則（1915〜1950年代）

図1.6 図1.5に示す原理の心なし研削盤の作業外観（1926）[1.2]

得たLewis Heimの原理である（1915）。

同様の考え方は当時他にもいろいろ提案されており，1911年にはMayer & Schmidtの原理があり，**図1.7**に示すように，工作物の回転駆動機構として調整砥石に相当する摩擦回転体を導入し，1915年には**図1.8**に示すFehrenkemperの提案があり，原理的にはHeimのものと一致する。

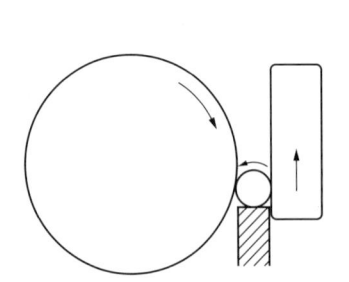

図1.7 Mayer & Schmidtの心なし研削原理（1911）[1.3]

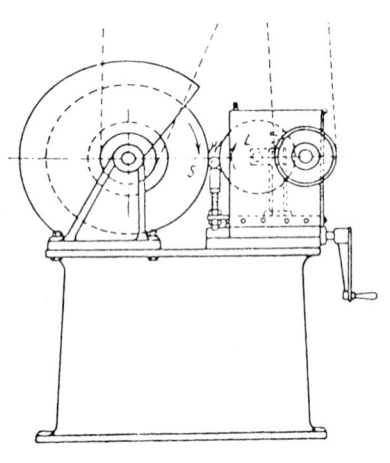

図1.8 Fehrenkemperの心なし研削盤（1915）[1.3]

自動車部品の生産における寸法公差と大量生産の要請から1921年，フォード（Ford）社からシンシナチ（Cincinnati）社に対し10台の心なし研削盤の発注があったが，その仕様条件としてつぎの2項目があった[1.4]。

(1) Sanford Mfg. Co. 方式の心なし研削盤（Heim方式）
(2) 高精密心なし研削盤；ピストンピンの直径公差
　　従来の0.0005インチ（12.5μm）を0.0001インチ（2.5μm）に改善する。

図 1.9 1922 年にシンシナチ社がフォード社に納入した心なし研削盤第 1 号機の外観[1.4]

1933 年までにおよそ 120 台の心なし研削盤 Sl. R. E. が製造され，最近まで稼働していた．写真は 1922 年製造の第 1 号機

図 1.10 1922 年にリチョッピング社が Schmid-Roost 社に納入した心なし研削盤第 1 号機の外観[1.5]

これを受けてシンシナチ社は関連特許の購入を進める一方，その第 1 号機を 1922 年完成し，フォード社に納入している．これを**図 1.9** に示す．

他方，リチョッピング（Lidköping）社は Fehrenkemper 方式の心なし研削盤の注文をスイスの軸受メーカ Schmid-Roost 社から受け，その第 1 号機を 1922 年納入している．**図 1.10** は，その外観である．

シンシナチ社とリチョッピング社との間の特許論争が**図 1.11** に示す方式の違いとして争われた．調整砥石ヘッドおよび受板位置スライドを 2 重に設ける方式と，研削砥石・調整砥石それぞれに送りスライドを設け，工作物送り位置を一定にする方式の違いである．最終的には，1928 年共通の工作物を用い，両者による加工精度を V ブロックで測定し，真円度の優劣で争ったといわれる．結局，リチョッピング社はヨーロッパでの販売権を得ている．

1922 年から心なし研削盤の導入が一挙に拡大していった背景には，その大量，安価な部品の生産性と同時に，部品の寸法公差の優位性が評価された点にある．当時の記録によれば[1.6]，ピストンピンの場合には 225 〜 325 個/時，万年筆の軸では 750 個/時など従来の円筒研削盤に比べ飛躍的に生産性が向上したこと，また，焼入鋼部品の場合，荒研削で直径取り代 0.005 〜 0.006 インチ/pass，仕上研削で 0.000 5 インチ/pass 以下も可能としている．

心なし研削技術が当時の工作機械関係の技術者にどのように興味深く見られていたかは，以下に示すコメント記事（図 1.11 の右）からも読み取ることができる．

産業界における心なし研削盤の普及は，自動車産業の拡大とともに米国がヨーロッパをは

図 1.11 シンチナチ社，リチョッピング社両者間の心なし研削方式の特許論争[1.3]

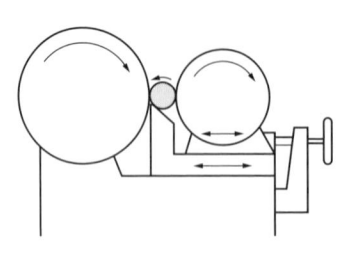

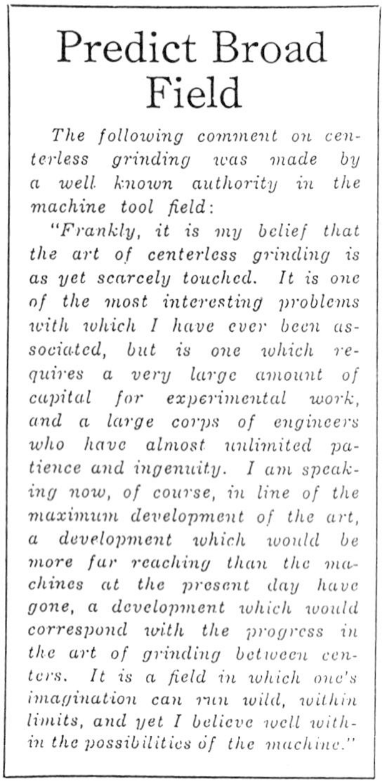

Predict Broad Field

The following comment on centerless grinding was made by a well known authority in the machine tool field:

"Frankly, it is my belief that the art of centerless grinding is as yet scarcely touched. It is one of the most interesting problems with which I have ever been associated, but is one which requires a very large amount of capital for experimental work, and a large corps of engineers who have almost unlimited patience and ingenuity. I am speaking now, of course, in line of the maximum development of the art, a development which would be more far reaching than the machines at the present day have gone, a development which would correspond with the progress in the art of grinding between centers. It is a field in which one's imagination can run wild, within limits, and yet I believe well within the possibilities of the machine."

コメント記事[1.7]

(a) シンチナチ方式

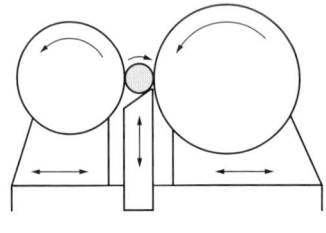

(b) リチョッピング方式

るかに上回り，このため心なし研削加工に関する記事もその実用期とともに雑誌 Abrasive Industry にいち早く現れている。英国で，Machinery's Yellow Back Series の中で心なし研削技術が取り上げられたのは，1937 年になってからである。

1.2 心なし研削盤の成円作用に関する経験則（1922〜1950 年代）

1.2.1 1932 年当時の経験則[1.2),1.8]

1931 年の Abrasive Industry の記事[1.8] によれば，**図 1.12** に示すように，工作物が案内ブロックに保持される (a) 方式から，調整砥石端面で工作物を回転駆動する (b) 方式に，さらに，調整砥石外周面による駆動と両砥石のセンタラインからの工作物中心の高さ（これを心高と呼ぶ）の選択による成円（歪円の修正）作用を考慮した (c) 方式へと変化していく過程を示している。ここで，心高が零となる (d) の場合には，(e) に示すように工作物直径は一定となるが，この条件から工作物が円形となる保証はなく，(f) に示すように直径が一定の歪円（out-of-roundness）が生じ，一般的に奇数山（例えば，3，5，7 山）歪円となることを示している。

このような比較的山数の少ない奇数山の歪円を避けるには，心高を適切な高さに設定する

1.2 心なし研削盤の成円作用に関する経験則（1922〜1950年代）

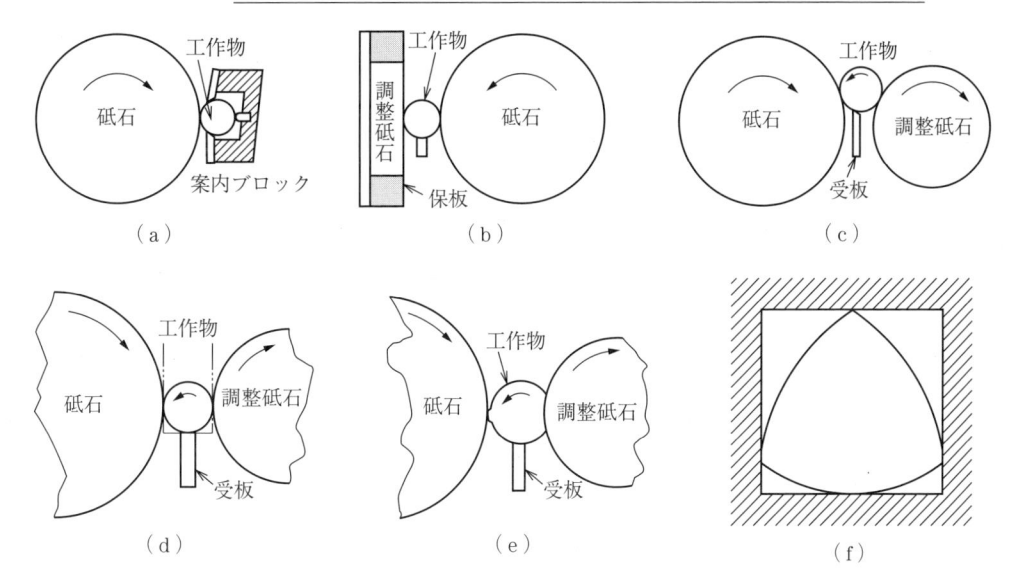

図1.12 工作物を案内ブロックで支え，砥石に当てる（a），円筒端面で工作物を駆動（b），工作物中心を両砥石センターより上方に支持（c），工作物中心が両砥石センター上（d），歪円の発生（e），工作物の間違ったセットアップによる歪円（f）

とよいとしている。工作物は**図1.13**に示すように，接線$\overline{BB}$および$\overline{CC}$からなるV字上で調整砥石に等しい周速で回転し，それに伴い工作物の中心は移動するが，研削点の接線$\overline{AA}$と回転中心との間で研削除去される。工作物外周の凹部Eが調整砥石に接触すると，砥石の切込みの変化のため凸部Dが生ずる。図1.13に示す研削砥石，調整砥石，受板頂角（**図1.14**参照）および工作物中心の心高の関係から，Eによって新たに生ずる凸部Dの間には幾何学的に

$$D < E$$

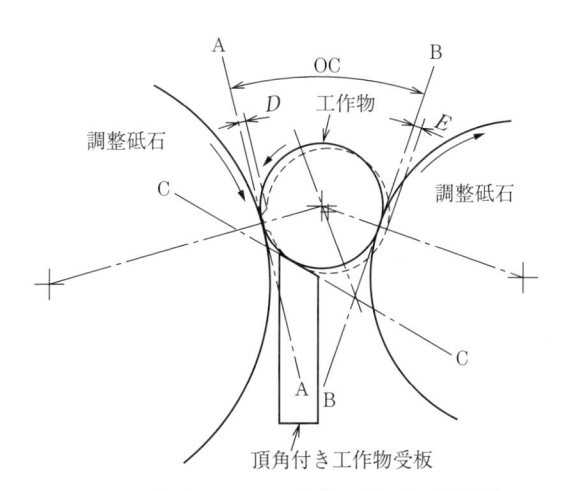

図1.13 多くの因子が工作物の真円度に影響[1.8]

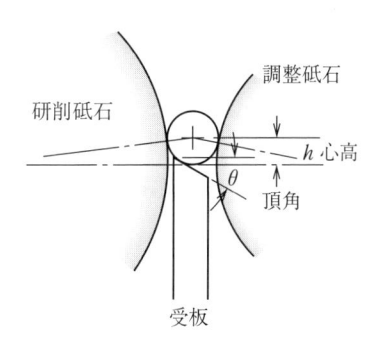

図1.14 心なし研削盤の受板頂角θと心高h

したがって，心高を適切に設定することにより工作物の歪円は指数関数的に減少し，真円に近づくと説明している。

図 1.12 (f) に示された等径歪円の発生とか，心高の選択が適切でないと生ずるびびり振動（研削中に生じる振動現象の一種）あるいは工作物の不安定な切込み変化，といったトラブルの解決策が生産現場で問題となっている。このようなトラブルの解決策として A. D. Meals はつぎのようなガイドラインを示している[1.9]。なお，受板頂角 θ と心高 h の定義を図 1.14 に示す。

(1) びびり振動対策

(a) 研削砥石軸および調整砥石軸の調節不良

軸受の半径方向あるいは軸方向の遊びを除く。

(b) 受板頂角 θ が大き過ぎる。

工作物直径が約 19 mm 以下の場合： $\theta \cong 40°$

19 mm 以上の場合： $\theta = 30°$

特に大径の場合： $\theta = 20°$

小径でも取り代（削り代）が大きい場合： $\theta = 30°$

取り代が小さい仕上研削では，θ が大きいほど成円作用が大。

(c) 受板の厚さが不十分である。

(d) 心高 h が高過ぎる。

心高 h が高過ぎると工作物の安定支持ができない。

工作物直径が 19 mm 以下の場合： $h = 6.4 \sim 8.0$ mm

19 mm 以上の場合： $h = 8.0 \sim 12.7$ mm

(e) 研削砥石の選択

結合度が硬過ぎる。

砥粒が細か過ぎる。

研削力が過大となり，調整砥石と工作物の間に滑りが生じ，工作物が上下方向に不安定支持となる（今日いわれる工作物の空転 ― Spinner ― の状態）

(2) 真円誤差対策

成円作用は，心高 h と受板頂角 θ によって変化する。

(a) 心高 h について

直径 19 mm 以下の場合： $h = 6.4 \sim 8.0$ mm

直径 19 mm 以上の場合： $h = 8.0 \sim 12.7$ mm

(b) 受板頂角 θ について

心高 h の調節でも成円作用が不十分の場合には，びびり振動が生じない範囲内で頂

角 θ を増す。

(c) 実験的に心高 h と受板頂角 θ の組合せを適切に選ぶ。

1.2.2 1950年代に至る経験則

1952年敗戦後初めて米国からシンシナチ社の心なし研削盤 No.2 が軸受メーカに輸入された。機械とともに送られた小冊子に"Principle of Centerless Grinding"[1.10]があり、心なし研削加工法の考え方と利用法の案内書を初めて見ることができた。ここで示された心なし研削の原理図とその成円作用の説明図を**図1.15**に示す。これが1931年の説明図の図1.13とまったく変わりがないことに驚いた。すなわち、この間約10年間心なし研削加工の考え方に進歩がなかったことを示している。

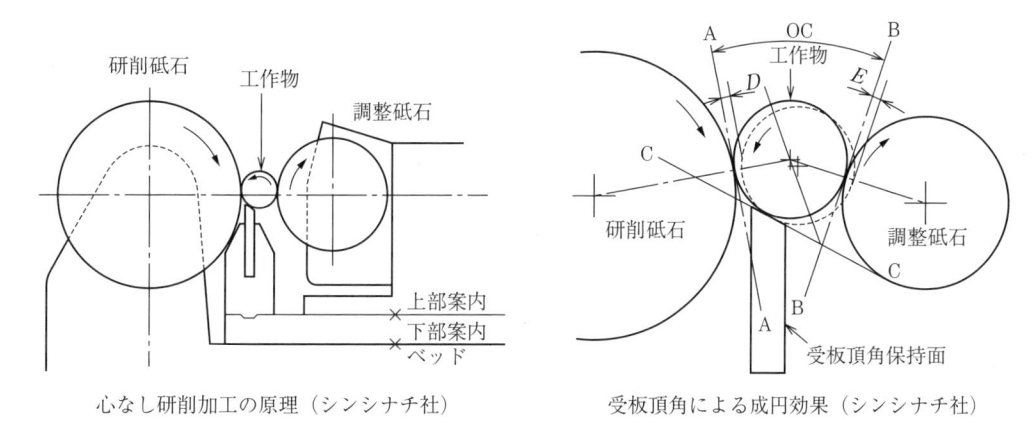

図1.15 心なし研削の原理と受板頂角による成円作用効果
（シンシナチ社1952年輸入マニュアルより抜粋）

精密加工技術の発達とともに、例えば、部品の寸法精度は1930年から1950年の20年間にほぼ $10\,\mu m$ から $1.0\,\mu m$ へと高精密化したと考えると、これに伴って

　　　寸法誤差 ＞ 形状誤差 ＞ 仕上面粗さ

の関係を考慮すると、心なし研削加工に要求される寸法精度、真円度もこの間1けた以上の高精密化が要求されたと考えられる。

心なし研削盤の構成要素の高剛性、高精密化の流れは他の工作機械と同様に見られるが、前述の加工精度を支配する工作物の心高、受板頂角の組合せに関する心なし研削方式の成円機構の解析的研究が学術誌上発表されたのは米津の論文[1.11]が初めてである。ここでは、比較的心高の低い場合に生ずる3山、5山、7山の奇数山歪円の発生機構に関する詳細な解析結果が示されている。

筆者が在籍した当時の軸受メーカのころ研削現場における心なし研削法に関する経験則を当時のメモから列挙すると、以下のようになる。

(1) 心高 h が高過ぎると，工作物が砥石周速に近い高速で空転を起こし危険である。
(2) 受板頂角 θ が小さくなると空転が生じやすい。
(3) 心高 h が低くなると，3山，5山，…の奇数山の等径歪円が生ずる。
(4) 心高 h が高くなると24山，26山，…の偶数山の歪円が生ずる。
(5) 真円誤差が最小となる最適心高 h_{opt} は

$$\text{工作物直径が比較的小さい場合：} \quad h_{opt} \cong \left(\frac{2}{3} \sim \frac{1}{2}\right) \times 直径$$

$$\text{工作物直径が比較的大きい場合：} \quad h_{opt} \cong \left(\frac{1}{2} \sim \frac{1}{3}\right) \times 直径$$

(6) 不安定びびり振動が発生すると真円誤差の山数が2山づつ減少する傾向がある。

ここで，対象とする工作物直径は5～30mmほどの経験である。

以上のような経験則から当時解決すべき課題として挙げた疑問を列挙すると，すべて不安定なびびり振動の発生とその対策に関するものである。

Q1) 心高を小さくすると研削系はなぜ安定化するか？
Q2) 大径工作物のほうが不安定びびり振動を起こさない傾向があるのはなぜか？
Q3) 不安定びびり振動を起こしやすい山数の範囲があるのはなぜか？
Q4) 不安定びびり振動を起こした工作物歪円の山数がほとんど偶数となるのはなぜか？
Q5) ニードルローラは心高が低くても等径歪円が生じ難いのはなぜか？
Q6) 心なし研削における不安定びびり振動発生の理論的解明とこれに基づく最適セットアップ条件のガイドラインは？

1.2.3 当時の表面粗さ，真円度測定機器の状況

1936年当時の自動車産業に関連して粗さ測定の議論を重ねた様子を示す論文に，The Institute of Production Engineers の記事[1.12]がある。当時は粗さ計の原理として，以下のものを挙げている。

(1) 触針の上下動を音声出力にするもの
(2) 光の反射率の測定
(3) 触針の上下動を光梃子で拡大し，ドラム上の感光紙に記録（ミシガン大学の提案）。

粗さ測定の主な目的は，自動車エンジンの寿命を支配する要因の一つとして，ピストン－ボア間の滑り摩耗と部品の粗さの関係の議論であった。粗さ測定機の機能について議論された主な項目は，以下のとおりである。

(1) 測定工作物の大きさ
(2) 触針の振動を抑えるダッシュポット

(3) 触針のトレース速度の制約
(4) 粗さを忠実になぞる触針先端の丸みの制約

NPL の D. Clayton の意見として示されたのは，粗さ測定機の測定精度のクラス分けで，0.000 1 インチを提案している。当時 NPL ではブロックゲージの測定面の粗さを 0.000 01 インチで測定している。

このような背景の中で，テーラ・ホブソン社が Talysurf 1 を市場に初めて出したのは 1941 年で，市場ニーズに応えたものと思われる。他方真円度測定法についても，軸と穴のはめ合い公差の厳密化が背景に議論されたと考えられるが，生産現場での部品精度管理に実用化されるのはさらに遅れている。テーラ・ホブソン社が Talyrond 1 を市場に出したのは 1949 年のことで，1 号機は 1 年間社内に置かれ，企業からの依頼測定に専ら使われたそうで，日本の軸受メーカが部品精度管理に使用し始めるのはこの数年後のことである。それまでは等径歪円は V ブロックで，偶数山歪円は直径寸法のばらつきで測定するのが実情であった。

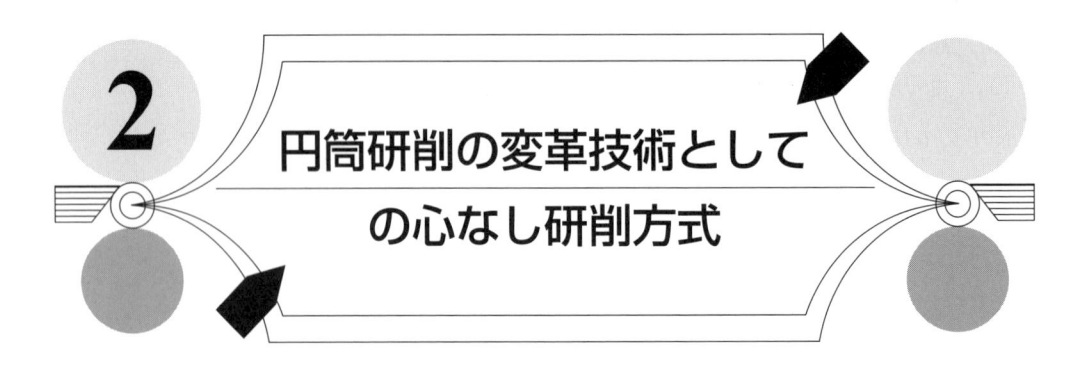

2 円筒研削の変革技術としての心なし研削方式

2.1 V形支持円筒研削方式の系譜

図1.2で示したように，V形支持による円筒研削方式はコルク栓の外周研削から始まったといわれる。砥石の代わりに研削点にダイヤルゲージを当てた場合を想定すると，容易にVブロックの真円度測定法が成り立つ。

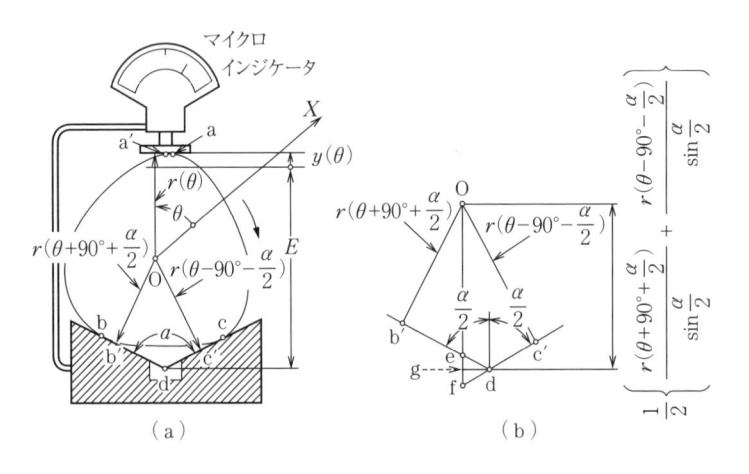

図2.1 Vブロック真円度測定法[2.1]

表2.1 Vブロック法の拡大率 $\mu_{\alpha,n}$

α n	60°	90°	120°	150°	180°（2平面間）
だ円 2	0	1	1.577 3	1.896 6	2
おむすび 3	3	2	1	0.268 0	0
四角 4	0	−0.414 2	0.422 7	1.517 6	2
五角 5	0	2	2	0.732 1	0
6	3	1	−0.154 7	1	2
7	0	0	2	1.268 0	0
8	0	2.414 2	0.422 7	0.482 4	2
9	0	0	1	1.732 1	0
10	0	1	1.577 4	0.103 4	2
11	0	2	0	2	0
12	3	−0.414 2	2.154 7	−0.035 3	2

Vブロック真円度測定法は今日でも製造現場では広く用いられている。この場合の工作物真円度の測定倍率を幾何学的関係から解析的に求めた中田の論文[2.1]がある。**図2.1**に示すように，工作物の仮想中心Oから中心基軸 OX とし，角度位置 θ にある測定点のうねりを $r(\theta)$，V形支持点 b, c におけるうねりはそれぞれ $r(\theta+90°+\alpha/2)$，$r(\theta-90°-\alpha/2)$ となり，これらを測定点にベクトル的に加算すると表示される真円誤差 $\mu_{\alpha,n}$ は

$$\mu_{\alpha,n} = r(\theta) + \frac{1}{2}\left\{\frac{r(\theta+90°+\alpha/2)}{\sin\alpha/2} + \frac{r(\theta-90°-\alpha/2)}{\sin\alpha/2}\right\} \tag{2.1}$$

(a) コルク栓の外周研削法

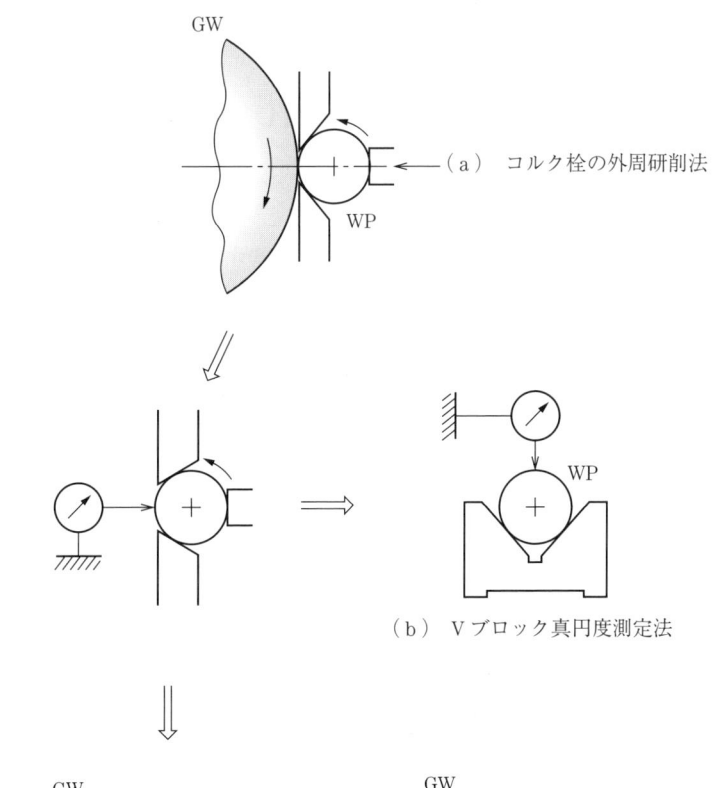

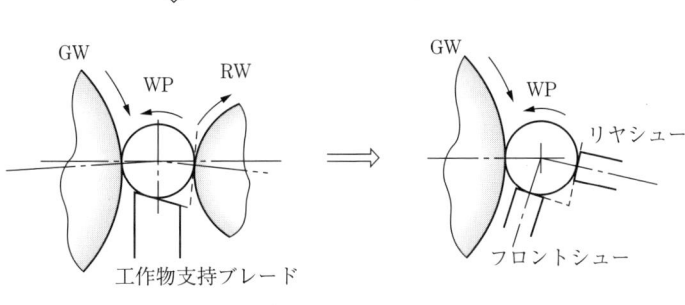

(b) Vブロック真円度測定法

心なし研削法（1915）　　シュータイプ心なし研削法（1940）

(c) 心なし研削法

図2.2 V形支持円筒研削方式の系譜[†]

[†] 以降，工作物をWP，調整車をRW，研削砥石をGWの略号で表記する場合がある。

14　2. 円筒研削の変革技術としての心なし研削方式

上式により求めたVブロック法の拡大倍率 $\mu_{\alpha,n}$ の数値計算例を**表2.1**に示す。ここで，α はVブロックの狭角，n はうねり山数である。

この数値例からVブロック法の特徴の一つは，狭角 α とうねり山数 n の組合せによっては真円誤差の検出倍率が零，またはきわめて小さくなる場合があり得ることである。すなわち，心なし研削方式の円筒研削法においても，工作物上にあらかじめこのようなうねり山数があった場合には，その幾何的条件によっては工作物真円度を改善できないことがあることを意味している。このような観点からV形支持円筒研削方式の系譜を示したのが**図2.2**である。

2.2　円筒研削加工原理としての心出し機構の幾何学的原理

〔1〕**センタ支持研削方式**　図1.1に示したブラウン・シャープ社による万能研削盤第1号（1986）以来，円筒形工作物の回転中心を正確に保持する心（回転中心）出し機構として，主軸，心押し軸に固定したセンタをあらかじめ工作物の両端に加工したセンタ穴に嵌合し，別に設けたケレ（廻し金）で回転駆動する方式である。この関係を**図2.3**に示す。ここで，両センタによる工作物回転の心（回転中心）出し条件は，主軸，心押し軸双方のセンタの同軸度が正しく，かつセンタおよびセンタ穴の嵌合が幾何学的に正確であることである。

図2.3　センタ支持円筒研削盤の幾何学的心出し条件

センタの心出し条件：再センタの同軸度＝0

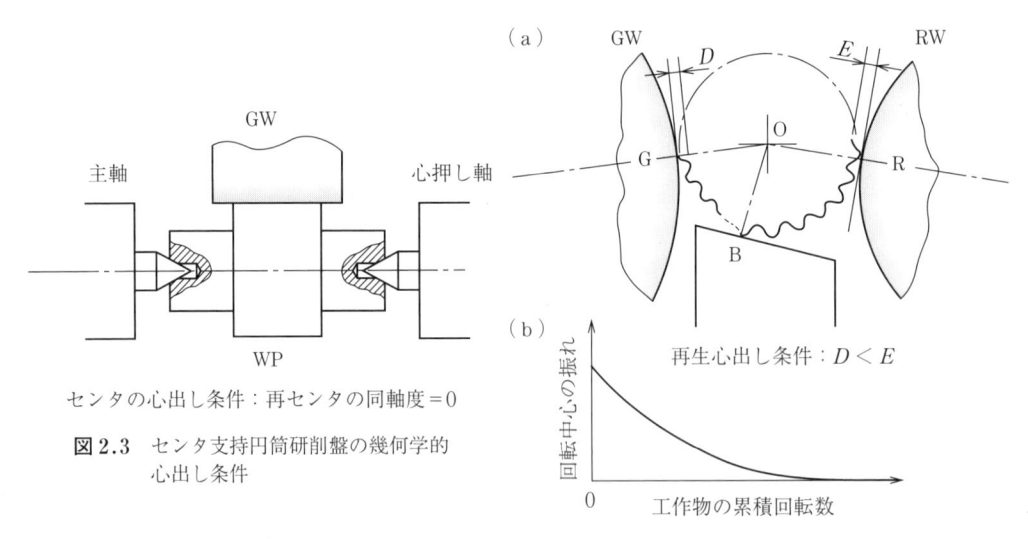

図2.4　心なし研削盤の幾何学的再生心出し機構

再生心出し条件：$D < E$

〔2〕**再生心出し研削方式**　再生心出し研削とは，いわゆる心なし研削方式である。**図2.4**（a）にその幾何学的原理を示す。心なし研削においては，いったん工作物外周に振幅 E のうねりが生ずると，受板頂面の接触点Bおよび調整砥石作業面の接触点Rを基準として

工作物中心 O が砥石の研削点 G の方向に振幅 D だけ変位し,その結果工作物外周に新たなうねり振幅 D が生ずる。

このようなうねり振幅の変化過程の中で

$$D < E$$

の関係を満足する受板頂面の接触点 B,調整砥石作業面の接触点 R および研削砥石の研削点 G の幾何学的条件を選択すると成円作用が成り立つ。したがって,図 2.4(b)に示すように,工作物の累積回転数と共に工作物の真円度が向上し,これを基準面とする工作物中心の回転振れも急速に収束することとなる。このような過程を再生心出し機構と呼ぶ。

再生心出し研削方式においては,その前提として上記成円作用を満足する工作物支持点 B,R および研削点 G の設定条件を知らなければならない。

〔3〕 **外周支持研削方式**　心なし研削方式の応用として,あらかじめ加工された基準軸外周を調整砥石,もしくはシュー(固定受板)によって支持する心出し機構がある。その基本形式を**図 2.5** に示す。基準軸の軸心に工作物の回転中心を保持する心出し機構である。

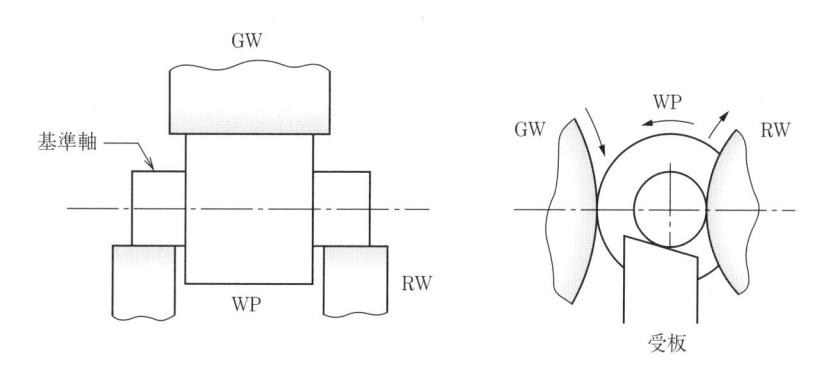

外周支持の心出し条件:基準軸の真円度 = 0
　　　　　　　　　　調整砥石面の回転振れ = 0

図 2.5　外周支持円筒研削方式の幾何学的心出し条件

2.3　心出し基準面の精度の検討

〔1〕 **センタ支持心出し機構の場合**　センタ支持円筒研削加工における工作物支持基準面であるセンタおよびセンタ穴の形状精度が工作物真円度に及ぼす影響について,加藤,中野らの一連の研究[2.2]がある。その要旨を以下に示す。

図 2.6 に工作物支持系の研削寸法諸元を,**表 2.2** に一連の実験に用いたセンタ穴の寸法,また研削条件を**表 2.3** に示す。**図 2.7** は 60° の R 形センタ穴および円すい形センタ穴を示す。

図 2.8 は R 形センタ穴の真円度の測定例である。2 枚刃ドリルによる穴の真円度の特徴と

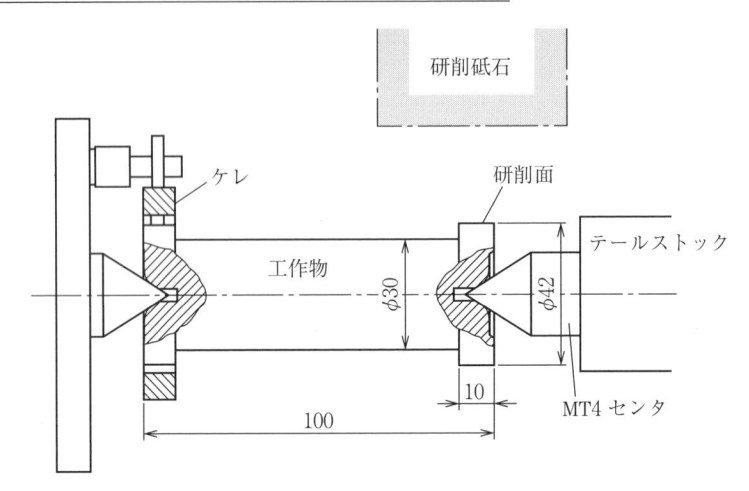

図2.6 工作物支持系の研削寸法諸元[2.2]

表2.2 センタ穴の寸法

センタ穴径 D [mm]	センタ穴径の平均値 [mm]	センタ穴径の標準偏差 [mm]	センタ穴呼び d [mm]	試料数
4.4 〜 6.2	5.20	0.65	3	10
7.5 〜 8.9	8.36	0.49	4	10
8.2 〜 10.9	10.14	0.80	5	10

表2.3 研削条件

円筒研削盤	豊田工機 GOS30×50
砥石	WA60KmV (ϕ405×75)
砥石回転数	1 410 rpm
加工物回転数	75 rpm
砥石切込み量	1.0 μm/rev
研削時間	20 s
スパークアウト時間	30 s
研削液	ジョンソンワックス TL131
センタ穴潤滑油	マシン油
心押力	約 20 kgf

(a) R形センタ穴 　(b) 円すい形センタ穴

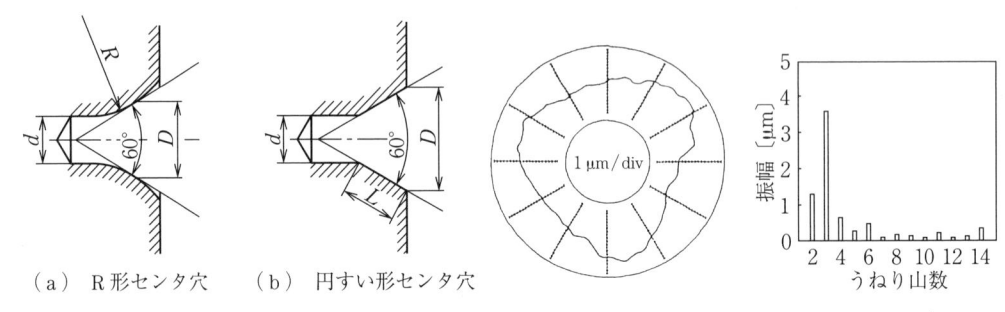

図2.7 R形センタ穴と円すい形センタ穴[2.2]

図2.8 60°R形センタ穴の真円度測定例[2.2]

して3山成分のうねりが著しく現れる。また，一連のセンタ穴加工によって得られたセンタ穴の真円度に関する統計的ばらつきの結果を**表2.4**に示す。他方，市販のセンタの真円度の測定例を**図2.9**に示す。ここで，真円度0.3 μmのセンタをセンタⅠ，1.0 μmのものをセンタⅡとおく。いずれの場合も2山成分が著しい。

上述のような形状誤差をもつセンタ穴，およびセンタにより支持された工作物が研削によってどのような真円度が得られるかの実験例を**図2.10**に示す。この一連の実験から，セ

2.3 心出し基準面の精度の検討

表 2.4 センタ穴の寸法と真円度

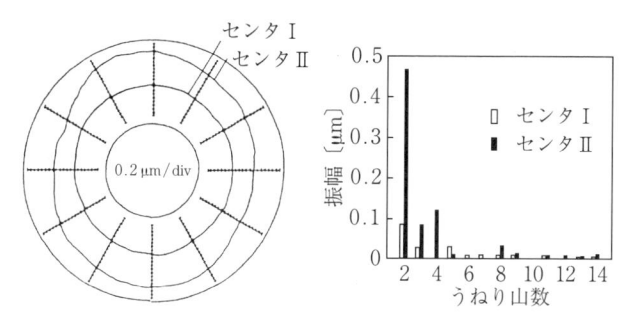

センタ穴の種類	単位〔mm〕			真円度〔mm〕			サンプル数
	D	d	R	最小-最大	平均	σ	
60°R形センタ穴	5 7	3 4	9.5 12.5	3.0-19	8.9	3.5	20 20
60°円すいセンタ穴	4.5〜7.1	3	—	3.0-22	11.2	4.9	46

図 2.9 市販のセンタの真円度の測定例[2.2]

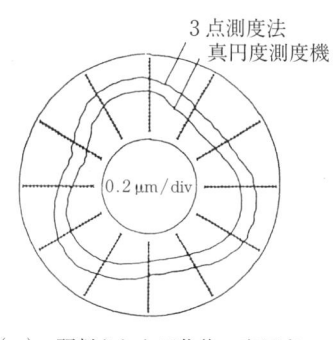

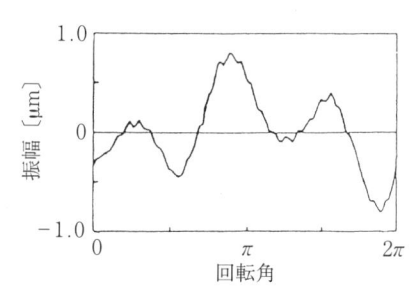

（a） 研削された工作物の真円度　　（b） 工作物の水平方向の振れ

図 2.10 工作物研削面の真円度と水平方向の振れ[2.2]

ンタ穴、センタの形状誤差が工作物の真円度に及ぼす影響は、センタ穴-センタ間の接触面積の広い円すい形センタ穴に比べ、より狭いほうが、また線接触に近いR形センタのほうが、高い真円度が得られることを示している。3山成分のセンタ穴、2山成分のセンタの形状誤差の組合せから、工作物の真円度として3山成分の形状誤差が顕著に現れる結果も得られている。このような因果律が成り立つ関係を**図 2.11** に示す幾何学的計算によって説明している。工作物1回転当り工作物-砥石間の距離が3往復し、真円度が3山成分となることを示している。

一般的に製造現場では、上述の実験のようなセンタ支持円筒研削方式をデッドセンタ方式、また両センタを主軸、心押し軸に転がり軸受を介して保持した場合をライブセンタ方式と呼ぶ。この関係を**図 2.12** に示す。ライブセンタ方式では、工作物はセンタと一体となっ

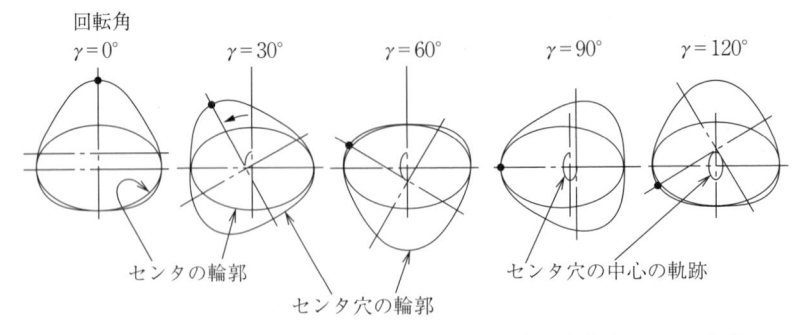

図2.11 センタの2山うねり成分とセンタ穴の3山うねり成分によって生ずる工作物の回転振れ（計算値）[2.2]

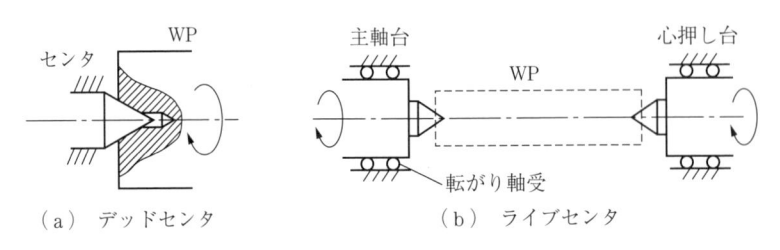

（a）デッドセンタ　　（b）ライブセンタ

図2.12 デッドセンタとライブセンタ

て回転するため回転中心は両軸受の中心線で決まり，回転振れは軸受の回転精度に支配される。量産工程においては，円筒研削によって得られる工作物の真円度はデッドセンタ方式では数μm，ライブセンタ方式では約1.0μm程度といわれる。デッドセンタ方式でも真円度向上のためセンタ端子に球を固定したボールセンタを用いる場合もある。

〔2〕 **再生心出し機構の場合**　心なし研削加工において工作物の回転中心の擾乱原因となる部品精度は，工作物支持基準面を構成する受板頂面と調整砥石の工作物保持面の幾何学的精度である。受板はベッドあるいは調整砥石摺動テーブルに固定されるため，無視してよい。工作物支持基準面の変動要因として残るのは砥石面の振れ，すなわち調整砥石のツルーイング精度のみである。普通行われる単石ドレッサによる調整砥石の真円度と，研削ツルーイングされた場合の真円度を比較した実験例を**図2.13**に示す。心なし研削加工においては，工作物支持基準面としての調整砥石作業面のツルーイング精度が工作物の真円度を支配する。

〔3〕 **外周支持心出し機構の場合**　図2.5に示したように，研削点と調整砥石が対向する位置にある場合の工作物支持基準面誤差は，基準軸の真円度と調整砥石面の回転振れによるものである。工作物の重量が大きく，工作物のセンタ支持が困難なため工作物の基準軸（ネック）外周を支持する例として，**図2.14**に示すロール研削盤がある。

(a) 通常のツルーイング法　　　(b) 研削ツルーイング法

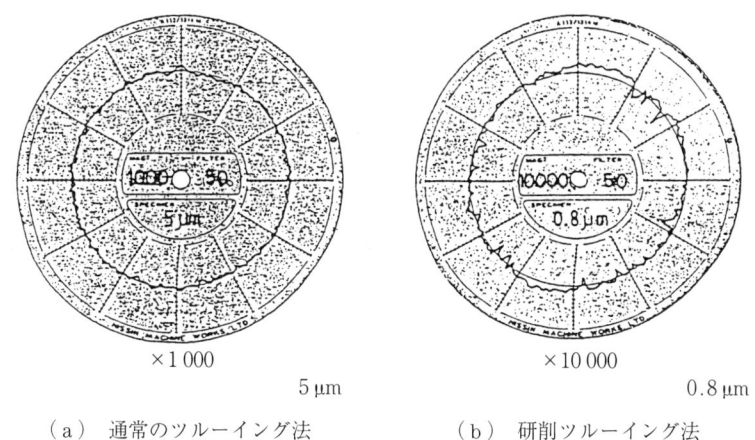

図 2.13　ツルーイングされた調整砥石の真円誤差[2,3)]

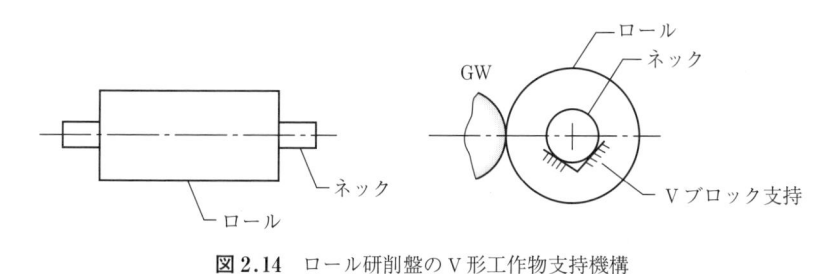

図 2.14　ロール研削盤のV形工作物支持機構

2.4 工作物支持系の剛性および回転駆動機構の比較

〔1〕 **センタ支持機構の場合**　工作物を両センタで支持する機構においては，主軸側に取り付けたケレによって工作物を回転駆動する。このような機構においては，工作物を単純支持はりに置き換えて単純化すると，工作物の研削点における支持剛性を**図 2.15**のように

図 2.15　センタ支持工作物系の研削点における支持剛性

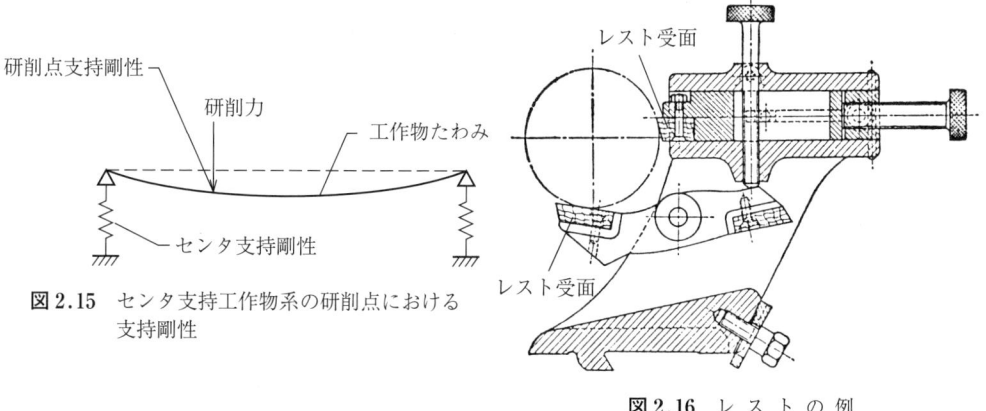

図 2.16　レストの例

表現することができる。この図に従って研削加工精度上の問題点を列挙するとつぎのように要約することができる。

(1) ベッドからセンタに至る構成部品点数が多いことによるセンタ支持剛性の不足
(2) 両端支持された工作物の研削点における支持剛性の長さ方向位置による変化
(3) 上記研削点の工作物支持剛性の不足,あるいは長さ方向での変化を抑制するため図 2.16 に示すレストの使用

両センタ支持機構と工作物外周を支えるレストの機構はたがいに矛盾,あるいは干渉する関係にある。このため,レストの使用方法は,センタ支持系にできるだけ擾乱を与えないような作業者の技能に依存している。

また,ケレによる工作物の回転駆動力は研削負荷に対する周期的反力として働くため,工作物 - 砥石間に相対的弾性変位をもたらし,加工誤差の原因となりうる。

ライブセンタ支持方式の場合は,心押し力によるセンタ-センタ穴間の摩擦力によって工作物を回転駆動し,工作物の研削点における擾乱を避けることができる。

〔2〕 再生心出し機構の場合　心なし研削機構においては,研削砥石と調整砥石はつねに対向しており,研削点における工作物の支持剛性は工作物のアスペクト(縦横)比にかかわらず調整砥石支持系の剛性で決まる。このような支持方式はセンタ支持方式に比べ研削点支持剛性が本質的に高い。

また,工作物の回転駆動機構は,研削負荷に伴って生ずる工作物 - 調整砥石間の摩擦力によって,調整砥石の周速度とほぼ等しい速度で工作物を回転駆動する。ただし,工作物 - 調整砥石間の摩擦力が研削力による工作物回転トルクに打ち勝ち,工作物周速を安定して制御できるためには,調整砥石の摩擦係数の他,工作物の支持高さ,受板頂角のセットアップ条件に制約される。この条件が満たされない場合は,工作物-調整砥石間に滑りが生じ,工作物は研削砥石周速に近い周速で空転し,きわめて危険である。

〔3〕 外周支持機構の場合　心なし研削盤における工作物の V 形支持機構をフロントシューおよびリヤシューと呼ばれる固定案内に置き換え,調整砥石による摩擦回転駆動機能を工作物端面に接する磁気摩擦板に置き換えたシューセンタレス研削盤の構成を図 2.17 に示す。再生心出し機構は心なし研削盤と同様であるが,工作物端面を基準面とすることにより外周研削面に対する端面振れの抑制にきわめて有効である。

このようなシューセンタレス研削盤の誕生は,図 2.18 に示すシューセンタレス内面研削盤の発明に触発されてできたといわれている[2.4]。

図 2.5 に示した外周支持機構の一般的構成の場合を含め,これらの機構においては研削点支持剛性を向上するための対策は容易である。シューセンタレス内面研削盤においては,従来の課題であった工作物のチャック機構による変形が避けられる利点もある。

図 2.17 シューセンタレス研削盤の構成

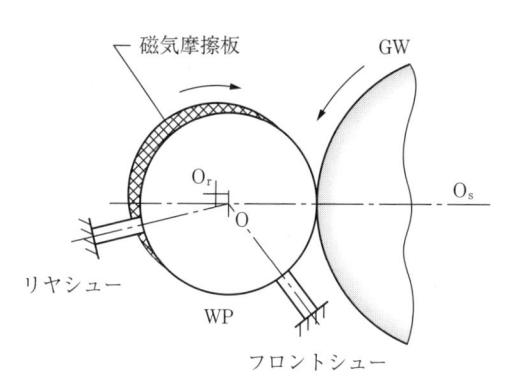

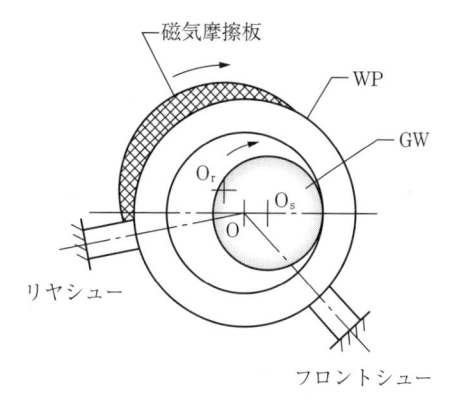

図 2.18 シューセンタレス内面研削盤の構成

2.5 再生心出しおよび摩擦回転駆動の機能を前提とする心なし研削盤の特色と利点

心なし研削加工における構造的特色はつぎの3項目である。

〔1〕 **自由保持機構**　工作物はV形保持機構に自由に載せるのみで保持されるため,特別の保持力を必要とせず,クランプフリーである。

〔2〕 **摩擦回転駆動機構**　工作物-調整砥石間の摩擦力で工作物の周速を制限することができ,回転駆動のための特別な外力を必要としない。

〔3〕 **再生心出し機構**　再生心出し条件を満足する場合には,工作物の真円誤差は等比級数的に減少,収束していく幾何学的構造を形成する。

このような特色をもつ心なし研削加工においては,つぎの利点がある。

(1) 自由保持機構による工作物の取付け,取出しの簡便性
(2) 摩擦回転駆動機構と自由保持機構による高い生産性
(3) 高い加工精度

上述の利点を有する心なし研削系の安定性を維持するためには,つぎの条件を満足させなければならない。

〔1〕 **工作物の回転運動の安定性**　摩擦回転駆動機能が安定して働くためには,これを保証する力学的根拠を明らかにし,セットアップのガイドラインとして示されなければならない。これに反する場合には工作物の回転制御が不能となり,空転現象を起こし,危険である。

〔2〕 **成円作用の安定性**　再生心出し機構に基づく成円作用の下で安定した工作物真円度を保証するためには,成円作用の最適セットアップ条件を明らかにし,ガイドラインを明

示しなければならない。

〔3〕 **動力学的安定性** 工作機械構造物に固有な共振現象は，心なし研削方式に固有な幾何学的フィードバック構造と共鳴して自励びびり振動と呼ぶ不安定振動をもたらす。このような現象の発生を防ぐには不安定振動発生の力学的構造を明らかにし，セットアップのガイドラインとして示さなければならない。

2.6 V形外周支持研削盤の開発の歴史

心なし研削盤開発の歴史を特許の形で見ると，Ball and Roller Bearing 社の L. R. Heim による 1917 年および 1918 年の特許 1,210,937 と特許 1,264,930 が代表例である。その一部を **図 2.19** および **図 2.20** に示す。1927 年までにすべての心なし研削盤に関する特許権を取得したシンシナチ社は，1926 年全米工作機械業界中第 1 位となるが，この中で心なし研削盤が主要な業績となっている[1,4]。

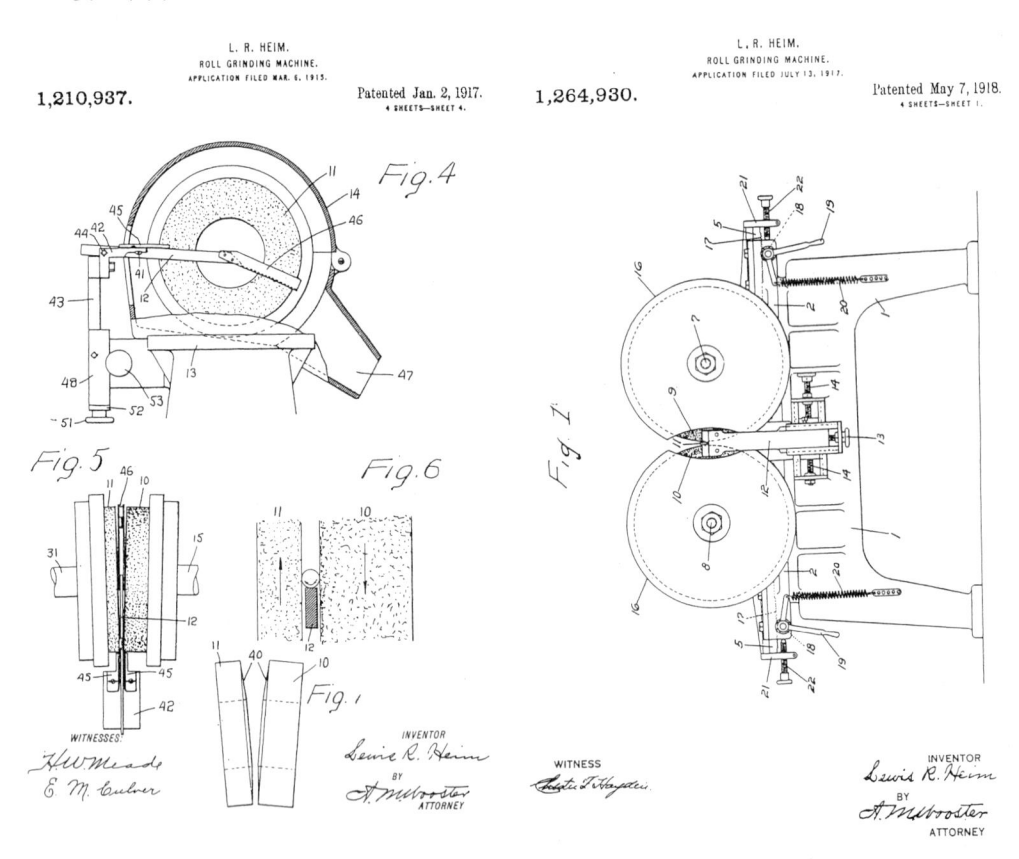

図 2.19 L. R. Heim による心なし研削盤特許（その 1，1917）[2.5]

図 2.20 L. R. Heim による心なし研削盤特許（その 2，1918）[2.5]

転がり軸受産業にとって生産技術の中核的な役割を担う心なし研削盤は，加工精度および生産性を同時に追求する業界の必要性に応える形で発達したと考えることができる。

1934年ティムケン（Timken）社のJ. W. Smithによる特許1,970,777は，テーパころの量産にとって不可欠のもので，図2.21はその主な構成を示す。

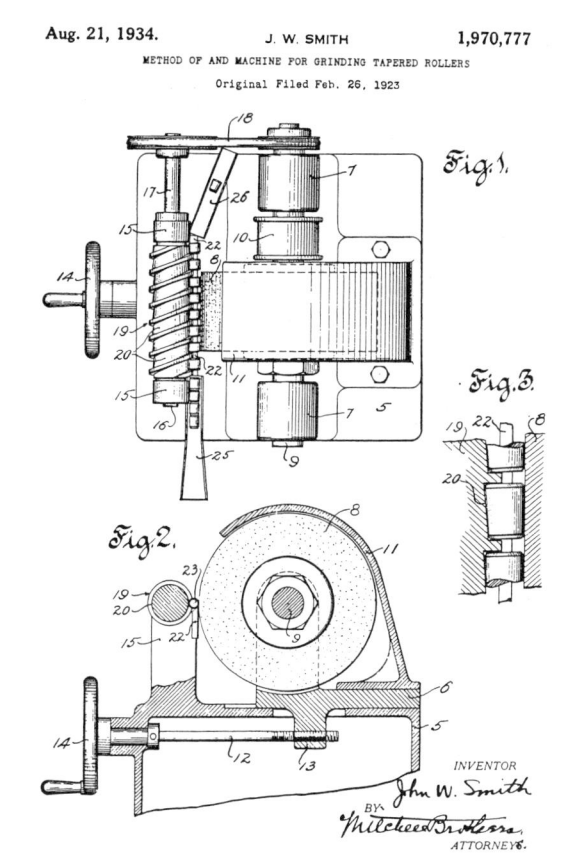

図2.21 J. W. Smithによるテーパコロ用心なし研削盤特許（1934）

加工精度と生産性の立場から心なし研削盤開発の流れを見ると，以下のようにまとめられる。

(1) フォード社発注のシンシナチ社の心なし研削盤では工作物の直径公差を：

　　　従来の$12.5\,\mu m$から$2.5\,\mu m$に縮小

(2) 1947年のシカゴショウで発表されたHeald社によるCentri-Maticと呼ばれる図2.18で示した方式の原形となるシューセンタレス内面研削盤においては，軸受外輪の軌道面の研削を対象に：

　　　シュー支持方式により従来のチャック方式による工作物の変形問題の解消と，

　　　外輪端面を基準面とすることによる端面振れの大幅な抑制

(3) 1947年シカゴショウでHeald社と同様の発想でシンシナチ社が発表した図2.17で

示した方式の原形となる Micro-Centric と呼ばれるシューセンタレス研削盤においては，軸受内輪の軌道面の研削を対象に：

　　　軌道面に対する端面振れを大幅に抑制

などの歴史的評価がある。

　また，最近は転がり軸受における弾性流体潤滑理論および潤滑油膜厚さが約 0.4 μm 以下の領域で示す固体状強度特性を利用した疲労強度の向上，あるいはトラクションドライブと呼ばれるトルク伝達要素の開発がトライボロジーの分野で伝えられている。このような特性は

$$\lambda = \frac{油膜厚さ}{仕上げ接触面粗さ}$$

のパラメータで示され，λ が 1 より大きくなればなるほど耐荷重の増加，または疲労寿命の向上が期待できる。具体的には，$\lambda = 2.1$ のとき転がり軸受の疲労強度が従来の軸受に比べ 4 倍に向上したという報告[2.6)] もある。

　このような背景は，今後ナノメータ単位の部品精度を要求するいわゆる超精密研削加工の分野の拡大を示しており，この流れの中に心なし研削加工技術が置かれていることを示している。

3 工作物の"摩擦回転駆動系"の力学的成立条件

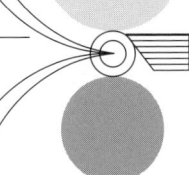

3.1 工作物が研削力を受けて"摩擦回転駆動系"が成り立つための経験則

心なし研削方式が成り立つための前提条件として"摩擦回転駆動"機構の成立がある。これに関する経験則としてつぎの現象を認めている。

(1) 工作物が重量物の場合には、研削力をある値以上に加えないと工作物の自転が始まらない。
(2) 研削力が過大に加わると工作物が空転し、工作物の制御が不能となる。この現象は砥石の破壊に連なる危険性があるなど、絶対に避けなければならない。
(3) 工作物の心高を高くし過ぎると空転の危険性が増大する。
(4) 受板頂角を小さくすると空転の危険性が増大する。

以上のような経験則を一般化、定量化し、心なし研削における作業の安全を保証するには、工作物の周速を調整砥石の摩擦力で制動し、制御するための力学的条件と、これに基づく摩擦回転駆動力、制動力のキーとなるパラメータの導入が必要である。

3.2 単純円筒状工作物の摩擦回転駆動系の力学とセットアップ条件のガイドラインとなるパラメータの導入[3.1),3.2)]

図 3.1 に工作物の摩擦回転駆動系の力学的モデルを示す。ここで、μ_b は受板頂面の摩擦係数、μ_{r0} は調整砥石の制動力を表す係数で、研削力による工作物の空転を抑えるために必要とされる制動摩擦係数を示し、調整砥石の摩擦係数 μ_r とは区別する。このとき

$$\mu_{r0} \leqq \mu_r$$

また、心高 h の代わりに無次元化量として心高角 γ をつぎのように定義する。

$$\gamma = \alpha + \beta$$

3. 工作物の"摩擦回転駆動系"の力学的成立条件

図 3.1 単純円筒状工作物の回転運動—摩擦回転制御[3.1]

F_n：研削力の法線分力
F_t：研削力の接線分力
F_{rn}：調整砥石の摩擦負荷
F_{bn}：受板頂面の摩擦負荷
μ_{r0}：調整砥石の制動係数
μ_b：受板頂面の摩擦係数
$\rho = F_n/F_t$
μ_r：調整砥石の摩擦係数 ($\mu_{r0} \leq \mu_r$)

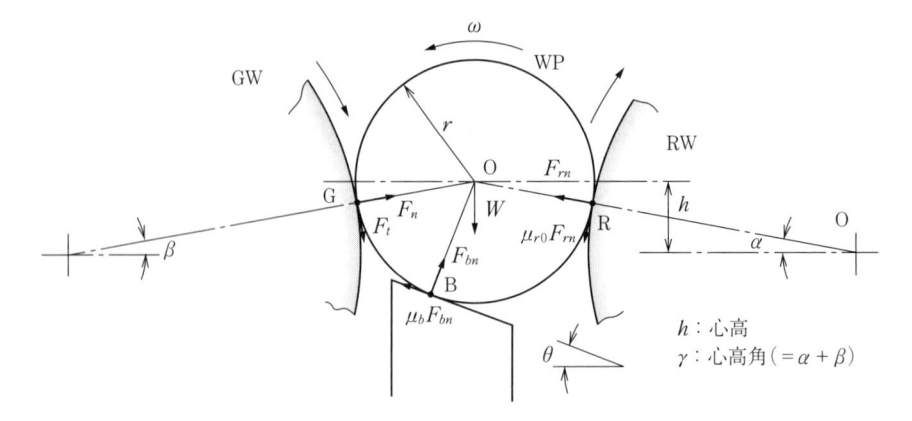

h：心高
γ：心高角 ($=\alpha+\beta$)

図 3.1 において，工作物に加わる水平方向，垂直方向および回転モーメントの平衡式はそれぞれ

$$F_n\cos\beta + F_t\sin\beta + F_{bn}\sin\theta - \mu_b F_{bn}\cos\theta - F_{rn}\cos\alpha - \mu_{r0}\sin\alpha = 0 \tag{3.1}$$

$$F_n\sin\beta - F_t\cos\beta + F_{bn}\cos\theta + \mu_b F_{bn}\cos\theta + F_{rn}\sin\alpha - \mu_{r0}\cos\alpha - W = 0 \tag{3.2}$$

$$I\frac{d\omega}{dt} = r(F_t - \mu_b F_{bn} - \mu_{ro} F_{rn}) \tag{3.3}$$

となる。式 (3.1)，(3.2) より F_{bn}, F_{rn} を求め式 (3.3) に代入し，整理すると

$$I\frac{d\omega}{dt} = r\frac{(B_1\mu_{ro} + B_2)F_t - (C_1\mu_{ro} + C_2)W}{A_1\mu_{ro} + A_2} \tag{3.3}'$$

ただし

$A_1 = \mu_b\cos(\theta-\alpha) - \sin(\theta-\alpha)$, $\quad A_2 = \mu_b\sin(\theta-\alpha) - \cos(\theta-\alpha)$,

$B_1 = A_1 - \mu_b(\sin\gamma + \rho\cos\gamma) - \{(1+\rho\mu_b)\sin(\theta+\beta) + (\rho-\mu_b)\cos(\theta+\beta)\}$

$B_2 = A_2 - \mu_b(\cos\gamma - \rho\sin\gamma)$, $\quad C_1 = \sin\theta - \mu_b(\cos\theta - \sin\alpha)$,

$C_2 = \mu_b\cos\alpha$, $\quad \rho = \dfrac{F_n}{F_t}$

である。ここで，F_n：研削力の法線分力，F_{bn}：受板頂面の滑り摩擦力の法線分力，F_t：研削力の接線分力，F_{rn}：調整砥石の制動力の法線分力，W：工作物の重量，ω：工作物回転角速度である。

上式よりセットアップ時のガイドラインとして必要なパラメータとして，つぎの三つの基本的指標を定義することができる[3.1],[3.2]。

3.2 単純円筒状工作物の摩擦回転駆動系の力学とセットアップ条件のガイドラインとなるパラメータの導入

(1) 研削力が加わらなくても工作物が調整砥石との摩擦力のみで自転することができるために必要な調整砥石の摩擦係数，これを無負荷自転限界摩擦係数 μ_{rc} と呼ぶ．

(2) 工作物が摩擦力で自転し始める最小の研削力を最小自転研削力 F_{tL} と定義する．

(3) 過大な研削力のため調整砥石と工作物間の摩擦力が限界を越え，滑りが生じて工作物が空転し，工作物周速の制御が不能となる限界の研削力，すなわち制動限界自転研削力 F_{tU} を定義する．

図 3.2 は，無負荷時調整砥石の自転限度摩擦係数 μ_{rc} の定義を示す．ここで，調整砥石の摩擦力 $\mu_r F_{rn}$ は，図 3.1 の場合と異なり工作物の回転を促がす方向に働くため負の値となり，また工作物の自重に対する反力としての摩擦力で自転を起こす無負荷自転限界摩擦係数 μ_{rc} は，式 (3.3) より

$$-C_1 \mu_{rc} + C_2 = 0$$

$$\therefore \quad \mu_{rc} = \frac{C_2}{C_1} \tag{3.4}$$

または

$$\mu_{rc} = \frac{\mu_b \cos\alpha}{\sin\theta - \mu_b(\cos\theta - \sin\alpha)} \cong \frac{\tan\delta_0}{\sin(\theta - \delta_0)} \quad \left(\delta_0 = \tan^{-1}\mu_b\right) \tag{3.4}'$$

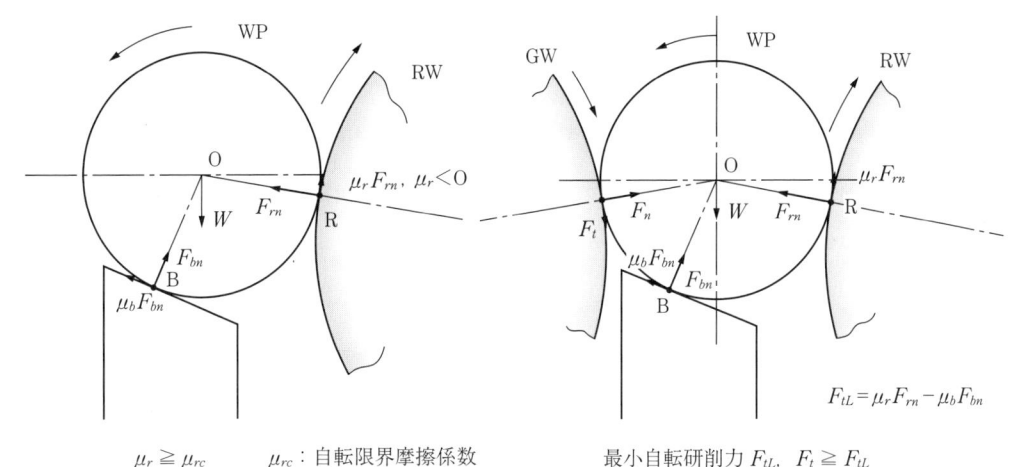

図 3.2 無負荷時調整砥石の自転限界摩擦係数 μ_{rc} [3.1), 3.2)]

図 3.3 最小自転研削力 F_{tL} の定義 [3.1), 3.2)]

図 3.3 は，最小自転研削力 F_{tL}，すなわち工作物が自転し始める最小限の研削力を定義する．

ここで，自転係数 λ_s をつぎのように定義する．

$$\lambda_s = \frac{\mu_r}{\mu_{rc}} \tag{3.5}$$

$$F_{tL} = \frac{-C_1\mu_r + C_2}{-B_1\mu_r + B_2} W = \frac{(1-\lambda_s)C_2}{-B_1\mu_r + B_2} W \tag{3.6}$$

単位長さ当りの工作物重量を W',単位長さ当りの最小自転研削力を F'_{tL} とすると

$$F'_{tL} = \frac{(1-\lambda_s)C_2}{-B_1\mu_r + B_2} W' \tag{3.6}'$$

図 3.4 は摩擦回転駆動系が成り立ち,工作物の周速が調整砥石の制動力により制御可能な状態を示す。

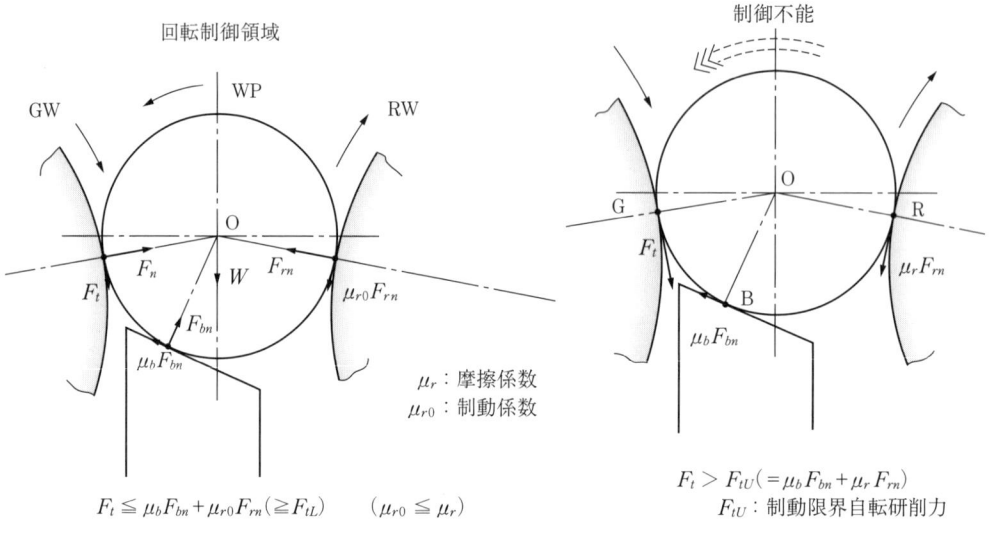

図 3.4 摩擦回転駆動領域における調整砥石の摩擦力の働き

図 3.5 制動限界自転研削力の定義

しかし,研削力が過大になると制動力が利かず,工作物は空転する。その限界を示す制動限界自転研削力 F_{tU} の定義を**図 3.5** に示す。

式 (3.3)′ より

$$F_{tU} = \frac{C_1\mu_r + C_2}{B_1\mu_r + B_2} W \tag{3.7}$$

または

$$F'_{tU} = \frac{C_1\mu_r + C_2}{B_1\mu_r + B_2} W' \tag{3.7}'$$

具体的なセットアップ条件,すなわち調整砥石の摩擦係数 μ_r,受板頂角 θ および心高角 γ の選択にあたって,上述のパラメータ

　　　無負荷自転限界摩擦係数　　　　：μ_{rc}
　　　単位長さ当り最小自転研削力：F'_{tL}
　　　単位長さ当り制動限界研削力：F'_{tU}

を用いて表現すると,以下のようにまとめられる。

(1) $F'_t \geqq F'_{tL}$ のとき,工作物は調整砥石の摩擦力で自転を開始する.
(2) $F'_t > F'_{tU}$ のとき,調整砥石による制動機能が失われ,工作物は空転し制御不能となる.
(3) 安定,安全な工作物の摩擦回転駆動系が成り立つ条件は

$$F'_{tL} \leqq F'_t \leqq F'_{tU} \tag{3.8}$$

これらセットアップ条件を決めるパラメータの中で,特に制動限界研削力 F'_{tU} の実験による検証は工作物の空転現象という危険を伴うため,上述の解析値からガイドラインを示すこととする.

3.3 摩擦回転駆動系を支配するパラメータによるセットアップ条件の選び方[3.1), 3.2)]

図3.6は,受板の頂角 θ と摩擦係数 μ_b の下で,工作物が,研削力が零でも自転が開始できるために必要な,調整砥石に求められる摩擦係数の限界値 μ_{rc} の数値計算結果を示す.例えば,$\theta = 30°$,$\mu_b = 0.15$ のとき $\mu_{rc} = 0.22$ となり,摩擦係数 μ_r が0.22を越えると工作物は自転を開始する.

$\alpha = 4.4°$, $\beta = 2.6°$, $\gamma = 7.0°$, $\rho = 2.0$, $\mu_b = 0.15$

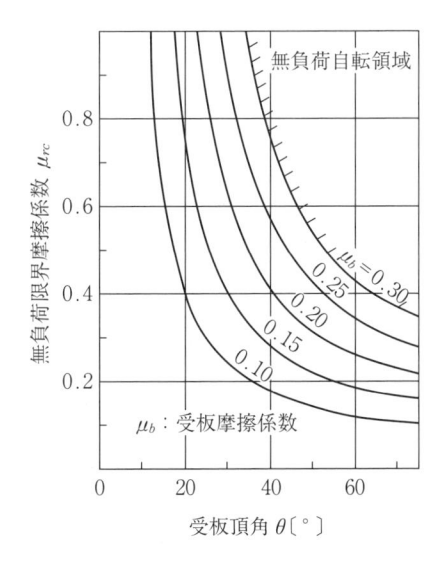

図3.6 調整砥石の無負荷自転限界摩擦係数 μ_{rc}[3.1), 3.2)]

図3.7 受板頂角 θ と制動限界研削力 F'_{tU}[3.1), 3.2)]

一般的ガイドラインとしては,自転係数 λ_s が1に近づくほど自転しやすく,また単位幅当り最小自転研削力 F'_{tL} は小さくなる.また,受板頂角 θ が小さくなると急速に自転係数が小さくなり,空転が生じやすいことを示している.

図3.7は，摩擦係数μ_rの調整砥石を用い，受板頂角をθとしたときの単位幅当り制動限界研削力F'_{tU}の数値計算結果を示す。ここで注目されるのは，受板頂角θに対して制動限界研削力が急上昇し，制動限界を考慮しなくてもよい絶対安定・安全研削領域が存在することである。例えば，摩擦係数$\mu_r=0.30$の調整砥石を用いた場合，受板頂角を$\theta\approx30°$とすると制動限界研削力の存在を実用上考慮しなくてもよいことを示している。

一般的なガイドラインとしては，受板頂角θを大きく設定するほど安全研削領域は広がるが，実用上は上記絶対安定・安全研削領域に対応する受板頂角の選定が望ましい。

図3.8は，心高角γと絶対安全制動領域の関係を示す数値計算結果を示す。この場合も，心高角γの値がある値を境にそれ以下の領域で制動限界研削力F'_{tU}が急上昇し，絶対安定・安全研削領域が存在することが注目される。この例では，摩擦係数$\mu_r=0.25$の調整砥石を用いた場合，心高角γが$\gamma\leqq5°$の領域が絶対安定・安全研削領域である。

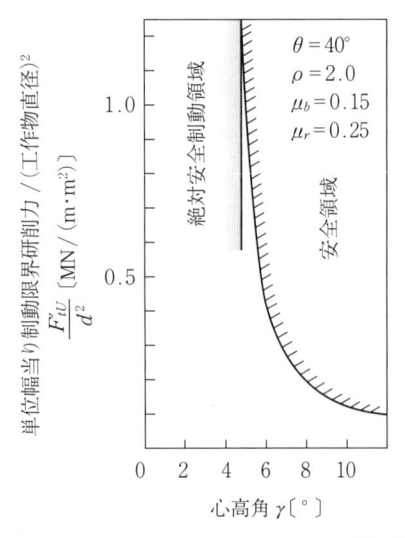

図3.8 心高角θと制動限界研削力F'_{tU}[3.1),3.2)]

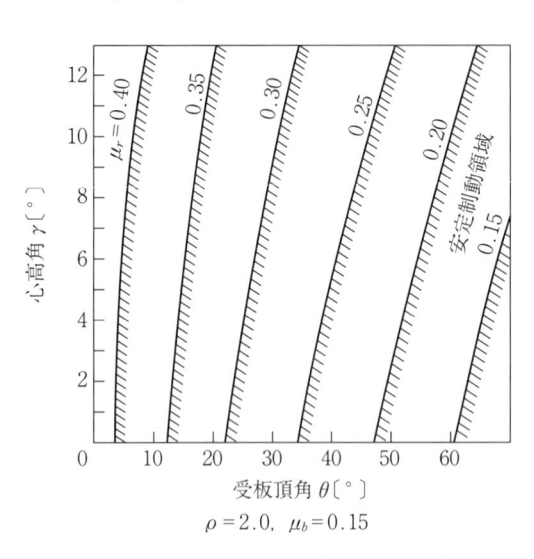

図3.9 受板頂角θ，心高角γの安全作業組合せ[3.1),3.2)]

図3.9は，制動限界研削力の存在を考慮しなくてもよい絶対安定・安全研削領域を実現するための受板頂角θと心高角γの組合せを，調整砥石の摩擦係数μ_rをパラメータとして示した数値計算結果を示す。例えば，摩擦係数$\mu_r=0.30$の調整砥石を用いた場合は，受板頂角$\theta=30°$として心高角γが$\gamma\leqq9°$で絶対安全研削領域が成り立つ。

一般的ガイドラインとしては
(1) 心高角γが小さくなるほど
(2) 受板頂角θが大きくなるほど
摩擦回転機構は安定する。

4 各種調整砥石の摩擦・摩耗特性およびその課題

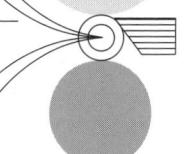

4.1 各種調整砥石の摩擦・摩耗特性の測定[3.1),3.2),4.1)~4.4)]

　心なし研削においては，調整砥石は工作物の支持，心出し，回転制動の三つの基本的機能を同時に担っており，心なし研削機構の中心的役割りを果している。これら三つの機能は，それぞれ調整砥石軸系の支持剛性，回転精度，および調整砥石の摩擦・摩耗特性によって支配される。

　ここで取り上げる調整砥石の摩擦・摩耗特性は，工作物の回転駆動方式における回転速度の制御および制動限界を直接支配するもので，研削作業の安定・安全対策上きわめて重要である。

　そこで，前章で述べた工作物の摩擦回転駆動系の成り立つ力学的条件の解析結果に対応する実験値を求めるため，以下に示す実験装置を試作し，各種調整砥石の摩擦・摩耗特性の測定を行った。

　表4.1に調整砥石（調整車），工作物の転がり滑り摩擦・摩耗，および調整車と工作物の接触荷重の実験条件を示す。**図4.1**は，調整砥石の摩擦・摩耗試験の実験装置の構成を示す。調整砥石軸はラジアル，スラスト共に静圧軸受支持，ラジアル静圧軸受には水平方向，

表4.1 調整砥石の摩擦・摩耗の測定条件

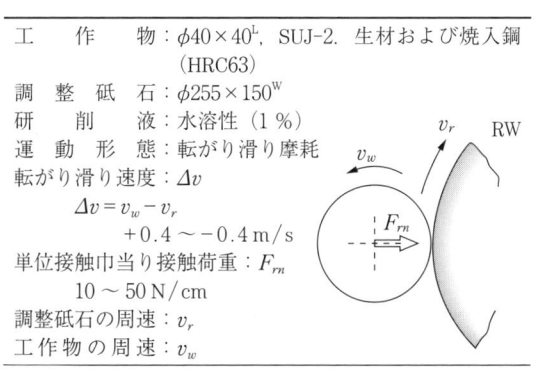

工　　作　　物：$\phi 40 \times 40^L$，SUJ-2，生材および焼入鋼
　　　　　　　　（HRC63）
調　整　砥　石：$\phi 255 \times 150^W$
研　　削　　液：水溶性（1 %）
運　動　形　態：転がり滑り摩耗
転がり滑り速度：Δv
　　$\Delta v = v_w - v_r$
　　　　$+0.4 \sim -0.4$ m/s
単位接触巾当り接触荷重：F_{rn}
　　$10 \sim 50$ N/cm
調整砥石の周速：v_r
工 作 物 の 周 速：v_w

4. 各種調整砥石の摩擦・摩耗特性およびその課題

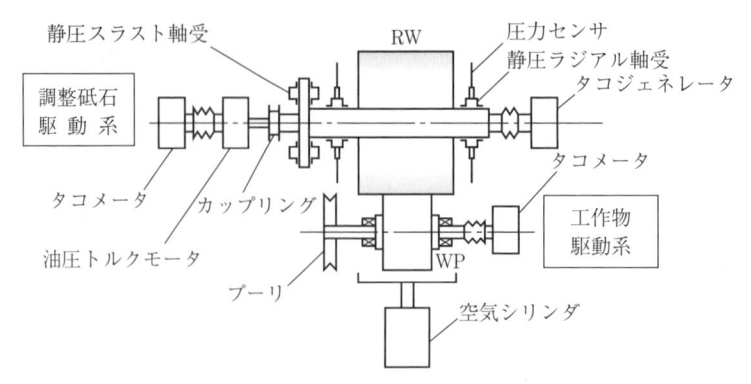

図 4.1 調整砥石の摩擦・摩耗試験の実験装置の構成[3.2), 4.3)]

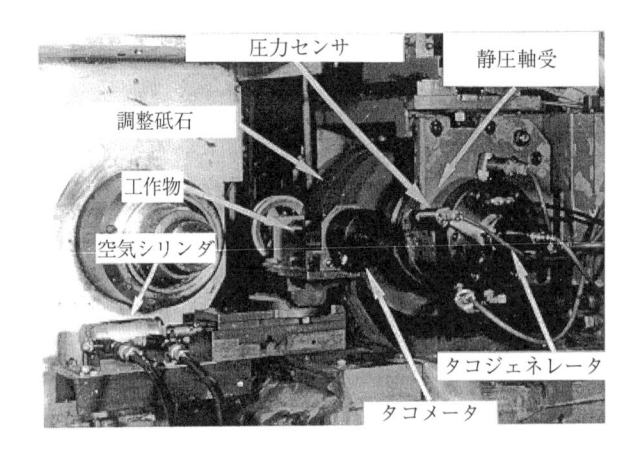

図 4.2 調整砥石の摩擦・摩耗実験装置の外観[3.2)]

表 4.2 供試調整砥石／調整車の種類

No.	調整砥石	結合材
1	A150RR（メーカ A）	ゴム
2	A150RR（メーカ B）	ゴム
3	A150RR（メーカ C）	ゴム
4	A60RKM	ポリウレタン
5	A100RKM	ポリウレタン
6	A120RKM	ポリウレタン
7	A150RKM	ポリウレタン
8	A220RKM	ポリウレタン
9	A400RKM	ポリウレタン
10	A150RV	ビトリファイド
11	A150RB	レジン
12	鋳鋼製	鋳鋼

接触荷重 $F_{rn} = 10\,\mathrm{N/mm}$，転がり滑り速度 $\Delta v = 0.2\,\mathrm{m/s}$

$L_s = 0\,\mathrm{m}$, $T_s = 0\,\mathrm{s}$
$39\,\mathrm{m}$, $183\,\mathrm{s}$
$756\,\mathrm{m}$, $3\,600\,\mathrm{s}$

L_s：累積滑り距離　　T_s：転がり／滑り時間

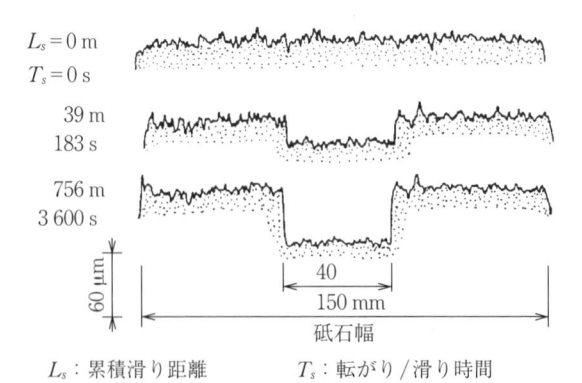

図 4.3 転がり／滑り摩擦試験による砥石の摩耗形状[3.2)]

垂直方向に圧力センサを内蔵，回転速度はタコジェネレータで検出している．工作物回転駆動系は，転がり軸受支持，プーリによる回転駆動，空気シリンダによる接触荷重調節を行っており，回転速度をタコメータでモニタする．

図4.2はこの実験装置の外観を，**表4.2**には実験の対象とした調整砥石/調整車の種類を示す．また，**図4.3**は転がり滑り摩擦・摩耗試験による調整砥石の摩耗形状の一例である．

図4.4は，鋼生材工作物による調整砥石の摩擦・摩耗特性を示す．ここで最大摩擦係数を μ_{rmax} とし，静止状態に近い相対速度における摩擦係数を静止摩擦係数 μ_{rs} と定義する．Δv は滑り速度である．最大摩擦係数 μ_{rmax} を示したときの工作物表面には，**図4.5**に示すように多くの砥粒の圧痕，引掻き痕が見られる．

図4.4 鋼生材工作物による調整砥石の摩擦・摩耗特性[4.1]

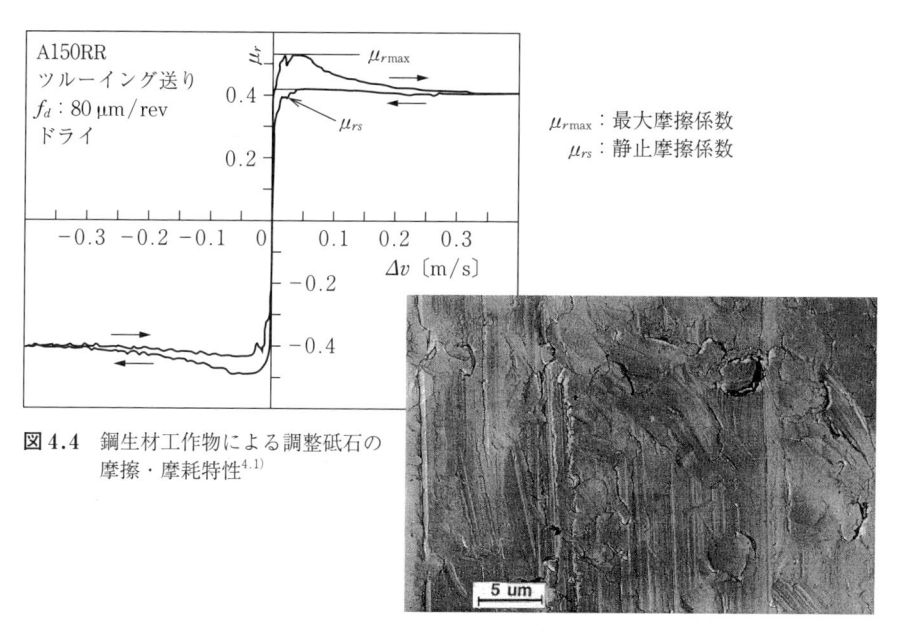

図4.5 最大摩擦係数 μ_{rmax} を示したときの工作物表面[4.1]

図4.6は，鋼生材および焼入れ鋼の工作物の，接触荷重に対する調整砥石A150RKMの最大摩擦係数 μ_{rmax} および静止摩擦係数 μ_{rs} の実験値を示す．生材については最大摩擦係数 μ_{rmax} と静止摩擦係数 μ_{rs} の間に大きな差が見られるが，焼入れ鋼についてはほとんど差が見られず，また接触荷重による影響も少ない．

図4.7は，調整砥石のツルーイング条件に対する最大摩擦係数の μ_{rmax} の実験値を示す．ここで，ビトリファイド砥石A150RVを除き，他の砥石はツルーイング（修正）送りが荒くなると若干摩擦係数が増加する傾向を示す．また，ポリウレタンボンドのA150RKMおよびレジンボンドのA150RBはラバーボンドのA150RRに比べ，はるかに摩擦係数が低いことを示している．

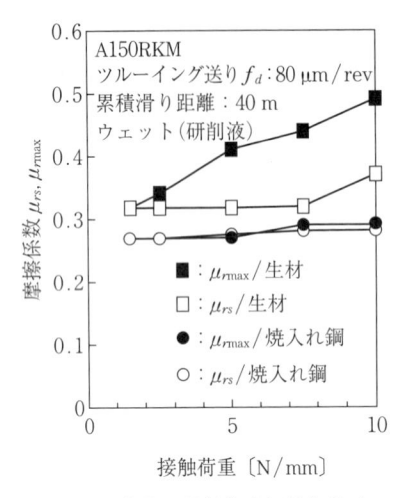

図4.6 工作物の接触荷重と調整砥石の摩擦係数 $\mu_{r\max}$, μ_{rs} [4.1)]

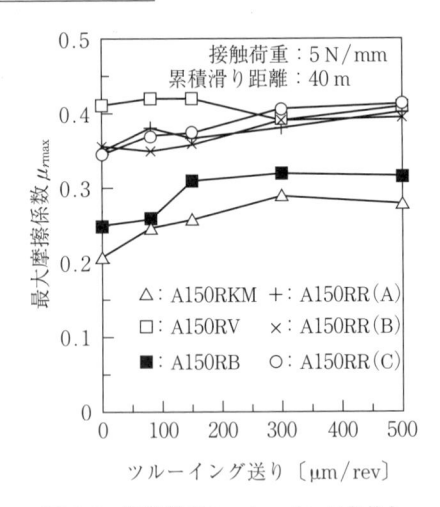

図4.7 調整砥石のツルーイング条件と最大摩擦係数 $\mu_{r\max}$ [4.1)]

図4.8は，図4.7と同様に行った実験の静止摩擦係数 μ_{rs} の結果を示す。ここでも，ポリウレタンボンドのA150RKM，レジンボンドのA150RBの静止摩擦係数 μ_{rs} はラバーボンドのA150RRに比べ小さな値を示す。研削砥石であるA150RVは最も高い値を示す。上述の実験結果から見てラバーボンド砥石が摩擦係数の立場から最も望ましいが，その製造過程における環境問題のためその代替品の開発が望まれている。このような目的のために開発されたのがポリウレタンボンドの調整砥石である。このような立場から各種ポリウレタン砥石について，最大摩擦係数 $\mu_{r\max}$ に関して実施された実験結果を以下に示す。

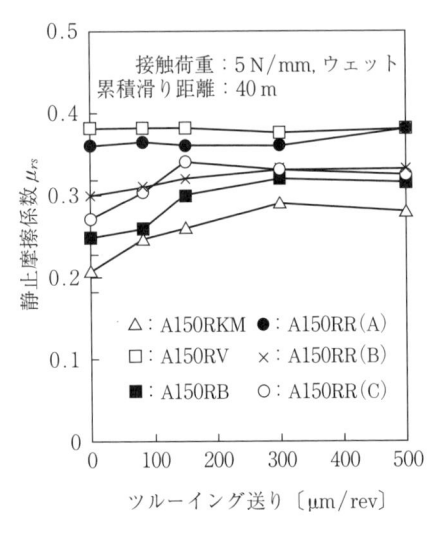

図4.8 ツルーイング条件と静止摩擦係数 μ_{rs} [4.1)]

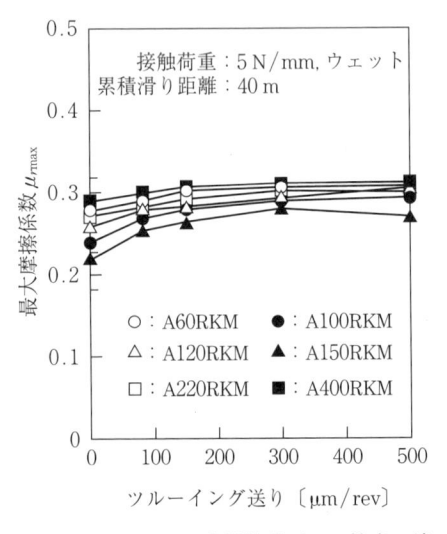

図4.9 ポリウレタン系調整砥石の，粒度の違いによるツルーイング条件と最大摩擦係数 $\mu_{r\max}$ [4.1)]

4.1 各種調整砥石の摩擦・摩耗特性の測定

図 4.9 は，ポリウレタン系調整砥石のツルーイング条件に対する最大摩擦係数を，粒度の違いによって示した実験結果である。ツルーイング条件を 80 μm/rev とした場合の粒度と最大摩擦係数の関係を示したのが**図 4.10** である。これによると，粒度とともに摩擦係数が増加する傾向が見られる。また，図 4.9 においてツルーイング条件が 300 μm/rev までは若干増加している。

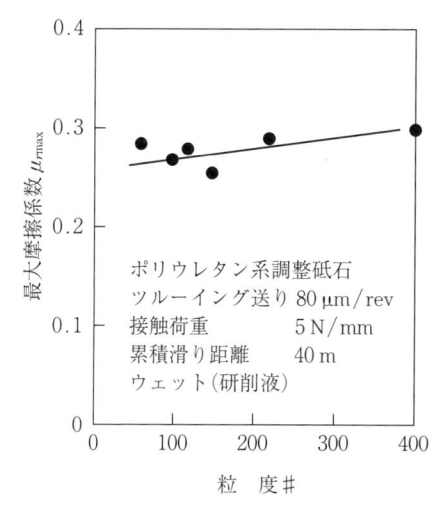

図 4.10 ポリウレタン系調整砥石の粒度と最大摩擦係数 $\mu_{r\max}$（ツルーイング送り 80 μm/rev の場合）[4.1]

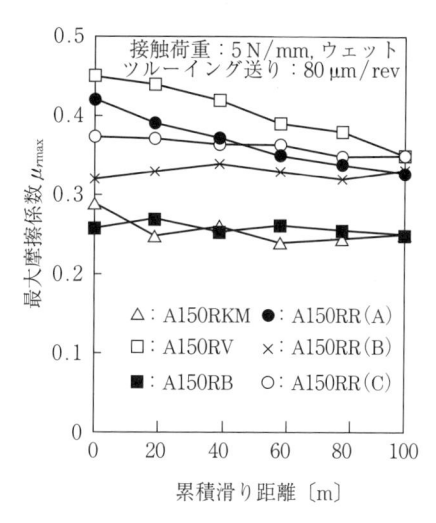

図 4.11 累積滑り距離と最大摩擦係数（ツルーイング送り 80 μm/rev の場合）[4.1]

図 4.11 は，累積滑り距離とともに調整砥石の接触面が摩耗し，そのため最大摩擦係数 $\mu_{r\max}$ が変化する過程を示す。レジンボンドおよびポリウレタン系砥石 A150RB，A150RKM の摩擦係数が最も小さく，かつほぼ一定値を保つのに比べ，ビトリファイド砥石 A150RV は $\mu_{r\max}$ が最も大きいが，累積距離とともに著しく減少する傾向を示す。

ラバーボンド系砥石 A150RR（A，B，C）はツルーイング直後はばらつきを示すが，累積滑り距離とともにほぼ一定の値に落ち着く傾向を示し，$\mu_{r\max}$ の値も高い。調整砥石の評価の中で，砥石減耗による形状修正のための再ツルーイングまでの寿命，すなわちツルーイング寿命が重要な因子となる。

このため，各種ボンドの調整砥石についてその減耗特性の比較実験の結果を**図 4.12** に示す。評価のために単位幅当りの減耗量を定義する。

累積滑り距離とともに減耗量が急速に増加するレジンボンドおよびビトリファイド系砥石 A150RB，A150RV は減耗量自体も大きく，ツルーイング寿命の立場からは実用上好ましくないことを示している。これに反し，ラバーボンド，ポリウレタンボンドの砥石は初期摩耗を除き減耗割合いが比較的安定しており，特に，ラバーボンド砥石は減耗量自体が最も小さ

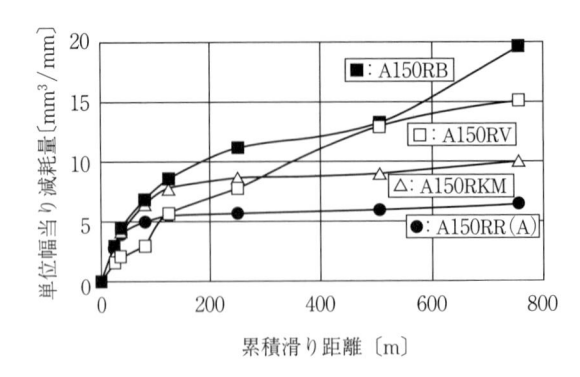

図4.12 各種ボンドによる調整砥石の減耗特性の比較[4.1]

ツルーイング送り 60 μm/rev
相対滑り速度 $\Delta v = 0.2$ m/s
接触荷重 $F_{nr} = 5$ N/mm

い値を示す。

図4.13は，ポリウレタン系調整砥石の粒度による減耗特性の比較実験結果を示す。図4.9において粒度と最大摩擦係数の関係について同様の比較実験を行い，大きな差異は認められなかったが，砥石の摩耗量については粒度が＃220，＃400の場合は他に比べ明らかに大きい。粒度が大のときは砥粒の脱落が著しくなることを示す。

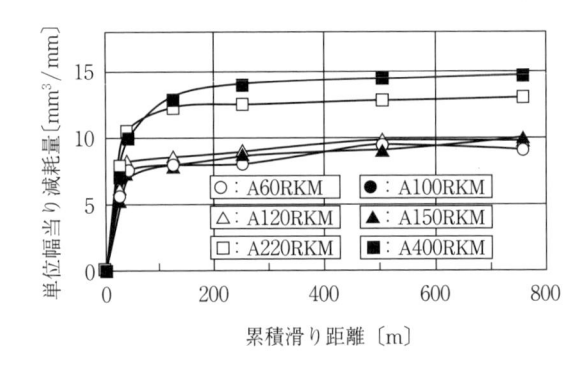

図4.13 ポリウレタン系調整砥石の粒度による減耗特性の比較[4.1]

ツルーイング送り $f_d = 60$ μm/rev
相対滑り速度 $\Delta v = 0.2$ m/s
接触荷重 $F_{rn} = 5$ N/mm

図4.14は，ラバーボンド調整砥石を対象に接触荷重 F'_{rn} による砥石摩耗量の変化の実験結果を示す。初期減耗量を除き，定常値はほぼ接触荷重に比例する。最後に鋳鋼製の調整車についての摩擦実験を行ったが，最大摩擦係数 μ_{rmax}，静止摩擦係数 μ_{rs} 共に0.17で，ヒステリシス現象を示さなかった。このように低い摩擦係数の調整車を用いる場合は，工作物の

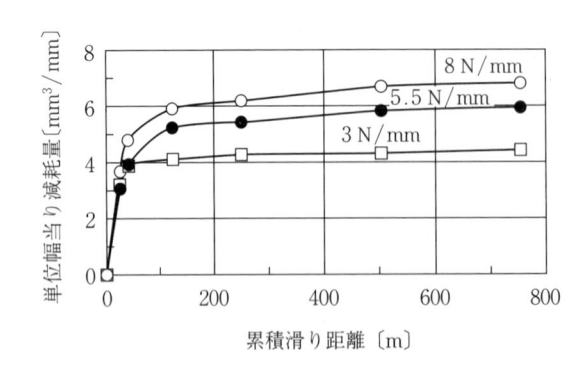

図4.14 ラバーボンド系調整砥石の接触荷重と砥石減耗量[4.1]

ツルーイング送り $f_d = 60$ μm/rev
相対滑り速度 $\Delta v = 0.2$ m/s

4.2 研削過程にある調整砥石の制動力の負荷特性[4.1)]

空転による飛出しを防ぐためのガードが不可欠である。

図4.15は，研削中の研削力 F_n，制動係数 μ_{r0} および転がり滑り速度 Δv の同時測定記録の一例を示す。研削の増加とともに制動力が増加し，定常研削力に応じた定常的制動力を示し，スパークアウトとともに制動力も減少する。すなわち，研削力 F_n と制動摩擦係数 μ_{r0} はほぼ比例する。また，制動摩擦係数 μ_{r0} は静止摩擦係数 μ_{rmax} に対して明らかに

$$\mu_{r0} < \mu_{rmax} \tag{4.1}$$

を満足し，空転現象を生じない。

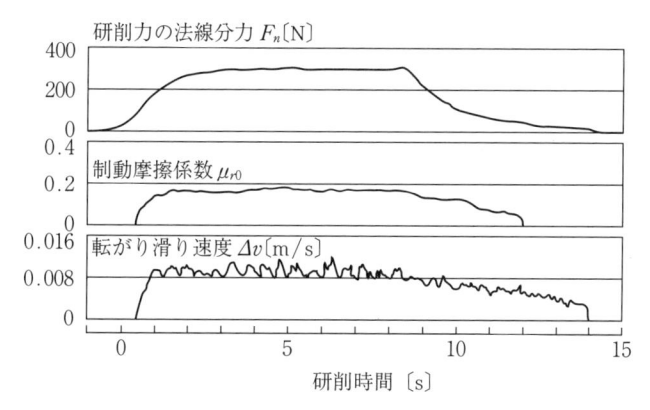

図4.15 研削中の研削力 F_n，制動摩擦係数 μ_{r0} および転がり滑り速度 Δv 同時測定[4.1)]

他方，転がり滑り速度 Δv も研削力 F_n にほぼ比例的に変化している。同様の実験結果から工作物に加わる研削力の法線分力 F_n によって生ずる転がり滑り速度 Δv の実験結果を図4.16に示す。

図4.17は，研削力の法線分力 F_n とともに増加する制動摩擦係数 μ_{r0} を示す。すなわち

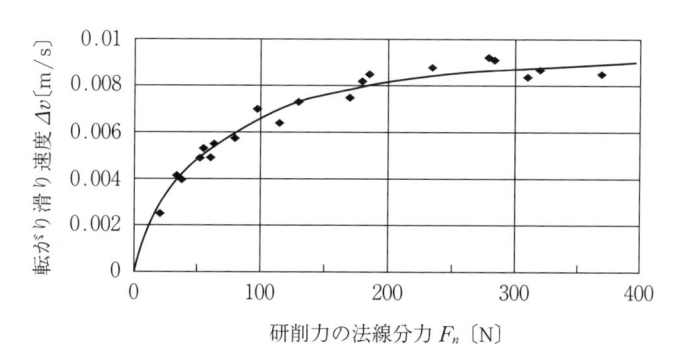

図4.16 研削力の法線分力 F_n と転がり滑り速度 Δv [4.1)]

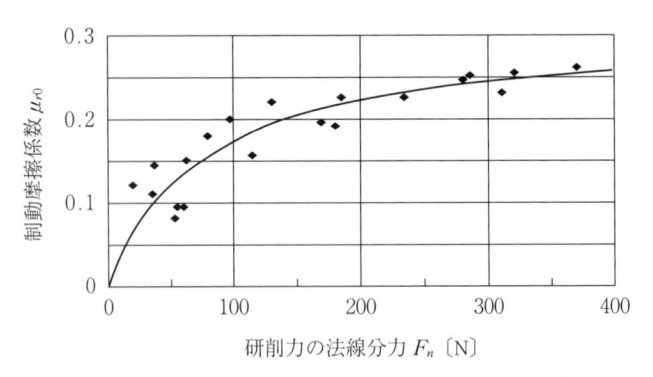

図4.17 研削力の法線分力 F_n と制動摩擦係数 μ_{r0} [4.1]

$$\mu_{r0} \propto \Delta v \tag{4.2}$$

この関係は研削力 F_n が過大になると制動摩擦係数 μ_{r0} も増加し，遂には

$$\mu_{r0} \geqq \mu_{r\max} \tag{4.3}$$

となり，工作物の空転が発生する関係を示している。

4.3 段付き工作物の安定・安全作業問題

図4.18に段付き工作物のインフィード（送り込み）研削の場合の幾何学的配置と工作物に働く力の関係を示す。ここで，大径側の制動で工作物が回転する場合の角速度を $\omega = \omega_1$，小径側の場合を $\omega = \omega_2$ とする。

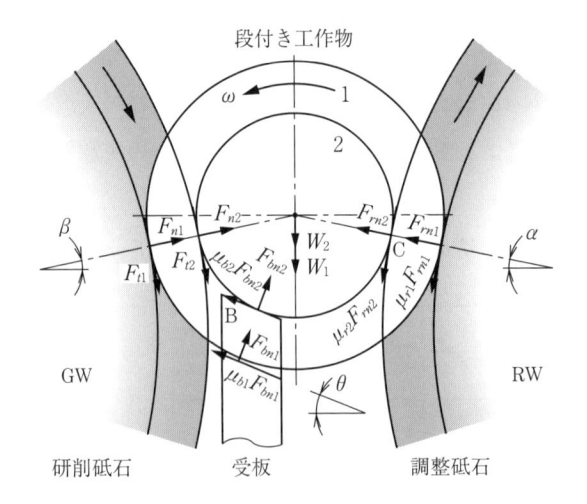

添字1は大経側，添字2は小経側の記号を示す

図4.18 段付き工作物の幾何学的配置とこれに働く力

図4.19(a)は，大径側の制動回転の場合に，工作物に働く制動力 $\mu_{r0}F_{rn1}$ と小径側に働く摩擦力 $\mu_{rs}F_{rn2}$ がたがいに逆方向に作用する関係を示す。他方，図(b)は，小径側の制動回転の場合に工作物に働く制動力 $\mu_{r0}F_{rn2}$ と大径側に働く摩擦力 $\mu_{rs}F_{rn1}$ が同方向に作用する

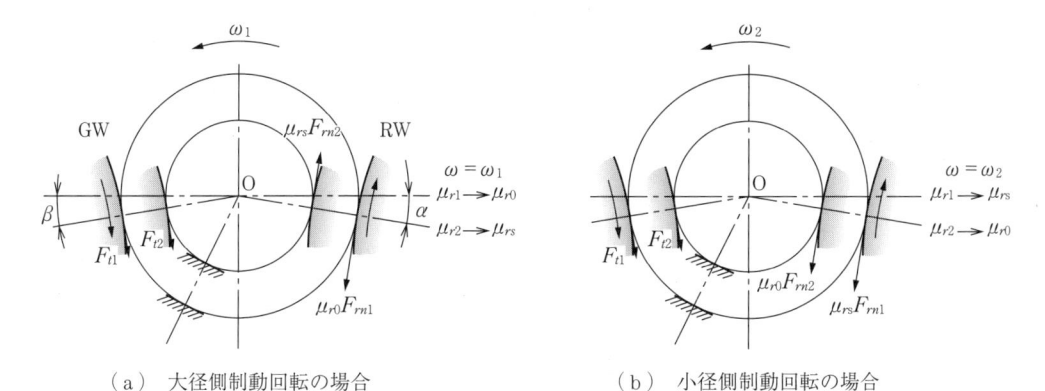

4.3 段付き工作物の安定・安全作業問題　39

（a）大径側制動回転の場合　　　　（b）小径側制動回転の場合

図 4.19　大径側制動と小径側制動の回転運動のとき工作物に働く摩擦力の関係

関係を示す。したがって，小径側の制動限界研削力 F_{tU2} は大径側摩擦力の分だけ加算されることとなる。

いま，段付き工作物の形状を**図 4.20**とし，段付き工作物の形状係数 κ を次のように定義する。

$$\kappa = \frac{R_2 L_2}{R_1 L_1} \tag{4.4}$$

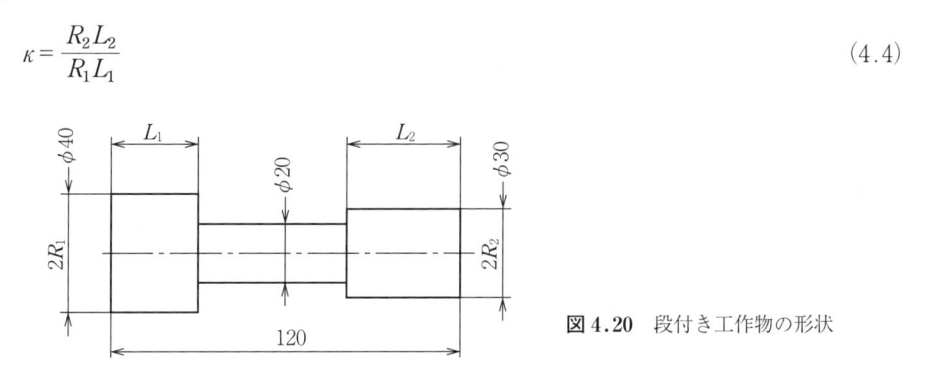

図 4.20　段付き工作物の形状

3.1 節と同様の考え方に従って大径側制動回転が成立する制動限界研削力 F'_{tU1} および小径側の制動限界研削力 F'_{tU2} を形状係数 κ の係数として算出した結果を**図 4.21**に示す。大径側の制動限界研削力 F'_{tU1} の値は，$\kappa^{-1} = R_1 L_1 / R_2 L_2$ とともに小径側の摩擦力によって著しく減少し，小径側の制動限界研削力 F'_{tU2} は $\kappa = R_2 L_2 / R_1 L_1$ とともに著しく増加する関係を示している。

このような関係を実験によって確かめるため試作した段付き工作物の回転速度測定装置を**図 4.22**に示す。研削中の工作物の回転速度をフレキシブルシャフトで工作物に連結したロータリエンコーダによってその時間的変化を連続的に記録する。この装置による実験結果を**図 4.23**および**図 4.24**に示す。

図 4.23 では，$\kappa = R_2 L_2 / R_1 L_1 = 1/4$ の場合には，工作物は大径側の制動回転速度 1.70 rps で安定して回転しているのに反し，$\kappa = 1/1.95$ の場合には，大径側と小径側の制動回転速度

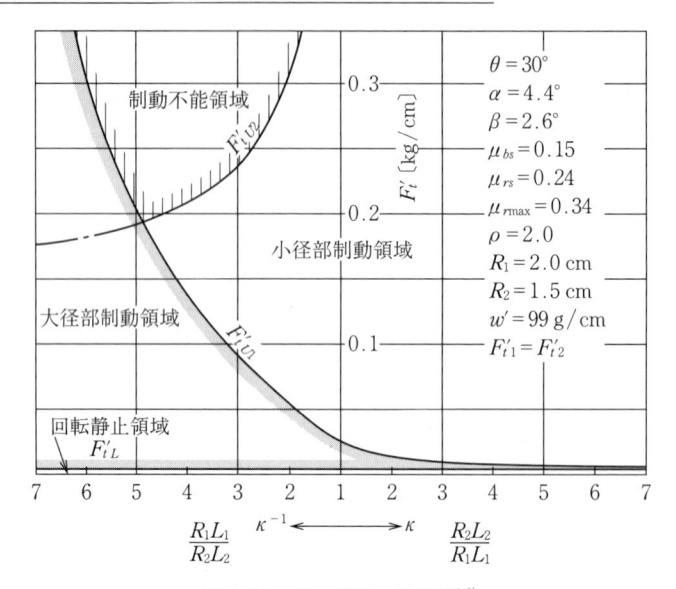

図 4.21 F_t-κ 線図の計算値[4.2)]

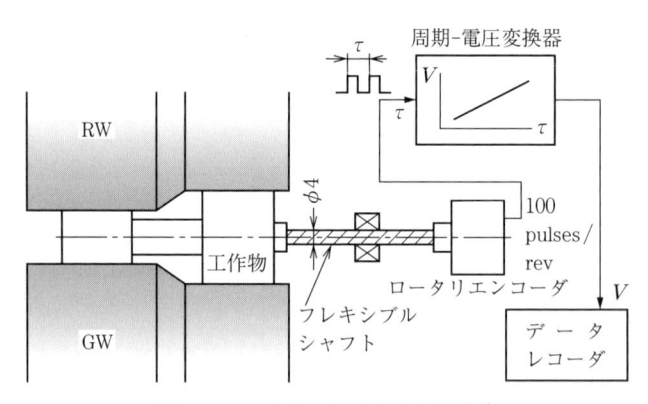

図 4.22 工作物回転速度測定装置[4.2)]

である 1.70 rps と 2.37 rps の間を交互に不安定に変化する過程を示している。また，$\kappa =$ 1.95 の場合は，小径側の制動回転数 2.37 rps で安定して回転する。ここで，研削開始直後に大径側制動回転数から小径側に過度的に変化するのは切込み送り速度の立上がりによるものと推測できる。図 4.24 は，研削力の大小によって工作物の制動回転速度が変化する過程の実験結果を示す。インフィード研削の送り速度を 28 μm/min から 239 μm/min まで変化させた場合の影響を示す。

研削力の比較的小さな 28 μm/min の場合は，制動限界研削力 F'_{tU1} 以下のため大径側の制動力によって工作物は一定の 1.70 rps で安定回転するのに反し，送り速度 113 μm/min により研削力が増加すると，工作物は大径側と小径側の制動回転速度 1.70 rps と 2.37 rps の間で変動する不安定な回転運動を示す。このことは，送り速度 113 μm/min によって生ず

切込み送り速度：$x_f = 135\,\mu\text{m/min}$　　調整車回転数：16.7 rpm

図4.23 形状係数 κ と回転運動の安定性[4.2)]

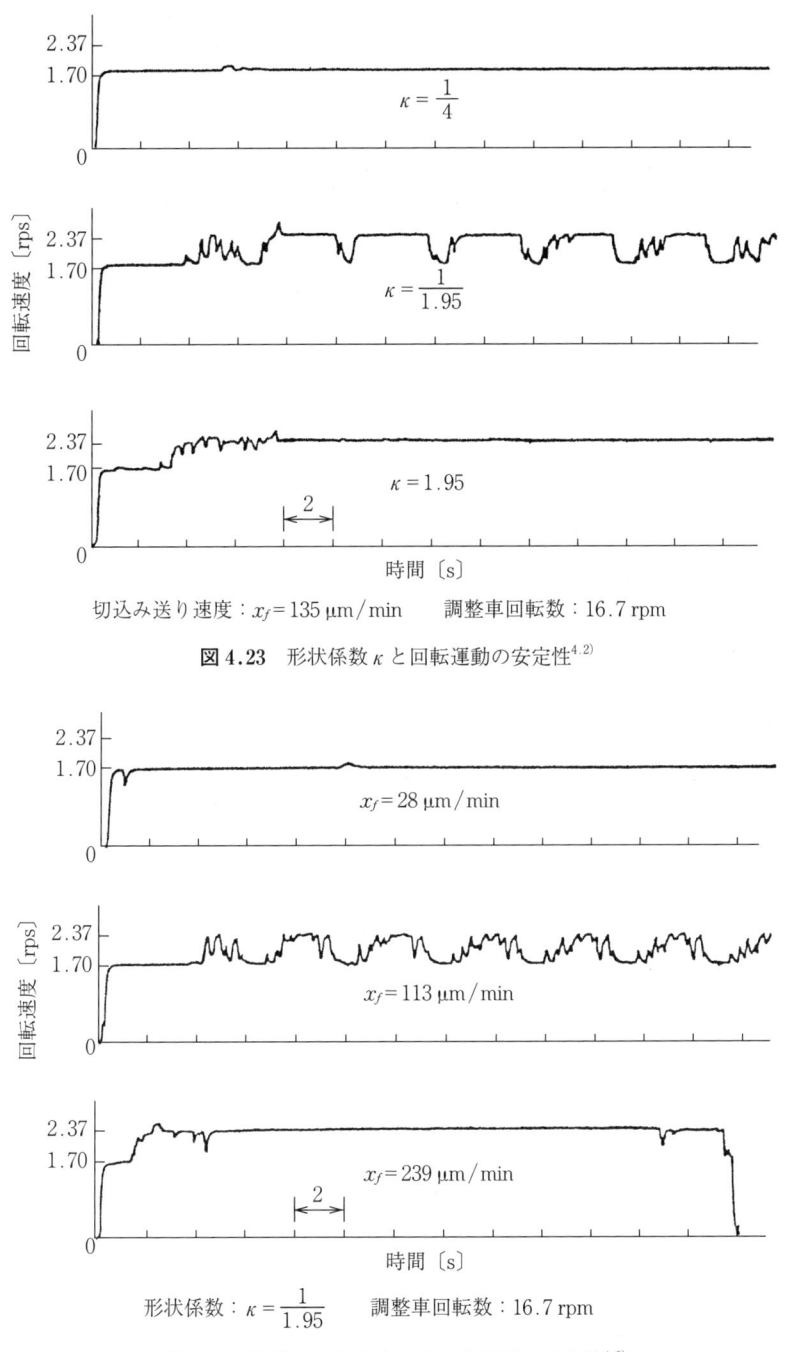

形状係数：$\kappa = \dfrac{1}{1.95}$　　調整車回転数：16.7 rpm

図4.24 切込み送り速度 x_f と回転運動の安定性[4.2)]

る研削力 F'_{t1} が制動限界研削力にほぼ等しい状況にあることを示している。

さらに大きな送り速度 239 μm/min によって研削力 F'_{t1} が F'_{tL1} の値を越え，大径側の制動から小径側の制動に移った結果が工作物の安定に回転速度 2.37 rps となることが，実験結

果として表われている。

同様の一連の実験結果から形状係数 κ および工作物の回転運動と切込み送り速度 x_f 〔μm/min〕の関係を示したのが**図 4.25** である。

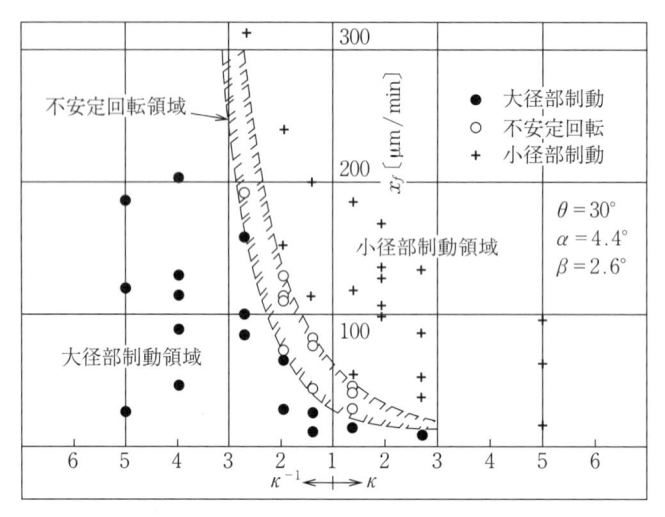

図 4.25 段付き工作物の形状係数 κ および切込み送り速度 x_f と回転運動領域[4.2]

あらかじめ求めた切込み送り速度 x_f と研削力 F'_n の関係から研削力の関数として図 4.25 を換算した実験結果と，大径側の制動限界研削力 F_{tU1} の計算結果との比較を示したものを**図 4.26** に示す。算出した制動限界研削力 F_{tU1} の周辺で工作物回転速度が 1.70 rps と 2.37 rps の間で不安定になることを示している。

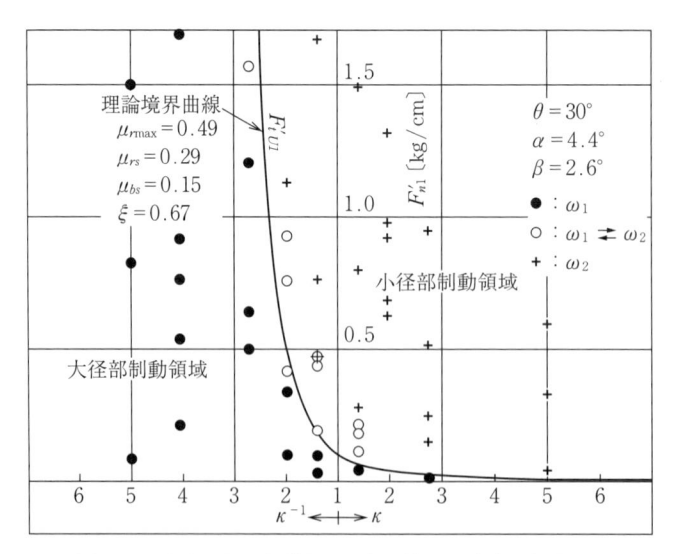

図 4.26 大小両径の制動領域の実験値と理論境界曲線 F_{tU1}

4.4 心なし研削における研削作業の安定・安全対策

心なし研削における調整砥石の役割には以下の二つがある。
(1) 工作物の支持基準面
(2) 工作物の摩擦回転駆動機能

この中で，摩擦回転駆動機能とは，研削力による回転トルクを調整砥石の摩擦力で制動し，工作物を調整砥石の周速で回転制御する働きのことである。

ここで，研削作業に伴う調整砥石にかかわる安全・安定対策の対象となる現象としてつぎの二つがある。

(1) 研削力が過大になると調整砥石の制動作用限界を越えるため，工作物が研削砥石の周速に近い高速回転を引き起こし，きわめて危険である。
(2) 段付き工作物あるいはテーパ付き工作物の場合には，工作物の周速が場所によって異なり，これを支える調整砥石の接点には制動部分と制動が失われる部分が生じ，工作物の回転運動が不安定になる現象を起こす。このことは，心なし研削原理の一つである摩擦回転駆動系の機能が不安定であることを示す。

このような研削作業に伴う安全・安定条件を阻害する現象を防止する対策を本章で述べた解析および実験を通して列挙すると，以下のようにまとめられる。

(1) 受板頂角 θ を 30°以上にセットする。
(2) 心高角 γ を許すかぎり小さくセットする。
(3) 摩擦係数の大きな調整砥石を選択する。
(4) 鋳鋼製調整車のような低摩擦係数の材料を用いる場合は，十分な安全対策を施す。
(5) 段付き工作物，あるいは大きなテーパ付き工作物を研削する場合は，図 4.26 に示した形状係数 κ の影響を参考に，安定した制動部分のある工作物形状に限定する（式 (4.4) 参照）。

5 幾何学的成円作用の解析

5.1 研削点における真円誤差測定から成円作用を考える
— 真円誤差が検出できなければ成円作用はない

図5.1に示すように，研削砥石，調整砥石および工作物の回転中心をそれぞれO_s，O_r，Oとし，工作物と研削砥石，調整砥石，受板頂面との接点をそれぞれG，R，Bとする。また，点Rにおける調整砥石の接線と受板頂面の延長線との交点をDとする。

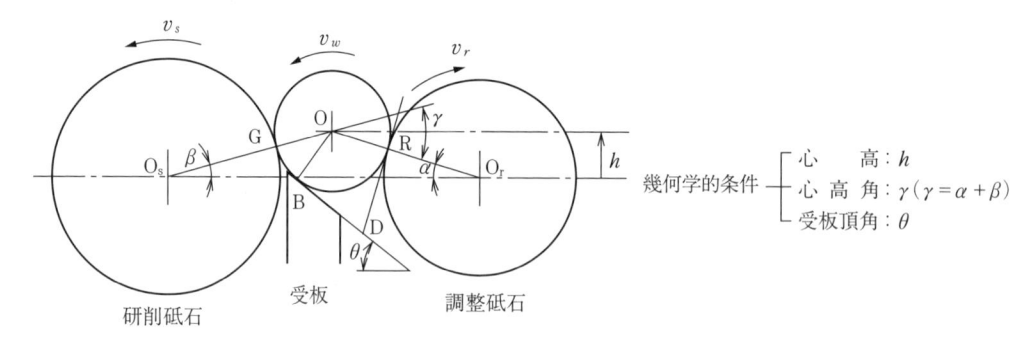

図5.1 工作物の幾何学的配置

いま，∠BDRをVブロックの開き角と考え，点Gに工作物に直角にダイヤルゲージを砥石に代わって当てたものとして，工作物の真円誤差がダイヤルゲージに何倍になって現れるかという拡大率を考察する。この関係を**図5.2**に示す。工作物の平均円中心Oを原点とし，工作物外周の形状を次式で表す。

$$r_w(\varphi) = r_0 + \sum_{n_i=2}^{\infty} a_{n_i}\cos(n_i\varphi + \delta_n) \tag{5.1}$$

ここで，r_0：平均円半径，n_i：工作物外周のうねり山数，である。

上式の右辺の第2項が真円誤差あるいは歪量に相当し，これを$r(\varphi)$とする。

$$r(\varphi) = \sum_{n=2}^{\infty} a_n\cos(n_i\varphi + \delta_n) \tag{5.2}$$

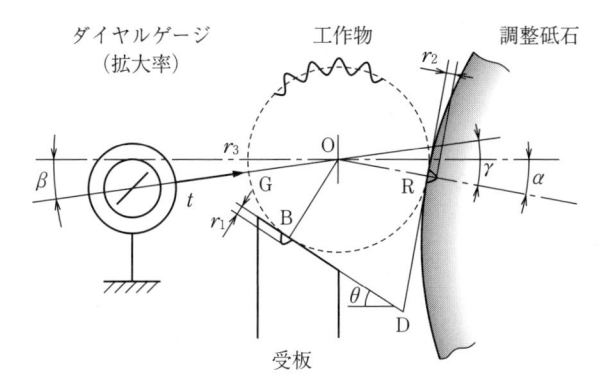

5.1 研削点における真円誤差測定から成円作用を考える──真円誤差が検出できなければ成円作用はない

図5.2 研削点における真円誤差の測定

t：ダイヤルゲージの読み（拡大率）

図5.2において $\overline{\text{OB}}$, $\overline{\text{OR}}$, $\overline{\text{OG}}$ の各方向に存在する歪量をそれぞれ r_1, r_2, r_3 とすると，図5.3に示す関係式からダイヤルゲージに現れる振れ t は

$$t = t_1 + t_2 + t_3 \tag{5.3}$$

または

$$t = -\frac{\sin(\alpha+\beta)}{\cos(\theta+\alpha)}r_1 + \frac{\cos(\theta+\beta)}{\cos(\theta-\alpha)}r_2 + r_3 \tag{5.3}'$$

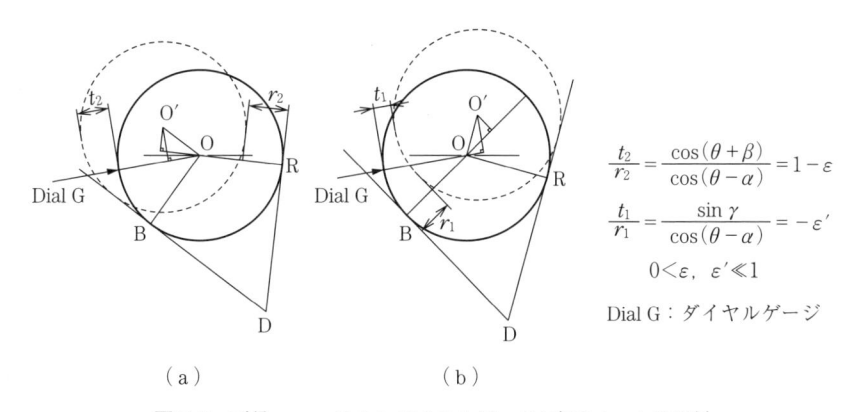

$$\frac{t_2}{r_2} = \frac{\cos(\theta+\beta)}{\cos(\theta-\alpha)} = 1 - \varepsilon$$

$$\frac{t_1}{r_1} = \frac{\sin\gamma}{\cos(\theta-\alpha)} = -\varepsilon'$$

$$0 < \varepsilon,\ \varepsilon' \ll 1$$

Dial G：ダイヤルゲージ

（a）　　　（b）

図5.3 歪量 r_1, r_2 によるダイヤルゲージの振れ t_1, t_2 の関係

図5.4に示すように，極座標として OX を工作物の回転角とともに回転する原線，XO から見た研削点G，受板頂面との接点B，調整砥石との接点Rにおける位相角はそれぞれ φ, $\varphi - \varphi_1$, $\varphi - \varphi_2$ となるから

$$\left.\begin{array}{l} r_3 = r(\varphi) \\ r_1 = r(\varphi - \varphi_1) \\ r_2 = r(\varphi - \varphi_2) \end{array}\right\} \tag{5.4}$$

また，式(5.3)で r_1 の係数は1に比べきわめて小さく，r_2 の係数は1より小さいが1にきわめて近いため便宜上つぎのように表現する．

5. 幾何学的成円作用の解析

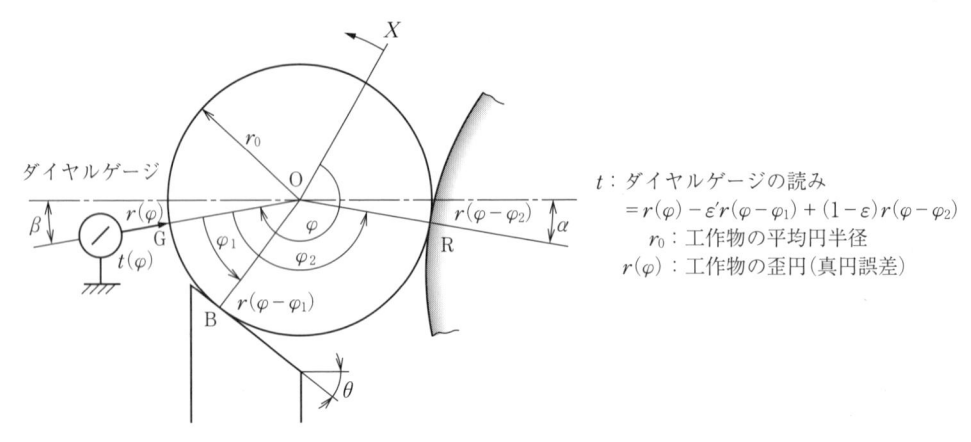

図 5.4 研削点 G における工作物歪円の測定値

t：ダイヤルゲージの読み
$= r(\varphi) - \varepsilon' r(\varphi - \varphi_1) + (1-\varepsilon)r(\varphi - \varphi_2)$
r_0：工作物の平均円半径
$r(\varphi)$：工作物の歪円（真円誤差）

$$\left.\begin{array}{l}\dfrac{\sin(\alpha+\beta)}{\cos(\theta-\alpha)} = \varepsilon' \\[2mm] \dfrac{\cos(\theta+\beta)}{\cos(\theta-\alpha)} = 1-\varepsilon\end{array}\right\} \quad (0 < \varepsilon,\ \varepsilon' \ll 1) \tag{5.5}$$

式 (5.4)，(5.5) を用いて式 (5.3) は

$$t(\varphi) = r(\varphi) - \varepsilon' r(\varphi - \varphi_1) + (1-\varepsilon)r(\varphi - \varphi_2) \tag{5.6}$$

上式から式 (5.2) に示す各うねり山数 n_i ごとにその拡大率を求める場合，うねり山数相互の位相差 δ_n は無視することができ，また歪量の振幅 a_n はすべて単位量1とする。このようにして各うねり山数 n_i ごとの歪量の拡大率を $t(\varphi)$ とおくと

$$t(\varphi) = \cos n_i\varphi - \varepsilon' \cos n_i(\varphi - \varphi_1) + (1-\varepsilon)\cos n_i(\varphi - \varphi_2) \tag{5.7}$$

上式をベクトル表示すると**図 5.5** となる。なお

研削砥石半径： $R_s = 250$ mm
調整砥石半径： $R_r = 150$ mm
工作物半径： $R_w = 15$ mm

とした場合の心高 h [mm]，受板頂角 θ に対する心高角 γ，ε' および $1-\varepsilon$ の数値計算例を**表 5.1** に示す。

このようにして求めた工作物のうねり山数（角数） n_i に対する拡大率が心高 h（または α, β），受板頂角 θ によって変化する様子を**図 5.6**（a），（b），（c），（d）に示す。

また，図 5.5 で示すダイヤルゲージの振れ t の位相 Ψ の計算値を**図 5.7** に示す。図中で点線で示したものは簡略化のため $\varepsilon'=0$ とした場合の近似解を示す。この場合の近似拡大率のベクトル線図を**図 5.8** に示す。ここでは拡大率 t が零となる場合の位相 Ψ は ±90° である。

つぎに，さらに近似解として ε'，ε を共に零とした場合の拡大率 t のベクトル線図を**図 5.9** に，またうねり山数 n_i が偶数 n_e および奇数 n_o の場合の拡大率 t および位相 Ψ の関係を

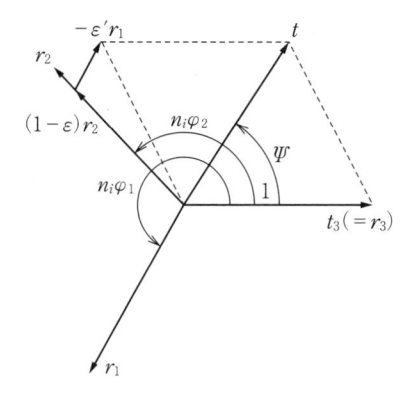

5.1 研削点における真円誤差測定から成円作用を考える──真円誤差が検出できなければ成円作用はない

図5.5 拡大率のベクトル図

表5.1 $1-\varepsilon$, ε' の数値計算例

心高 h	5 mm			10 mm			15 mm		
α	1.74°			3.47°			5.22°		
β	1.08°			2.16°			3.24°		
γ	2.82°			5.63°			8.46°		
受板頂角 θ	15°	30°	45°	15°	30°	45°	15°	30°	45°
$1-\varepsilon$	0.988	0.972	0.953	0.974	0.946	0.908	0.964	0.921	0.866
ε'	0.050	0.056	0.162	0.100	0.109	0.181	0.149	0.162	0.191
ε	0.012	0.028	0.047	0.026	0.054	0.092	0.036	0.079	0.134

〔注〕 研削砥石半径 $R_s = 250$ mm
　　　調整砥石半径 $R_r = 150$ mm
　　　工作物半径 $R_w = 15$ mm

心高 $h=5$ mm ($\alpha=2°15'$, $\beta=1°23'$)
ブレード頂角 $\theta=40°$：□ 30°：△ 20°：○ 15°：×
点線は $\varepsilon'=0$ のときの近似解

研削砥石の直径：400 mm
送り砥石の直径：240 mm
工作物の直径：14 mm

（a）

心高 $h=10$ mm ($\alpha=4°31'$, $\beta=2°46'$)

（b）

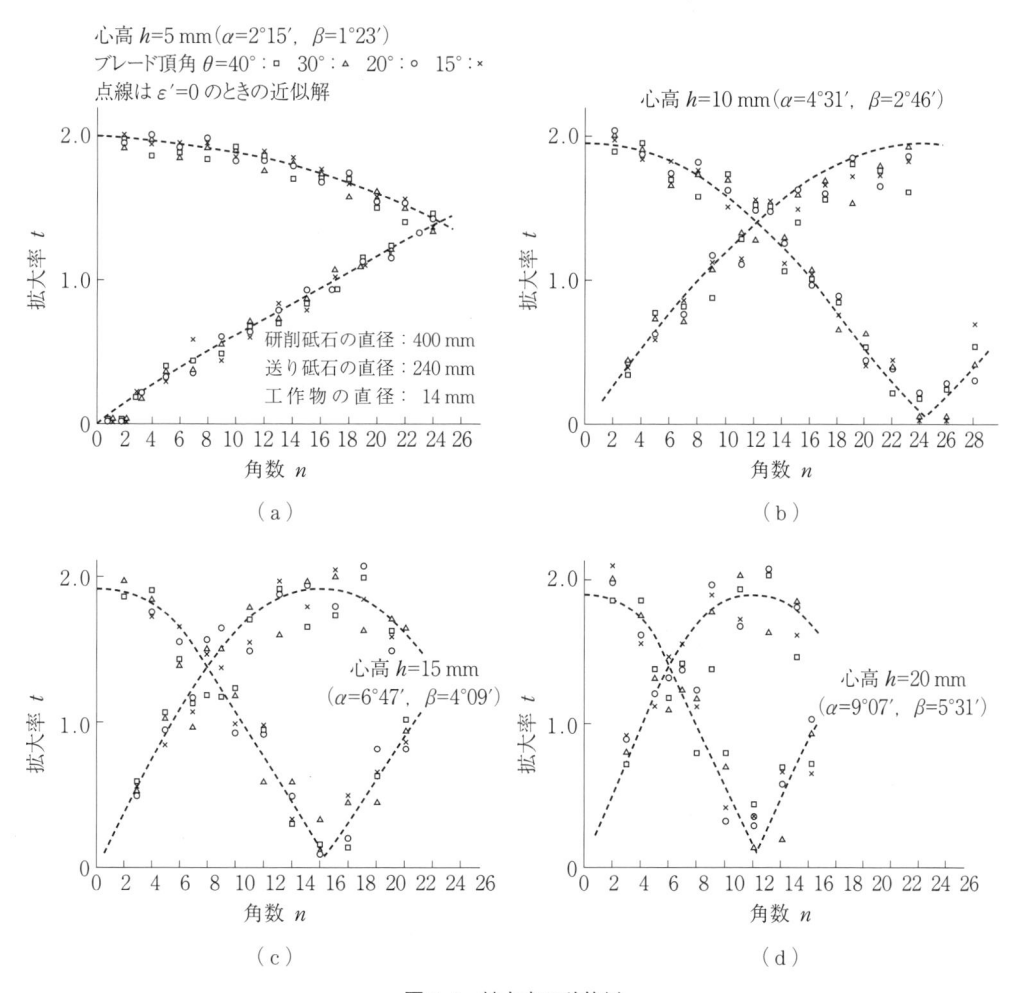

心高 $h=15$ mm ($\alpha=6°47'$, $\beta=4°09'$)

（c）

心高 $h=20$ mm ($\alpha=9°07'$, $\beta=5°31'$)

（d）

図5.6 拡大率の計算例

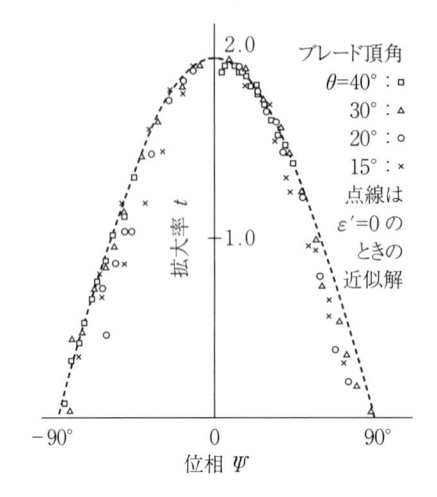

図5.7 拡大率 t と位相 Ψ の関係

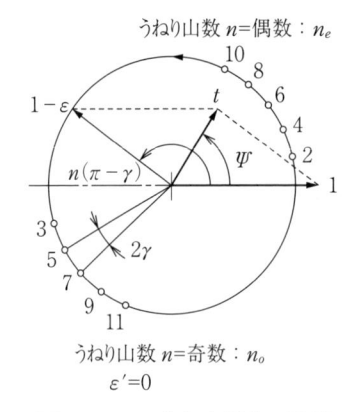

図5.8 $\varepsilon'=0$ とした場合の近似拡大率 t

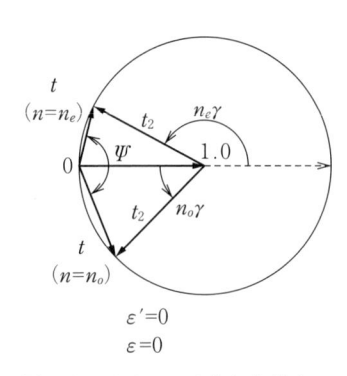

図5.9 $\varepsilon'=0$, $\varepsilon=0$ とした場合の近似拡大率 t

図5.10に示す．ここでは横軸にうねり山数 n_i の代わりに $n_i\gamma$ をとる．

この関係から拡大率 t が零または最小で，かつ位相 Ψ が±90°またはこれに近い条件は

$$\left.\begin{array}{l}n_e\gamma \cong \pi \times 奇数 \\ n_o\gamma \cong \pi \times 偶数\end{array}\right\} \quad (5.8)$$

式 (5.8) は成円作用が零または最小となる歪円を示すもので，これを固有歪円と名づけ，$n_{e,p}$, $n_{o,p}$ と定義すると

$$\left.\begin{array}{l}n_{e,p}=\left[\dfrac{\pi \times 奇数}{\gamma}\right]_e \\ n_{o,p}=\left[\dfrac{\pi \times 偶数}{\gamma}\right]_o\end{array}\right\} \quad (5.8)'$$

実用上，他の要因（後述）を考慮すると

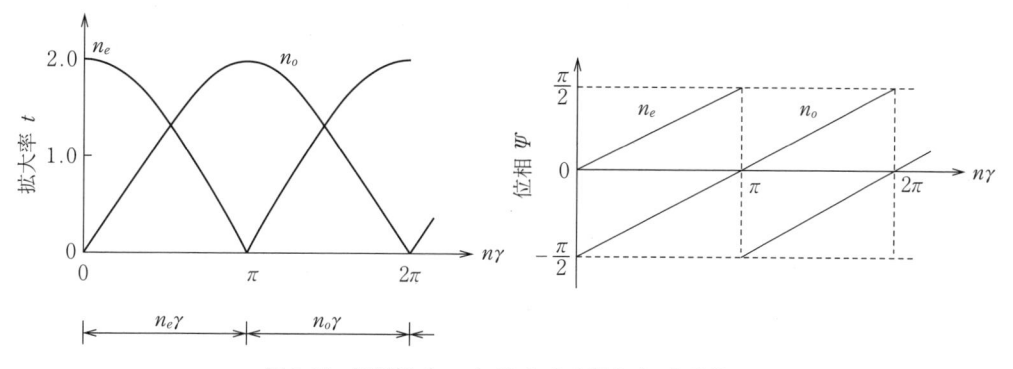

図5.10 近似解 ($\varepsilon = \varepsilon' = 0$) による拡大率 t と位相 Ψ

$$\left.\begin{array}{l} n_{e,p} = \left[\dfrac{\pi}{\gamma}\right]_e \\[2mm] n_{o,p} = \left[\dfrac{2\pi}{\gamma}\right]_o \end{array}\right\} \qquad (5.8)''$$

ここで，$[\ ]_e$ および $[\ ]_o$ は括弧内の数値に最も近い偶数または奇数を表す。

式 (5.8)″ を工作物のうねり山数に換算して図示すると **図5.11** となる。

（a）固有歪円の山数 $n_{i,p}$ が偶数の場合　　　（b）固有歪円の山数 $n_{i,p}$ が奇数の場合

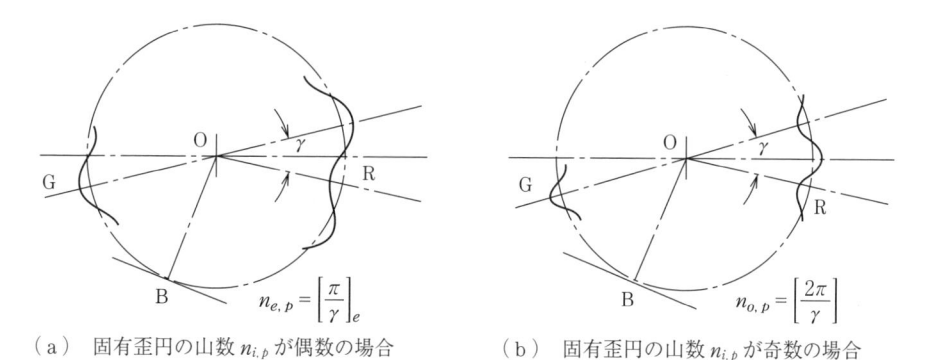

図5.11 固有歪円の山数 $n_{i,p}$ の表示

5.2 幾何学的成円機構を表す伝達関数と成円作用の過度応答[5.1]

成円機構を自動制御の分野で用いる周波数応答法による伝達関数で表現する方法を以下に述べる。

図5.12 に周期的切込み入力 $q_i(\varphi)$ によって生ずる工作物の歪円出力 $r(\varphi)$ の関係を示す。すなわち

$$q_i(\varphi) = r(\varphi) - \varepsilon' r(\varphi - \varphi_1) + (1-\varepsilon) r(\varphi - \varphi_2) \qquad (5.9)$$

上式をラプラス変換すると

$$q_i(s) = \{1 - \varepsilon' e^{-\varphi_i s} + (1-\varepsilon) e^{-\varphi_2 s}\} r(s) \qquad (5.10)$$

5. 幾何学的成円作用の解析

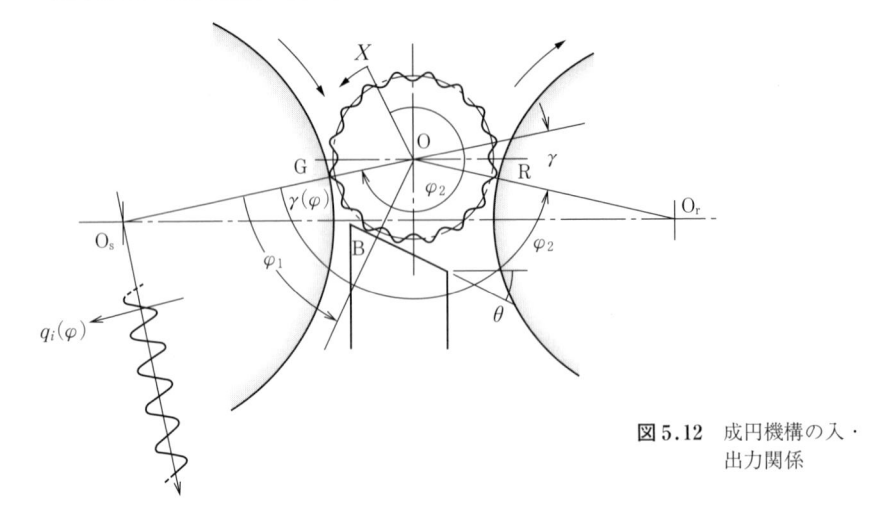

図 5.12 成円機構の入・出力関係

したがって伝達関数 $F(s)$ は

$$F(s) = \frac{r(s)}{q_i(s)} = \frac{1}{1 - \varepsilon' e^{-\varphi_1 s} + (1-\varepsilon) e^{-\varphi_2 s}} \quad (5.11)$$

また

$$A(s) = \frac{1}{F(s)} = 1 - \varepsilon' e^{-\varphi_1 s} + (1-\varepsilon) e^{-\varphi_2 s} \quad (5.12)$$

とおく。ここで $s = jn$, $n =$ 正の実数,とすると

$$F(jn) = \frac{1}{1 - \varepsilon' e^{-jn\varphi_1} + (1-\varepsilon) e^{-jn\varphi_2}} \quad (5.11)'$$

$$A(jn) = 1 - \varepsilon' e^{-jn\varphi_1} + (1-\varepsilon) e^{-jn\varphi_2} \quad (5.12)'$$

図 5.13 に上述の関係を示す。また,式 (5.12) を再生心出し関数と定義する。上式に含まれる指数関数を複素平面上のベクトルとして表示するオイラー (Euler) の公式を**図 5.14**に示す。

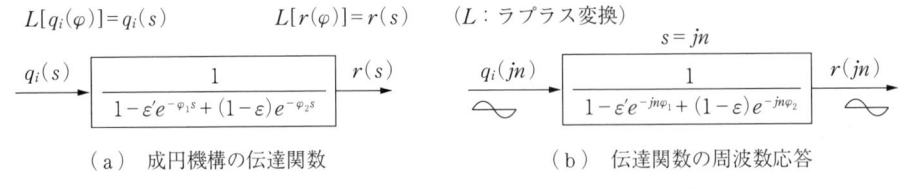

（a）成円機構の伝達関数　　　　　　（b）伝達関数の周波数応答

図 5.13 振動的変位入力に対する真円誤差出力

これに従って式 (5.12)′ をベクトルで示すと**図 5.15** となる。

図 5.16 において,初期歪円を単位振幅として $1.0 \angle 0°$ で表し,研削点 G で検出された $A(jn)$ を初期歪円から差し引くとその実数部が $\mathrm{Re}\{A(jn)\}$ だけ減少し,$1 - \mathrm{Re}\{A(jn)\}$ となる。この関係を図（a）に示す。また,$A(jn)$ の除去により新たに生じた虚数部 $\mathrm{Im}\{A(jn)\}$

5.2 幾何学的成円機構を表す伝達関数と成円作用の過度応答

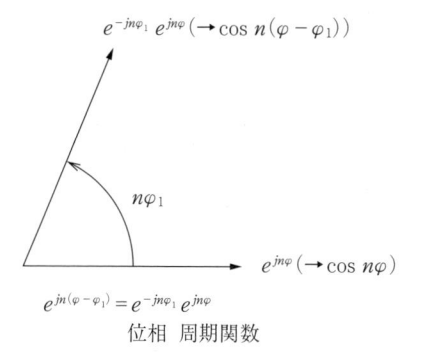

図 5.14 オイラーの公式による周期関数のベクトル表示

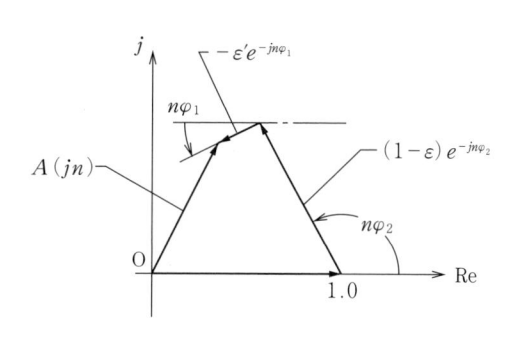

図 5.15 $A(jn) = 1 - \varepsilon' e^{-jn\varphi_1} + (1-\varepsilon) e^{-jn\varphi_2}$ のベクトル表示

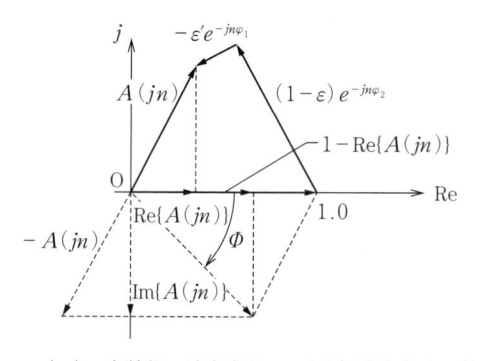

（a）実数部の減衰率 $[1-\mathrm{Re}\{A(jn)\}]$ 〔1/rev〕

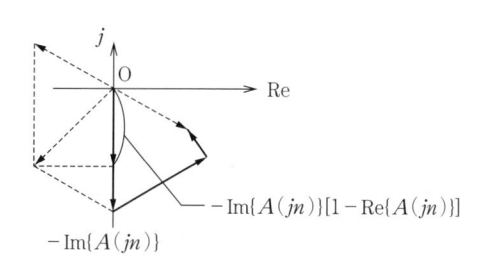

（b）虚数部の減衰率 $[1-\mathrm{Re}\{A(jn)\}]$

図 5.16 工作物1回転当り真円誤差の減衰率

は，図（b）に示すように $\mathrm{Im}\{A(jn)\}[1-\mathrm{Re}\{A(jn)\}]$ に減少する。図（a），（b）の関係を総合すると工作物1回転当りの真円誤差の減衰率は $[1-\mathrm{Re}\{A(jn)\}]$ 〔1/rev〕となる。また，位相遅れも1回転当り∠Ψ となる。このような関係を工作物 N 回転目と $N+1$ 回転目の歪円を比較して**図 5.17** に示す。

このような方法で成円作用が期待できない固有歪円，すなわち $\mathrm{Re}\{A(jn)\}$ が最小となる数値計算例を**図 5.18** に示す。この場合の固有歪円うねり山数は 24 山である。

図 5.16 に示した工作物1回転当りの振幅減衰率を用い，初期歪円の単位振幅 $1.0\angle 0°$ が N 回転後に振幅 $r_N(N)$ に減少する関係式は

$$r_N(N) = [1-\mathrm{Re}\{A(jn)\}]^N \tag{5.13}$$

または

$$r_N(N) = e^{-\mathrm{Re}\{A(jn)\}^N} \tag{5.13}'$$

式 (5.13) を N に関して逆ラプラス変換すると，周期的振動振幅入力に対する歪円のうねり振幅出力の比を表す伝達関数 $B_N(s)$ が求まる。すなわち

5. 幾何学的成円作用の解析

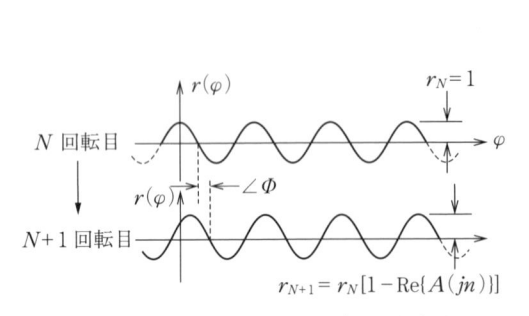

図5.17 工作物1回転ごとのうねり振幅と位相の変化

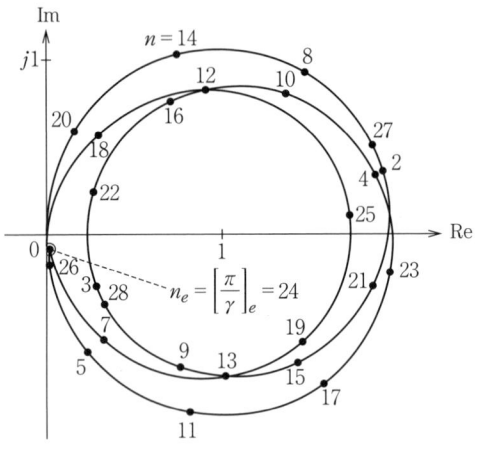

$\gamma = 7.5°, \quad \theta = 30°$
$\varepsilon' = 0.146, \quad 1-\varepsilon = 0.940$
$n_e = [180°/7.5°]_e = 24$

図5.18 $\text{Re}\{A(jn)\}$ が最小となる数値計算例

$$B_N(s) = \frac{1}{s + \text{Re}\{A(jn)\}} \tag{5.14}$$

ここで，変位入力 $q_N(s)$ として

(a) 定振幅周期入力

(b) 初期歪円入力

を考えると，それぞれのラプラス変換は

(a) $q_N(s) = \dfrac{1}{s}$ … 単位ステップ入力

(b) $q_N(s) = 1$ … 単位インパルス入力

となる。このような関係を**図5.19**に示す。

このようにして，それぞれの入力に対する過渡現象から定常値に至る現象を示すことができる。なお

$$\text{Re}\{A(jn)\} = 1 - \text{Re}\{\varepsilon' e^{-jn\varphi_1}\} + \text{Re}\{(1-\varepsilon)e^{-jn\varphi_2}\}$$

したがって

$$\left.\begin{aligned}\text{Re}\{A(jn)\} &= 1 - \varepsilon' \cos n\varphi_1 + (1-\varepsilon_1)\cos n\varphi_2 \\ \text{Re}\{A(jn)\} &= A(n)\end{aligned}\right\} \tag{5.15}$$

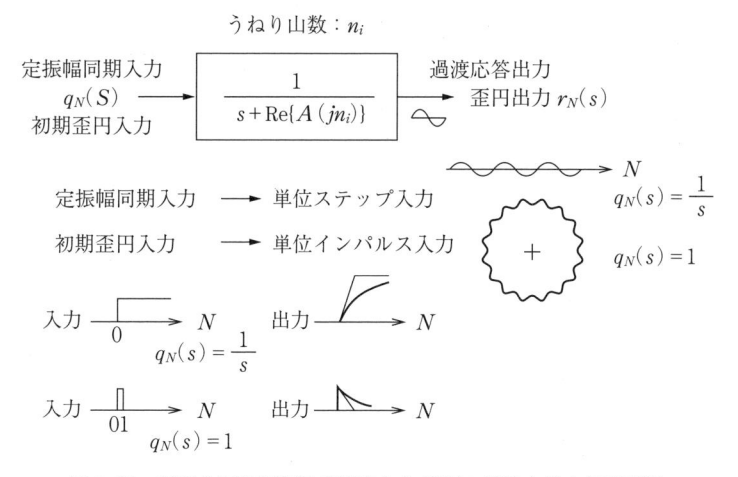

5.2 幾何学的成円機構を表す伝達関数と成円作用の過度応答

図 5.19 周期的振動振幅対歪円うねり振幅の関係を示す伝達関数

周期的振動振幅の入力に対する歪円うねり振幅 $r_N(N)$ の成長過程と定常値を**図 5.20** に示す。図（a）には固有歪円うねり山数 $n_{e,p}$ を中心とする近傍のうねり山数に対する定常値の分布を，図（b）には定常値に達するまでの過度応答とこれを代表するパラメータである時定数 N_T を示す。

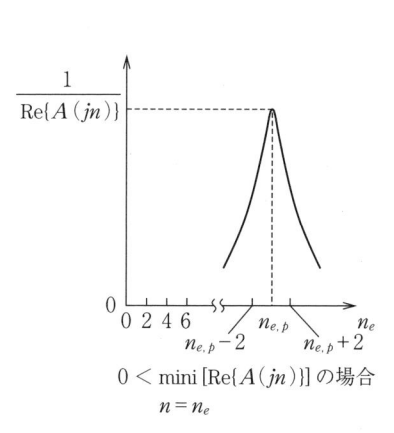

（a）固有歪円 $n_{e,p}$ を中心とする歪円振幅の定常値の分布

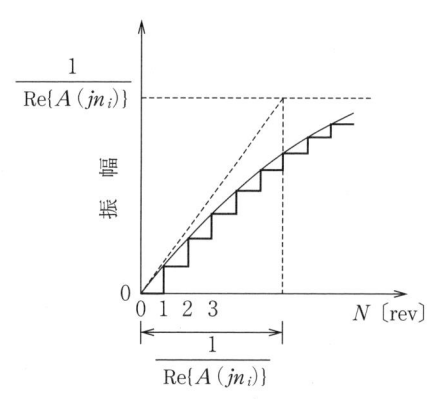

振幅：$r_N(N) = \dfrac{1}{\text{Re}\{A(jn_i)\}}[1 - e^{-\text{Re}\{A(jn_i)\}N}]$

N：工作物回転数〔rev〕

時定数：$N_T = \dfrac{1}{\text{Re}\{A(jn)\}}$

（b）過度応答と時定数

図 5.20 周期的振動振幅入力による歪円うねり振幅の発生過程と定常値

時定数 N_T は n の関数であるから $N_T(n)$ と表示すると

$$N_T(n) = \frac{1}{\text{Re}\{A(jn)\}} \quad \text{または} \quad \frac{1}{A(n)} \tag{5.16}$$

5. 幾何学的成円作用の解析

このとき，定常値に達する歪円のうねり振幅 $r_N(N)$ の変化過程は

$$r_N(N) = \frac{1}{\text{Re}\{A(jn)\}}[1 - e^{-\text{Re}\{A(jn)\}N}] \\ = \frac{1}{A(n)}[1 - e^{-A(n)N}] \quad\quad (5.17)$$

つぎに，初期歪円を入力とした場合のうねり振幅 $r_N(N)$ は伝達関数の逆ラプラス変換，すなわち，すでに求めた式 (5.13) で示される。

式 (5.13) による初期歪円うねり振幅の減衰過程と時定数 N_T を図 5.21 に示す。式 (5.16) で示す時定数 $N_T(n)$ は初期歪円の振幅の低減の速さを示すパラメータであるから，成円作用を示す指数と考えることができる。時定数 $N_T(n)$ が小さくなるほど成円作用が著しいこととなる。

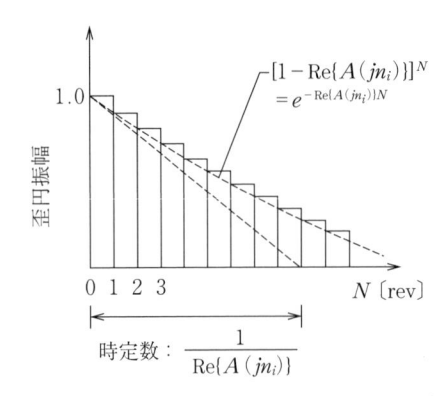

図 5.21 初期歪円うねり振幅の減衰過程と時定数

以下に具体的数値計算例を示す。

表 5.1 より心高の高い場合として $\gamma = 5.46°$，また低い場合として $\gamma = 2.82°$ を考え，それぞれの場合について偶数うねり山数 $n_e = 20$ と奇数うねり山数 $n_o = 3$ に対する初期歪円の成円効果を時定数を用いて比較する。

$\gamma = 8.46°$ の場合の $A(j20)$ および $A(j3)$ のベクトル表示を図 5.22 (a)，(b) に示す。$A(j20)$ および $A(j3)$ の実数部を $A(20)$，$A(3)$ と表示し，式 (5.15) に従ってそれぞれの時定数を以下に求める。ここで

$\gamma = 8.46°, \quad \varepsilon' = 0.162,$

$\varphi_1 = 56.76°, \quad 1 - \varepsilon = 0.921,$

$\varphi_2 = 171.5°, \quad \theta = 30°$

を用いて $A(20)$ を求めると

$A(20) = 1 - 0.162 \cos 55.2° - 0.921 \cos 169.2°$

$\quad\quad = 0.004$

5.2 幾何学的成円機構を表す伝達関数と成円作用の過度応答

(a) $A(j20)$ のベクトル表示 　　(b) $A(j3)$ のベクトル表示

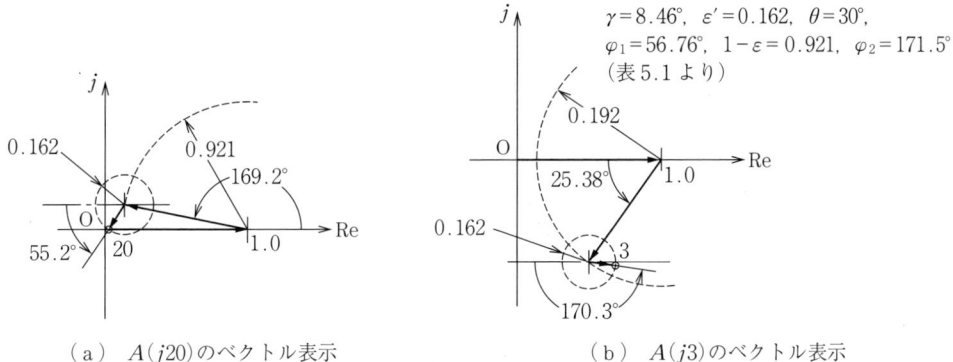

図 5.22 $\gamma = 8.46°$ の場合の $A(j20)$ および $A(j3)$ のベクトル表示

したがって

$$N_T(20) = 250 \text{ rev}$$

また, $A(3)$ は

$$A(3) = 1 - 0.162 \cos 170.3° - 0.921 \cos 25.38°$$
$$= 0.327$$

したがって

$$N_T(3) = 3.1 \text{ rev}$$

初期歪円は時定数の示す工作物の回転後, そのうねり振幅は e^{-1} 倍, すなわち 0.369 倍に減少するから, 成円作用は 20 山のうねりにはほとんど働かず, 3 山に対しては著しいこととなる。

同様にして

$$\gamma = 2.82°, \quad \varepsilon' = 0.056,$$
$$\varphi_1 = 58.92°, \quad 1-\varepsilon = 0.972,$$
$$\varphi_2 = 177.18°, \quad \theta = 30°$$

について $A(20)$, $A(3)$ を求めると

$$A(20) = 1 - 0.056 \cos 98.4° + 0.972 \cos 54.4°$$
$$= 1.53$$
$$N_T(20) = 0.653 \text{ rev}$$

また

$$A(3) = 1 + 0.056 \cos 3.24° - 0.972 \cos 8.46°$$
$$= 0.091$$
$$N_T(3) = 11 \text{ rev}$$

5. 幾何学的成円作用の解析

この場合は，偶数山成分 20 山については成山作用が著しく，3 山成分に対しては低いこととなる。一般的に，$A(jn)$ の複素平面上の分布領域は図 5.23 に示すように $1.0 \angle 0°$ を中心とする半径 $1-\varepsilon-\varepsilon'$ および $1-\varepsilon+\varepsilon'$ の円形の内部にある。他方，$A(jn)$ の実数部 $A(n)$ は歪円の減衰率を示すから，成円作用が成り立つ条件は

$$\left. \begin{array}{l} A(n) > 0 \\ -\dfrac{\pi}{2} < \angle A(jn) < \dfrac{\pi}{2} \end{array} \right\} \tag{5.18}$$

したがって，図 5.23 に示すように幾何学的セットアップ条件によっては歪円が成長していく幾何学的不安定領域が存在する。その代表例を図 5.24 に示す。

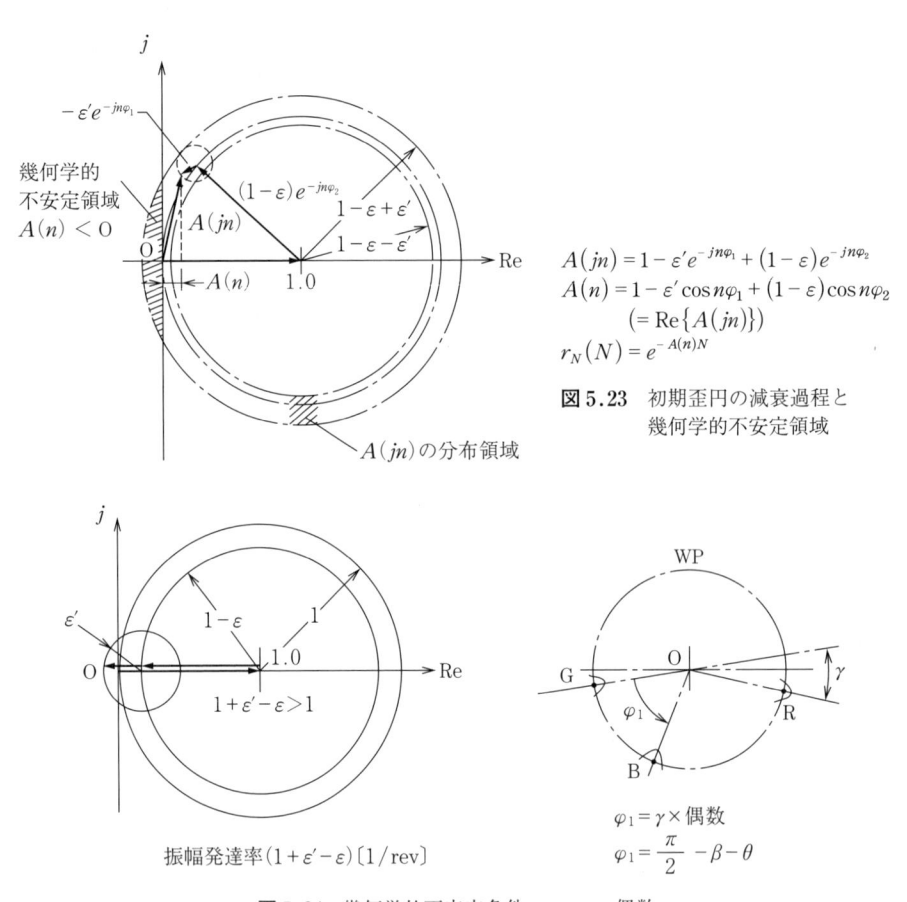

$$A(jn) = 1 - \varepsilon' e^{-jn\varphi_1} + (1-\varepsilon)e^{-jn\varphi_2}$$
$$A(n) = 1 - \varepsilon' \cos n\varphi_1 + (1-\varepsilon)\cos n\varphi_2$$
$$(= \mathrm{Re}\{A(jn)\})$$
$$r_N(N) = e^{-A(n)N}$$

図 5.23　初期歪円の減衰過程と幾何学的不安定領域

$$\varphi_1 = \gamma \times 偶数$$
$$\varphi_1 = \dfrac{\pi}{2} - \beta - \theta$$

振幅発達率 $(1+\varepsilon'-\varepsilon)$ $[1/\mathrm{rev}]$

図 5.24　幾何学的不安定条件：$\varphi_1 = \gamma \times 偶数$

この場合，$-\varepsilon' e^{-jn\varphi_1}$ と $(1-\varepsilon)e^{-jn\varphi_2}$ が共に実軸上にあり，$A(n) = 1+\varepsilon'-\varepsilon > 1$ となる。すなわち，初期歪円は工作物の回軸とともに成長してしまう。この状態を工作物の支持条件に換算すると，研削点 G と受板頂面の接点 B におけるうねりの位相が一致することであり，したがって，φ_1 は $\gamma \times$ 偶数となる。

さらに φ_1 が $\gamma \times$ 奇数の場合には，図 5.25 に示すように，研削点 G と受板との接点 B でうねりの位相が逆相となり，このとき $A(n) = 1 - \varepsilon + \varepsilon' < 1$ となり最小値を示す。しかし，このとき $n \pm 2$ のうねり山のベクトル配置が図 5.26 のようになり，$2\varphi_1 > \dfrac{\pi}{2}$ の条件では実数部が減少するため，$A(n \pm 2)$ の正負を検討する必要がある。

振幅減衰率 $(1-\varepsilon'-\varepsilon)$ 〔1/rev〕

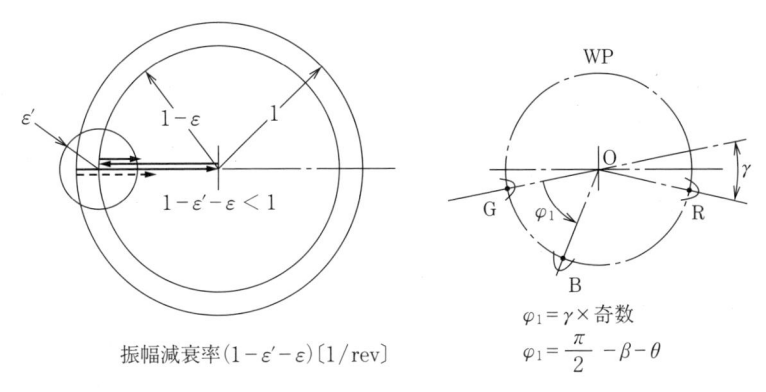

図 5.25 最大減衰率 $(1-\varepsilon'-\varepsilon)$ 〔1/rev〕の条件：$\varphi_1 = \gamma \times$ 奇数

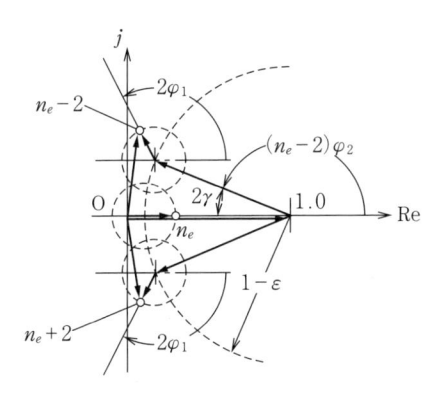

$\varphi_1 = \gamma \times$ 奇数
$\varphi_1 = \dfrac{\pi}{2} - \beta - \theta$

図 5.26 $A(jn) = 1 - \varepsilon - \varepsilon'$ の場合の $A(j(n \pm 2))$ の配置

6 静力学的成円機構の解析

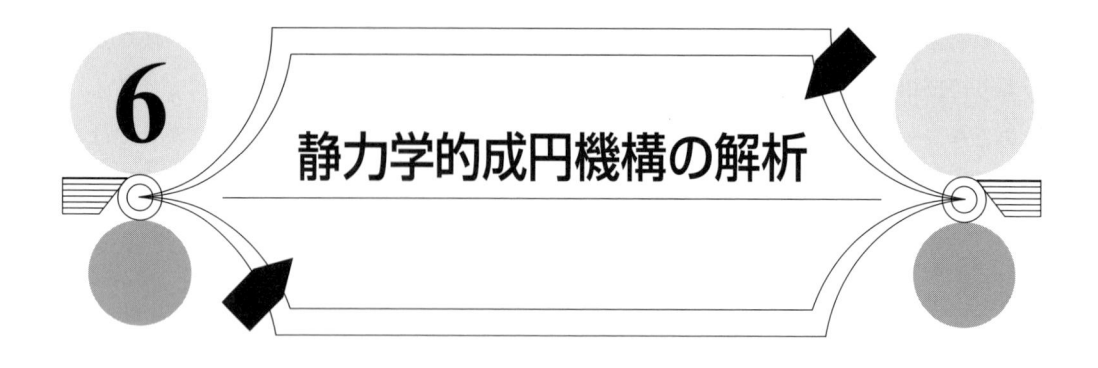

6.1 構成要素の静剛性を含む成円機構のブロック線図[5.2),6.1)]
── 成円機構に及ぼす切残し現象の影響

図 6.1 に，心なし研削系の構成要素それぞれの弾性変形を考慮した成円機構のブロック線図を示す。この中で，工作物 1 回転ごとの真円誤差の位相のずれに基づく切込みの周期的変化を示す伝達関数 $1-e^{-j2\pi n}$ の説明図を図 6.2 に示す。

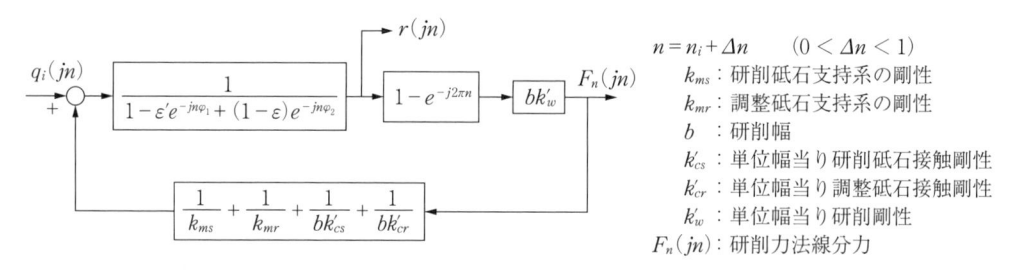

$n = n_i + \Delta n$　　$(0 < \Delta n < 1)$

k_{ms} : 研削砥石支持系の剛性
k_{mr} : 調整砥石支持系の剛性
b : 研削幅
k'_{cs} : 単位幅当り研削砥石接触剛性
k'_{cr} : 単位幅当り調整砥石接触剛性
k'_w : 単位幅当り研削剛性
$F_n(jn)$: 研削力法線分力

図 6.1 構成要素の弾性変形を含む成円機構のブロック線図

図 6.2 伝達関数 $1-e^{-j2\pi n}$ の表す切込み変化

図 6.1 に示した研削砥石支持系の剛性 k_{ms}，調整砥石支持系の剛性 k_{mr}，研削砥石の接触剛性 bk'_{cs} および調整砥石の接触剛性 bk'_{cr} をループ剛性 k_m としてまとめると

$$\frac{1}{k_m} = \frac{1}{k_{ms}} + \frac{1}{k_{mr}} + \frac{1}{bk'_{cs}} + \frac{1}{bk'_{cr}} \tag{6.1}$$

これを用いて図 6.1 に示したブロック線図を一つの伝達関数にまとめると

$$\frac{r(jn)}{q_i(jn)} = \frac{1}{1-\varepsilon' e^{-jn\varphi_1} + (1-\varepsilon)e^{-jn\varphi_2} + \frac{bk'_w}{k_m}(1-e^{-j2\pi n})} \tag{6.2}$$

6.1 構成要素の静剛性を含む成円機構のブロック線図—成円機構に及ぼす切残し現象の影響

ここで

$$A_k(jn) = 1 - \varepsilon' e^{-jn\varphi_1} + (1-\varepsilon)e^{-jn\varphi_2} + \frac{bk'_w}{k_m}(1-e^{-j2\pi n}) \tag{6.3}$$

とおくと

$$A_k(jn) = A(jn) + \frac{bk'_w}{k_m}(1-e^{-j2\pi n}) \tag{6.4}$$

この関係を**図 6.3**に示す。

図 6.3 弾性変形を含む成円機構の伝達関数

$$\frac{1}{k_m} = \frac{1}{k_{ms}} + \frac{1}{k_{mr}} + \frac{1}{bk'_{cs}} + \frac{1}{bk'_{cr}}$$

k_m：ループ剛性

$$A_k(jn) = A(jn) + \frac{bk'_w}{k_m}(1-e^{-j2\pi n})$$

いま，簡単のために

$$\varepsilon' = 0, \quad \varepsilon = 0$$

とし

$$n = n_i + \Delta n \qquad (0 < \Delta n < 1) \tag{6.5}$$

とおくと，式 (6.4) は図式的に**図 6.4**で示される。

$$A_k(jn) = A(jn) + \frac{bk'_w}{k_m}(1-e^{-j2\pi\Delta n})$$

$\Delta n = 0$ のとき

$$A_k(jn_i) = A(jn_i)$$

図 6.4 切残し現象と幾何学的成円機構

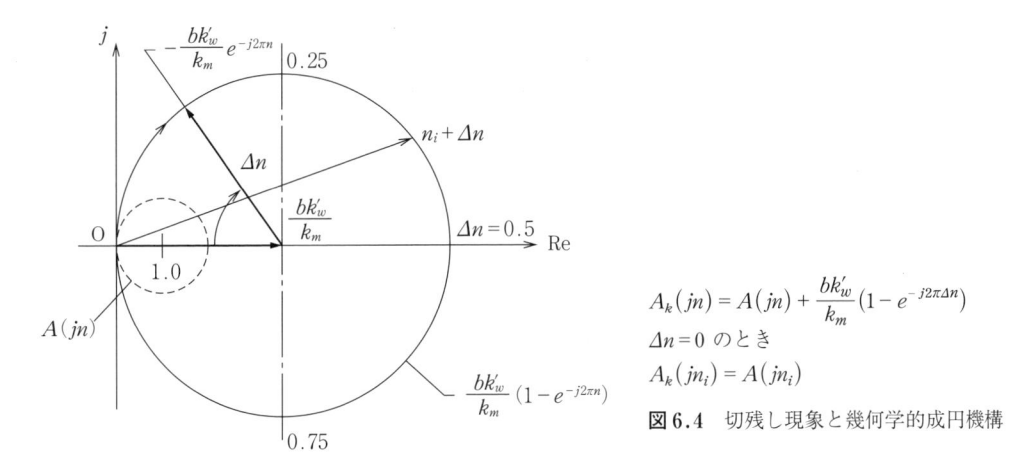

図に示すように $(bk'_w/k_m)(1-e^{-j2\pi\Delta n})$ は半径 bk'_w/k_m の円で示され，$A(jn_i)$ は単位円上にある。ここで，$e^{-j2\pi n} = e^{-j2\pi\Delta n}$ である。式 (6.4) で定義された $A_k(jn)$ は，単位円上の $A(jn_i)$ に半径 bk'_w/k_m の円上のベクトル $n_i + \Delta n$ が加算して得られる。このようにして求めた複素平面上の $A_k(jn)$ の軌跡の数値計算例を**図 6.5**に示す。

ここでは $bk'_w/k_m = 1$ としたのは図を小さくするためで，実際にはさらに大きな値となる。**図 6.6** は $A_k(jn)$ が $A(jn_i)$ の軌跡上の $n = n_o$ から $n_o + 1 = n_e$ に達するまでの軌跡を示す。

6. 静力学的成円機構の解析

$$\dfrac{bk'_w}{k_m}=1$$
$$\gamma=7.5°$$

$$A_k(jn)=A(jn)+\dfrac{bk'_w}{k_m}(1-e^{-j2\pi n}) \quad (n=n_i+\Delta n,\ 0<\Delta n<1)$$

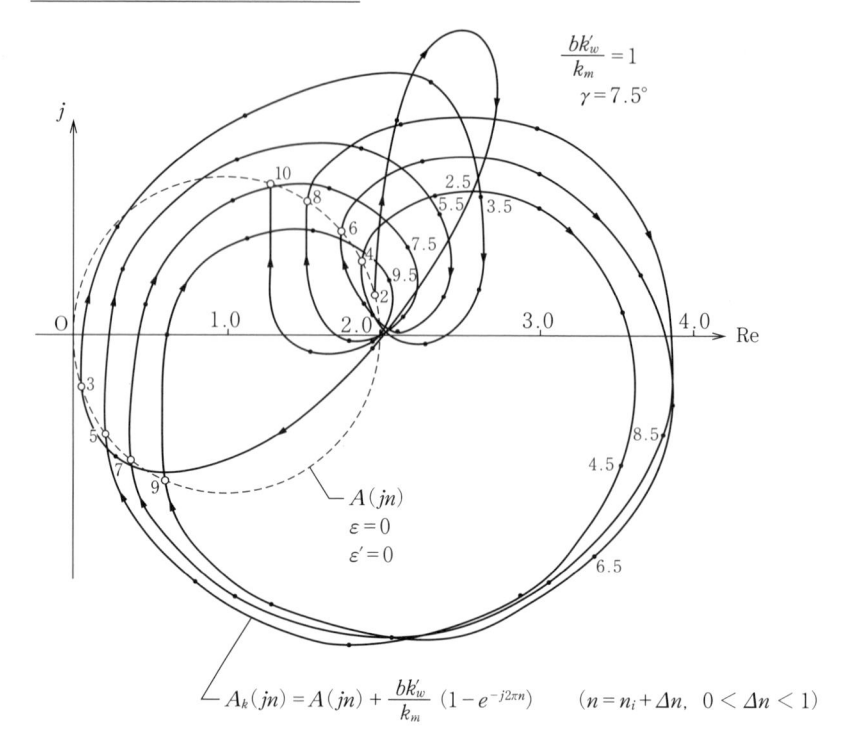

図 6.5 複素平面上の $A_k(jn)$ の軌跡の数値計算例

$$\dfrac{bk'_w}{k_m}(1-e^{-j2\pi\Delta n})$$

$n=n_i+\Delta n$
$0<\Delta n<1$

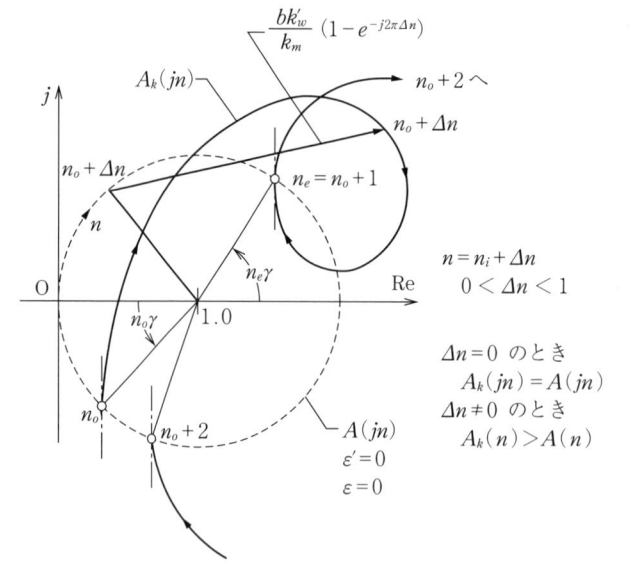

$\Delta n=0$ のとき
 $A_k(jn)=A(jn)$
$\Delta n\neq 0$ のとき
 $A_k(n)>A(n)$

図 6.6 複素平面上の $A_k(jn)$ と $A(jn)$ の関係

ここで，$A_k(jn)$ の軌跡は

$$n=n_i\pm\Delta n \quad (0<\Delta n\ll 1)$$

の範囲で j 軸にほとんど平行であるから

$$\mathrm{Re}\{A_k(jn)\}\cong\mathrm{Re}\{A(jn)\} \tag{6.6}$$

6.1 構成要素の静剛性を含む成円機構のブロック線図―成円機構に及ぼす切残し現象の影響

が成り立つ。

その他の領域では

$$\mathrm{Re}\{A_k(jn)\} > \mathrm{Re}\{A(jn_i)\} \tag{6.7}$$

したがって，式 (6.6) の示す $n=n_i$ 近傍の領域では幾何学的成円機構が支配的であり，5章で述べた成円作用に関する解析結果が適用できる。他方その他の領域では，式 (6.7) の実数部の比較から成円作用が幾何学的成円機構に比べ十分高い領域である。

つぎに，図 6.2 に示したように工作物の N 回転目のうねりと $N+1$ 回転目のうねりの差として工作物への切込み深さに周期的変化が生ずるが，このため研削力の脈動が生じて工作物と研削砥石との間に弾性変形が起き，いわゆる切残し現象が生ずる。

図 6.7 は，単位の設定切込みに対し研削砥石支持系が弾性変位する量と，実際に切り込むことのできる量との関係を示す。図から明らかなように，力の平衡式

$$\zeta_e k_m = (1-\zeta_e) b k'_w$$

の関係から

$$\left.\begin{array}{l}\zeta_e = \dfrac{bk'_w}{k_m + bk'_w} \\[2mm] \zeta_w = \dfrac{k_m}{k_m + bk'_w}\,(=1-\zeta_e)\end{array}\right\} \tag{6.8}$$

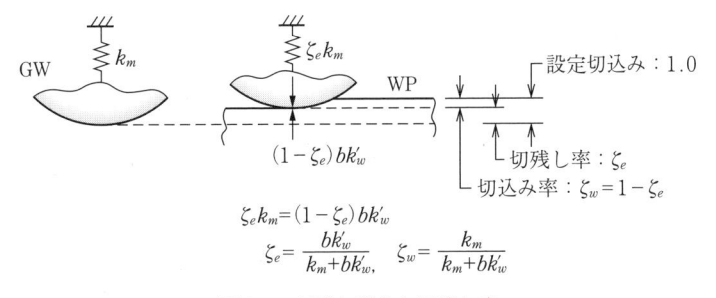

図 6.7 切残し現象と切残し率

ここで，ζ_e を切残し率，ζ_w を真実の切込み率と呼ぶ。

単位振幅の初期歪円は上式から1回転後に $[1-(1-\zeta_e)\mathrm{Re}\{A(jn_i)\}]$ に，2回転目に $[1-(1-\zeta_e)\mathrm{Re}\{A(jn_i)\}]^2$, …, となるから，その減衰過程は

$$\begin{aligned}r_N(N) &= [1-(1-\zeta_e)\mathrm{Re}\{A(jn_i)\}]^N \\ &= e^{-(1-\zeta_e)\mathrm{Re}\{A(jn_i)\}N}\end{aligned} \tag{6.9}$$

したがって，時定数 N_T は

$$N_T = \frac{1}{(1-\zeta_e)\mathrm{Re}\{A(jn_i)\}} \quad \text{または} \quad N_T = \frac{1}{\dfrac{k_m}{k_m + bk'_w}\mathrm{Re}\{A(jn_i)\}} \tag{6.10}$$

6. 静力学的成円機構の解析

$$r_N(N)$$
$$[1-(1-\zeta_e)\text{Re}\{A(jn_i)\}]^N = e^{-(1-\zeta_e)\text{Re}\{A(jn_i)\}N}$$

時定数 $= \dfrac{1}{(1-\zeta_e)A(n_i)}$ $A(n_i) = \text{Re}\{A(jn_i)\}$

$$N_T = \dfrac{1}{\dfrac{k_m}{k_m + bk'_w}\text{Re}\{A(jn_i)\}}$$

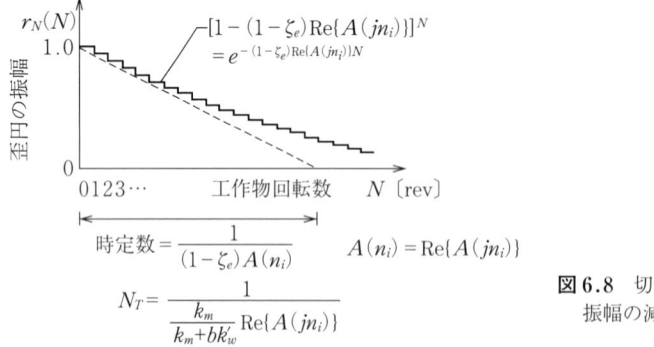

図 6.8 切残しを含む初期歪円振幅の減衰過程と時定数

これらの関係を**図 6.8** に示す。切残しの分だけ時定数は増加する。

任意の振動入力に対する工作物歪円出力の関係は,式 (6.9) から伝達関数として次式で示される。

$$\dfrac{r_N(s)}{q_N(s)} = \dfrac{1}{s + \dfrac{k_m}{k_m + bk'_w}\text{Re}\{A(jn_i)\}} \tag{6.11}$$

初期歪円振幅の減衰過程の数値計算例を以下の条件について例示する。

研削幅:$b = 70$ mm   研削剛性:$k'_w = 2$ N/(mm·μm)

研削砥石支持系の剛性:$k_{ms} = 0.15$ kN/μm

研削砥石の接触剛性:$k'_{cs} = 1$ N/(mm·μm)

調整砥石支持系の剛性:$k_{mr} = 0.10$ kN/μm

調整砥石の接触剛性:$k'_{cr} = 0.3$ N/(mm·μm)   受板頂角:$\theta = 30°$

ループ剛性 k_m は

$$\dfrac{1}{k_m} = \dfrac{1}{150} + \dfrac{1}{100} + \dfrac{1}{70} + \dfrac{1}{21} \quad \therefore \quad k_m = 12.8 \text{ N}/\mu\text{m}$$

$$\delta_e = \dfrac{140}{140 + 12.8} = 0.917, \quad \delta_w = 0.083$$

数値計算例 - 1　〈$n_i = 3$ の場合〉

$\gamma = 2°$, $\varphi_1 = 59.2°$, $\varepsilon' = 0.041$, $1-\varepsilon = 0.980$, $\varphi_2 = 178°$

$$A(3) = 1 - 0.041 \times (-0.999) + 0.980 \times (-0.995)$$
$$= 0.065$$

$$N_T = \dfrac{1}{0.087 \times 0.065} = 176.9 \text{ [rev]}$$

同様にして

$\gamma = 3°$ の場合

$A(3) = 0.100$, $N_T = 114.9$ rev

6.1 構成要素の静剛性を含む成円機構のブロック線図—成円機構に及ぼす切残し現象の影響

$\gamma = 5.5°$ の場合

$A(3) = 0.244, \quad N_T = 47.1 \text{ rev}$

$\gamma = 9.1°$ の場合

$A(3) = 0.365, \quad N_T = 31.2 \text{ rev}$

数値計算例 - 2 〈$n_i = 20$ の場合〉

$\gamma = 6.3°, \quad \varphi_1 = 57.66°, \quad \varepsilon' = 0.123, \quad 1-\varepsilon = 0.940, \quad \varphi_2 = 173.7°$

$A(20) = 1 - 0.123 \times 0.289 + 0.940 \times (-0.588) = 0.412$

$N_T = \dfrac{1}{0.087 \times 0.412} = 27.8 \text{ rev}$

同様にして

$\gamma = 7.6°, \quad A(20) = 0.116, \quad N_T = 100 \text{ rev}$

$\gamma = 8.7°, \quad A(20) = -0.009, \quad$ 発散

$\gamma = 10.2°, \quad A(20) = 0.034, \quad N_T = 337.8 \text{ rev}$

$\gamma = 11.5°, \quad A(20) = 0.249, \quad N_T = 49.5 \text{ rev}$

単位振幅の定常的振動入力に対する歪円のうねり振幅出力は**図 6.9**に示す伝達関数から

$$r_N(N) = \dfrac{1}{A(n)}\left(1 - e^{-\frac{k_m}{k_m + bk'_w}N}\right) \tag{6.12}$$

すなわち，歪円のうねり振幅の定常値は入力振幅の $1/A(n)$ 倍に増幅される。そこで，前述の数値計算から心高角 γ および振幅入力の工作物1回転当りのうねり山数 n_i と歪円のうねり振幅の定常値との関係を**図 6.10**（a），（b）に示す。

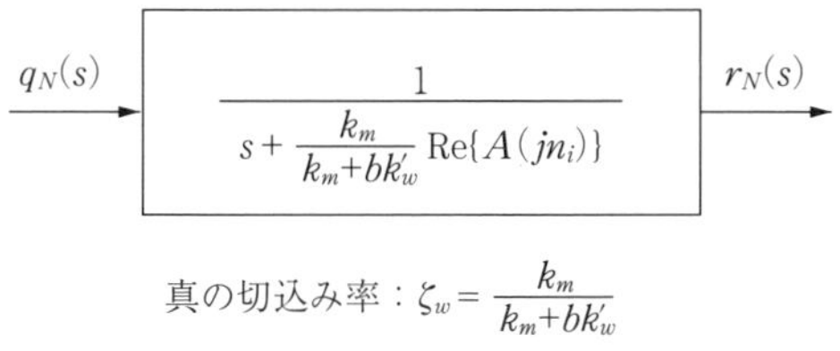

$q_N(s) \longrightarrow \boxed{\dfrac{1}{s + \dfrac{k_m}{k_m + bk'_w}\text{Re}\{A(jn_i)\}}} \longrightarrow r_N(s)$

真の切込み率：$\zeta_w = \dfrac{k_m}{k_m + bk'_w}$

図 6.9 切残し現象を含む歪円の伝達関数

$n_i = 3$ の場合は，心高角 γ を $2°$ から $9.1°$ に大きくするに従い急速に増幅率が低下することを示す。$n_i = 20$ の場合は，$\gamma = 7.5°$ の場合の $n_{e,p} = 24$ に近いため，$\gamma < 7.5°$ 以下の領域で増幅率は急速に低下する。しかし，$8.57° < \gamma < 9.75°$ では $A(20)$ は負の値となりうねり振幅は発散する。

幾何学的成円機構の特性方程式は

$$A(s) = 1 - \varepsilon' e^{-\varphi_1 s} + (1-\varepsilon)e^{-\varphi_2 s} = 0 \tag{6.13}$$

で，その特性根を s_c とおくと

$$s_c = \sigma_c + jn_c \tag{6.14}$$

64   6. 静力学的成円機構の解析

(a) $n_i=3$ の場合 (b) $n_i=20$ の場合

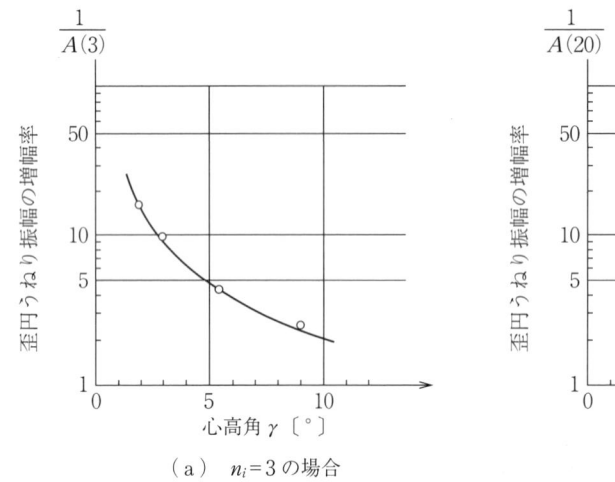

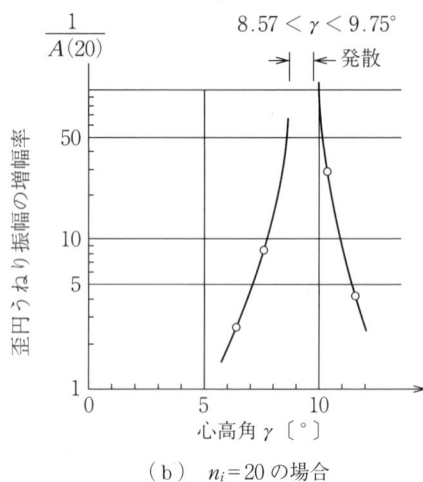

図 6.10 工作物1回転当り n_i 回の定常振動入力によって生ずる歪円うねり振幅の増幅率 $1/A(n_i)$ の数値計算例

ここで，σ_c は工作物の回転角1ラジアン当りの増幅率（または減衰率）で，n_c は歪円のうねり山数である。

初期歪円のうねり振幅の初期値を a_0 とすると歪円うねり振幅の時間的変化過程 $a(t)$ は

$$a(t) = a_0 e^{2\pi\sigma_c \cdot n_w t} \tag{6.15}$$

ここで，n_w：工作物の回転速度，$n_w t = N$ である。

$\sigma_c<0$ のとき歪円のうねり振幅は減衰し，式 (6.10) から

$$2\pi\sigma_c = -\frac{k_m}{k_m + bk'_w}\mathrm{Re}\{A(jn_i)\}$$

$$\therefore \quad \sigma_c = -\frac{1}{2\pi}\frac{k_m}{k_m + bk'_w}\mathrm{Re}\{A(jn_i)\} \tag{6.16}$$

σ_c を振幅発達率と定義し，$\sigma_c<0$ のときは振幅減衰率となる。

図 6.11 は，このようにして求めた受板頂角 θ と歪円のうねり振幅発達率 σ との関係をうねり山数 22，24 および 26 をパラメータとして数値計算した結果を示す。

この結果を $A(jn_i)$ のベクトル表示の形で，事例を基に以下に説明する。

式 (5.8) で示した $\varphi_1 = \gamma \times$ 奇数のとき $\mathrm{Re}\{A(j24)\} = \varepsilon' + \varepsilon$ の場合に着目し

$$n_i = n_{e,p} = \frac{\pi}{\gamma} = 24$$

$$\varphi_1 = \gamma \times 7, \quad \theta \approx 35°$$

としたとき，$n_i=22$ および 26 のうねりに対し，受板頂角を $\theta=35°$ を中心に増減したときの振幅減衰率 σ の変化を図 6.11 に従い $A(jn_i)$ のベクトルの形で示すと，**図 6.12** のようになる。

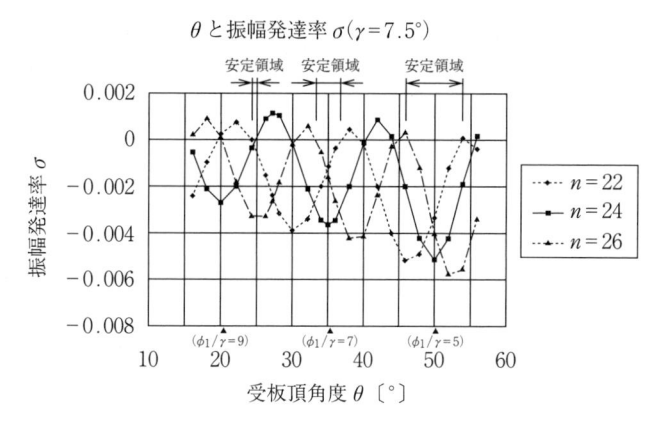

6.1 構成要素の静剛性を含む成円機構のブロック線図—成円機構に及ぼす切残し現象の影響

図6.11 受板頂角 θ と歪円のうねり振幅発達率 σ

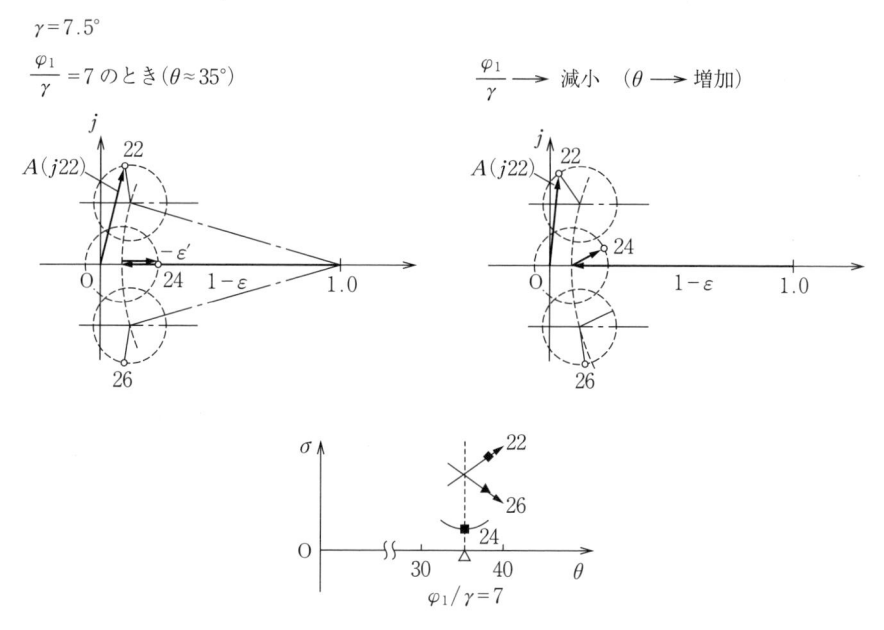

図6.12 受板頂角 θ による $n_{e.p}=25$ 近傍の振幅減衰率 σ の変化

すなわち，$\theta=35°$ のとき振幅発達率 σ は

　　$n_i=24$ に対しては　　　　$\sigma=-0.0038$

　　$n_i=22,26$ に対しては　　$\sigma=-0.0011$

また，θ を $35°$ から増加させると，22山に対しては減衰率は減少し，26山に対しては増加する傾向を示している。

6.2 調整砥石の弾性接触弧と成円機構

工作物と調整砥石間に生ずる弾性変形による接触弧の長さを $2l_{cr}$ と定義する。工作物と調整砥石間の接触荷重によって生ずる接触弧長さの実測例を**図 6.13** に示す。例えば，直径 40 mm の工作物外周に 40 山の歪円うねりが生じた場合のうねりの波長は 3.14 mm となるが，ここで図に示すような 1 mm 程度の接触弧長さが生ずると，研削砥石切込みへのフィードバック係数 $1-\varepsilon$ に対して接触弧はハイカット（高周波）フィルタの働きをすることが考えられる。

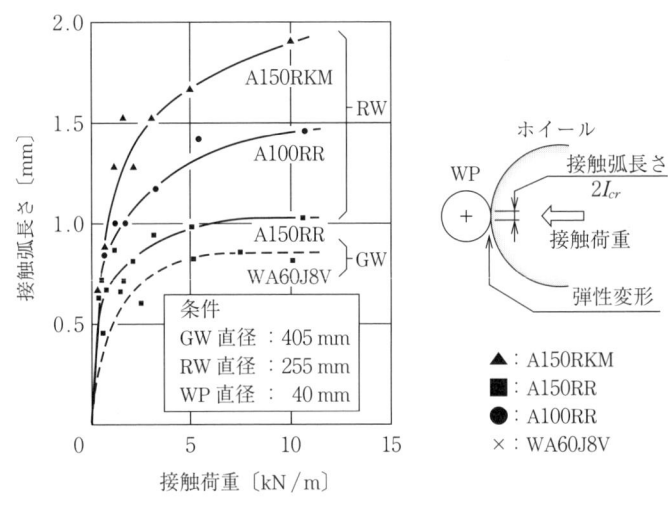

図 6.13 調整砥石の弾性変化による接触弧長さの実験例

図 6.14 に，接触弧長さ $2l_{cr}$ の部分が工作物歪円のうねりに沿って転動していく場合の，調整砥石と工作物間の相対変位量を示す。$2l_{cr}=0$，すなわち点接触の場合は明らかに歪円の

$$Z_{cr} = \frac{1}{2}\left(1+\cos\frac{2l_{cr}\pi}{\lambda}\right)$$

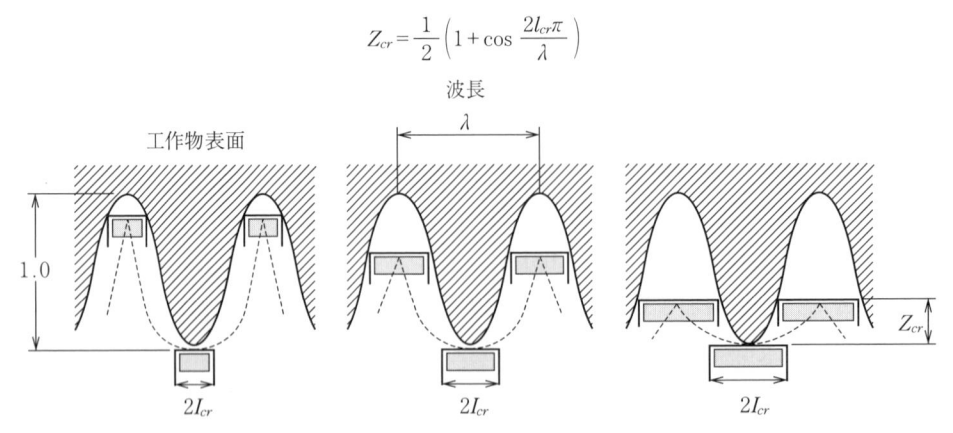

図 6.14 調整砥石の弾性接触弧のフィルタ効果 Z_{cr}

6.2 調整砥石の弾性接触弧と成円機構

うねり振幅がそのまま工作物,調整砥石間の相対変位量となるが,接触弧長さ $2l_{cr}$ が増加するとともに相対変位量は減少する。

ここで,歪円うねり振幅を 1.0 としたときの相対変位量を Z_{cr} と定義すると

$$Z_{cr} = \frac{1}{2}\left(1 + \cos\frac{2l_{cr}\pi}{\lambda}\right) \quad (\lambda：歪円うねりの周期長さ) \tag{6.17}$$

式 (6.15) によるフィルタ効果 Z_{cr} のゲイン特性を $2l_{cr}/R_w$ の関数として**図 6.15** に示す。式 (6.15) を先に定義した式 (5.12) に挿入すると,つぎの式を得る。

$$A(jn) = 1 - \varepsilon' e^{-jn\varphi_1} + Z_{cr}(1-\varepsilon)e^{-jn\varphi_2} \tag{6.18}$$

上式を従来の幾何学的成円機構と比較するための数値計算例をつぎに示す。ここで,計算の前提条件として

心 高 角： $\gamma = 7.5°$, $1 - \varepsilon = 0.930$

受板頂角： $\theta = 30°$, $\varepsilon' = 0.144$

$\varphi_1 = 57.235°$, $\dfrac{l_{cr}}{R_w} = 0.03$

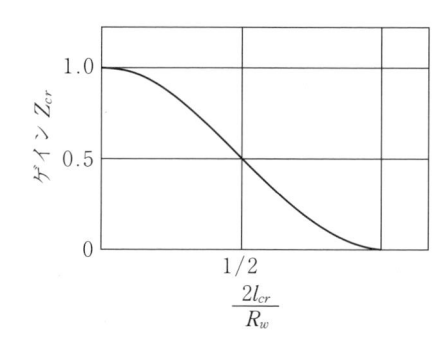

図 6.15 調整砥石の弾性接触弧のフィルタ効果—Z_{cr} のゲイン特性

図 6.16 にその結果を示す。点線は $\varepsilon = 0$,$\varepsilon' = 0$ の近似解を示し,○印は $\varepsilon' = 0$ の近似解を,●印は $\varepsilon \neq 0$,$\varepsilon' \neq 0$,すなわち式 (6.18) による計算結果を示す。図から明らかなように,○印の $Z_{cr}(1-\varepsilon)$ の値の変化はうねり山数とともにスパイラル状に実軸上の 1.0 に向かって収束の傾向を示す。厳密解の●印は,○印を中心とする半径 ε' の小円上に分布する。

図の示す結果から,幾何学的成円作用では不安定な条件を示した図 5.24 の場合でも

$$Z_{cr}(1-\varepsilon) + \varepsilon' < 1 \tag{6.19}$$

上式を満足すると安定化することを示している。

図 6.17 は,図 6.16 の計算結果から歪円のうねり山数 n に対応した $A(jn)$ の位相特性を示す。固有歪円 $n_{e,p} = 24$ の近傍で位相特性が安定限界 ±90° から改善される傾向を示している。

図 6.18 は,弾性接触弧によるベクトル軌跡および位相特性への影響を比較するための数

68   6. 静力学的成円機構の解析

$$\gamma = 7.5°, \quad \theta = 30°$$
$$n_{e,p} = 24, \quad \varphi = 57.235°$$
$$1 - \varepsilon = 0.930$$
$$\varepsilon' = 0.144$$
$$\frac{l_{er}}{R_w} = 0.03$$

静力学的絶体安定条件
$$Z_{cr}(1-\varepsilon) + \varepsilon' < 1$$

点線：$\varepsilon = 0, \ \varepsilon' = 0$
○印：$\varepsilon' = 0$
●印：$\varepsilon \neq 0, \ \varepsilon' \neq 0$

$$A(jn) = 1 - \varepsilon' e^{-jn\varphi_1} + Z_{cr}(1-\varepsilon)e^{-jn\varphi_2}$$

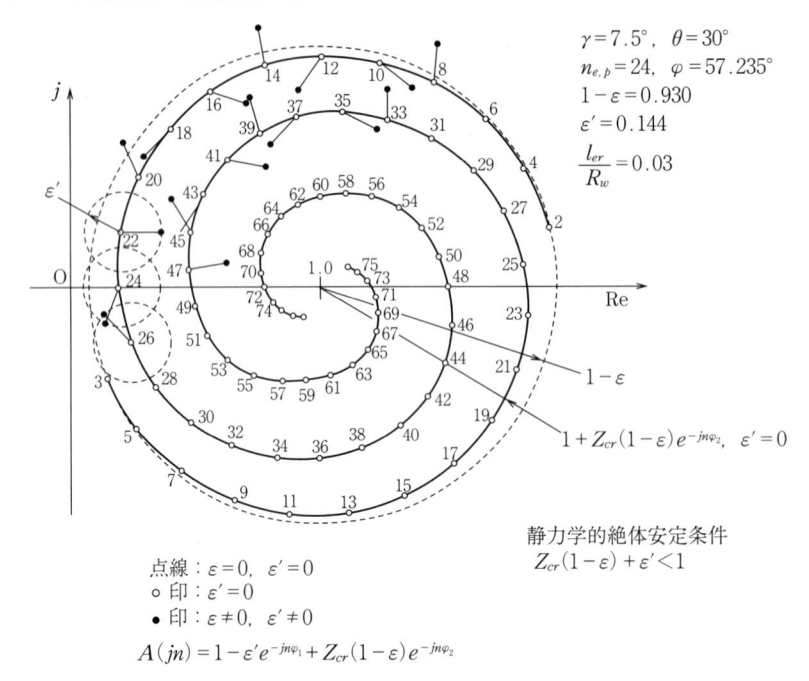

図 6.16 複素平面上の $A(jn)$ の分布―弾性接触弧を考慮した場合

$\arg\{1 + Z_{cr}(1-\varepsilon)e^{-jn\varphi_2}\}, \ \varepsilon' = 0$
$\arg(1 + e^{-jn\varphi_2}), \ \varepsilon = 0, \ \varepsilon' = 0$
○印：$\arg\{1 - \varepsilon' e^{-jn\varphi_1} + Z_{cr}(1-\varepsilon)e^{-jn\varphi_2}\}$

$$A(jn) = 1 - \varepsilon' e^{-jn\varphi_1} + Z_{cr}(1-\varepsilon)e^{-jn\varphi_2}$$

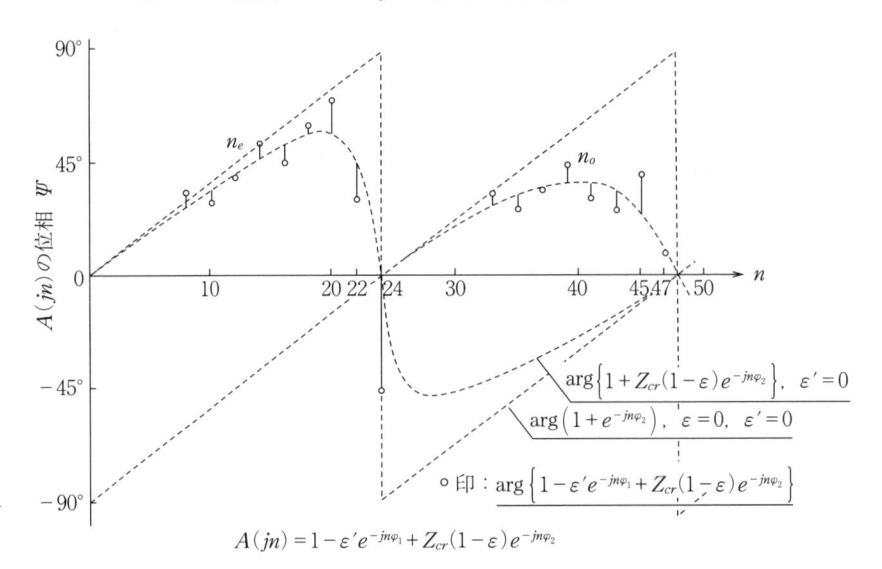

図 6.17 $A(jn)$ の位相特性―弾性接触弧を考慮した場合

値計算例である．幾何学的安定限界である位相 ±90° に対して弾性接触弧の存在は明らかに安定化の方向に作用することを示している．

このことをさらに明確にするために，図 5.24 で示した幾何学的不安定条件である

$$\varphi_1 = \gamma \times 偶数$$

の場合について，弾性接触弧長さが安定化の方向にどのように作用するかを示す数値計算例

6.2 調整砥石の弾性接触弧と成円機構

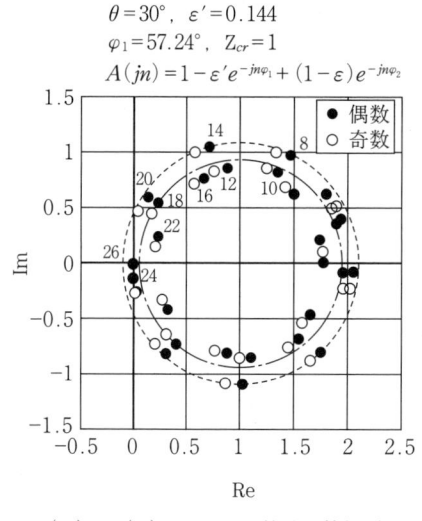

$\gamma=7.5°$, $1-\varepsilon=0.930$
$\theta=30°$, $\varepsilon'=0.144$
$\varphi_1=57.24°$, $Z_{cr}=1$
$A(jn)=1-\varepsilon'e^{-jn\varphi_1}+(1-\varepsilon)e^{-jn\varphi_2}$

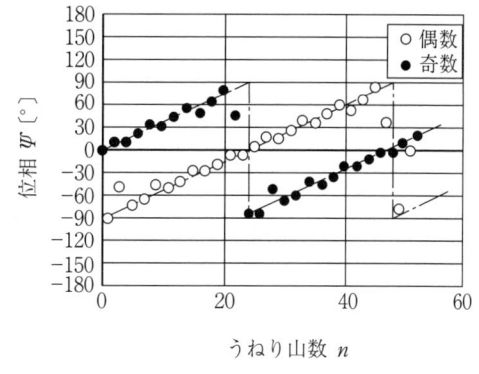

（a） $A(jn)$のベクトル軌跡―接触弧＝0

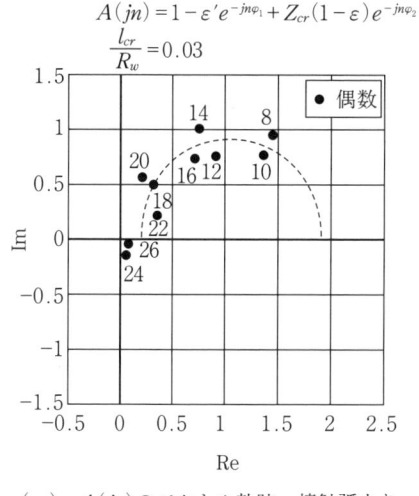

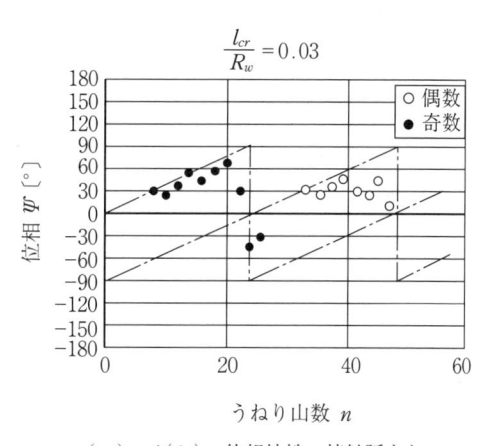

（b） $A(jn)$の位相時性―接触弧＝0

$A(jn)=1-\varepsilon'e^{-jn\varphi_1}+Z_{cr}(1-\varepsilon)e^{-jn\varphi_2}$
$\dfrac{l_{cr}}{R_w}=0.03$

（c） $A(jn)$のベクトル軌跡―接触弧あり

$\dfrac{l_{cr}}{R_w}=0.03$

（d） $A(jn)$の位相持性―接触弧あり

図6.18 弾性接触弧によるベクトル軌跡，位相特性への影響

を図6.19（a）～（e）に示す。図（a）に示すように弾性接触弧が零，すなわち点接触の場合には，$n=24$山に対して位相が180°となり，上記の幾何学的不安定条件を示している。弾性接触弧と工作物半径の比l_{cr}/R_wをパラメータとし，0.023，0.025，0.027および0.030と変えたときの位相特性を図（b），（c），（d）および図（e）にそれぞれ示す。$l_{cr}/R_w=0.025$を境として$n_{e,p}=24$山に対する位相が90°以下となり，0.030ではすべてのうねり山数に対して位相はほぼ60°以下となり，研削系が安定領域にあることを示している。

以上の数値解析結果から，うねり山数nが増加するほどハイカットフィルタの働きをす

6. 静力学的成円機構の解析

$R_w = 15$ mm, $\theta = 27°$
$\gamma = 7.5°$, $\varphi_1 = 8\gamma$
$A(jn) = 1 - \varepsilon' e^{-jn\varphi_1} + Z_{cr}(1-\varepsilon)e^{-jn\varphi_2}$

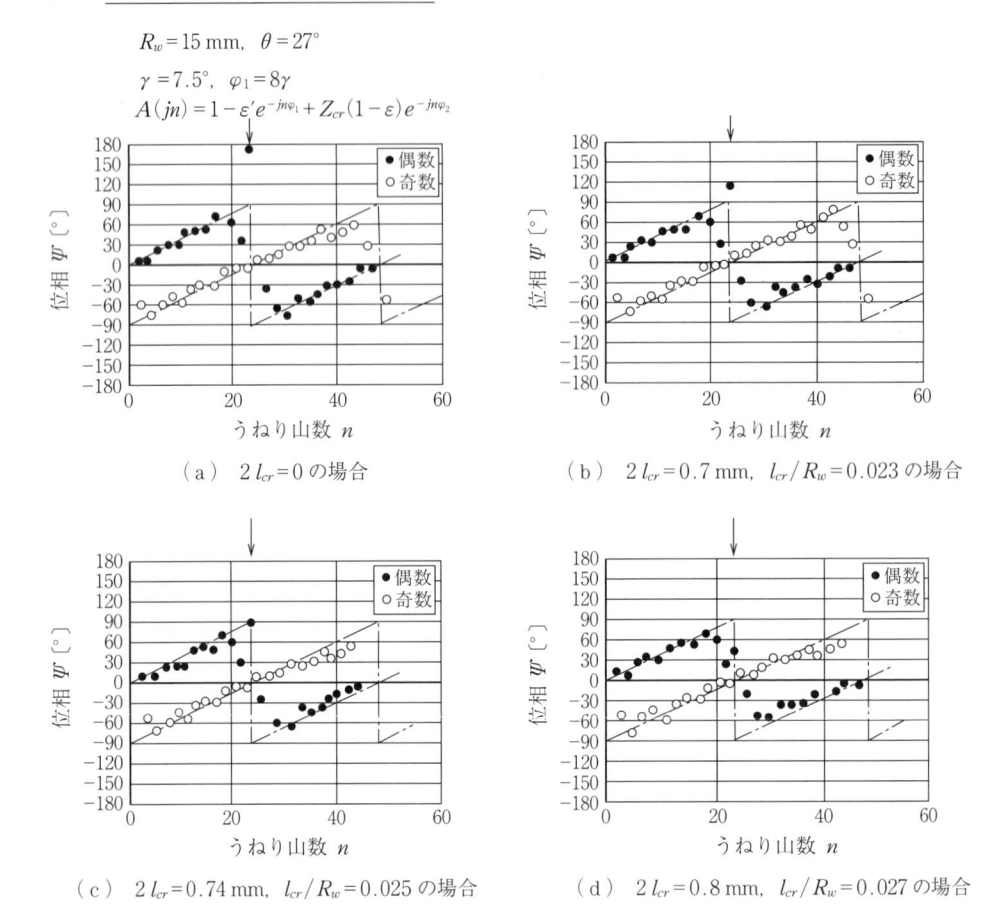

（a） $2l_{cr} = 0$ の場合

（b） $2l_{cr} = 0.7$ mm, $l_{cr}/R_w = 0.023$ の場合

（c） $2l_{cr} = 0.74$ mm, $l_{cr}/R_w = 0.025$ の場合

（d） $2l_{cr} = 0.8$ mm, $l_{cr}/R_w = 0.027$ の場合

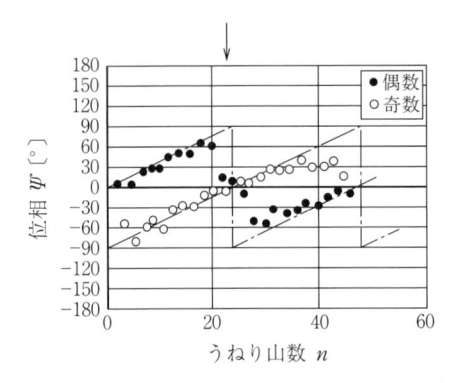

（e） $2l_{cr} = 1.0$ mm, $l_{cr}/R_w = 0.030$ の場合

図 6.19 調整砥石との接触弧長さが $A(jn)$ の位相特性に及ぼす影響の数値計算例
——幾何学的不安定現象の場合

る Z_{cr} の値が減少する関係にある。先に示した固有歪円の近似式 (5.8)′ は，調整砥石の弾性接触特性の結果として式 (5.8)″ に簡略化できる。

7 成円機構に関する基礎実験と解析モデルの検討

7.1 外乱入力の検討

　成円機構に関する基礎実験においては，歪円が発生する原因について検討する必要がある。一般的に研削加工における振動現象とその結果としての歪円の発生について大別すると，研削盤の構成要素および環境に起因する強制振動現象と研削系の力学的不安定要因による自励びびり振動現象に分類される。

　7章で扱う基礎実験においては，強制振動に起因する歪円の発生機構の解明を目的とする。

　強制振動として代表的要因を列挙すると，以下のようにまとめられる。

(1) 研削砥石軸，調整砥石軸およびこれらの回転駆動系に起因する振動：

　　転がり軸受あるいは滑り軸受支持のスピンドルの回転振れは一般に μm オーダと考えられ，また回転駆動系のカップリングまたはプーリによる振動擾乱が加わり，μm オーダの振動振幅となる。

(2) 研削砥石，調整砥石のツルーイング／ドレッシング後の形状精度：

　　単石，多石のダイヤモンドドレッサによる砥石の形状精度は一般に μm オーダと考えられる。その原因は砥石の脆性破壊によるブロッキーな材料除去機構による。特に，調整砥石の作業面は工作物支持基準面であり，工作物の回転中心に対する振動擾乱として直接成円作用に影響する。

(3) 工作物の初期歪円が残留する真円誤差：

　　工作物の初期歪円の修正作用は一般のセンタ支持円筒研削とは異なり，研削系の研削時定数に加えて，心なし研削系の成円機構の設定条件によりさらに修正研削時間を検討する必要がある。

(4) 工作物の研削負荷が周期的に変化する，例えばキー溝が存在する場合：

　　工作物の回転運動と同期する周期的外乱入力は，心なし研削系の成円機構を表現す

72   7. 成円機構に関する基礎実験と解析モデルの検討

る伝達関数を経て歪円出力として真円誤差を考えることとなる。つまり，周波数応答法の形で成円機構を解明する手段となる。

(5) 心なし研削機械に広く採用される機上の砥石修正装置の油圧シリンダの片持様式に起因する振動外乱：

　　砥石修正装置自身の有する振動特性が砥石形状に転写されたり，自身の振動が外乱入力として歪円発生の原因となり得る。

(6) その他の油圧源あるいは電源の振動，床振動などの振動環境外乱

以上挙げた強制振動入力に対して，成円機構を通してどのように歪円出力として加工真円度が決まるかの因果律を，以下の基礎実験を通してこれまでの解析モデルの妥当性の検討を行う。

7.2　振動外乱環境下における加工真円誤差の発生[7.1],[7.2]

研削実験に用いた心なし研削盤と同形式の機械の構成を**図 7.1**に示す。

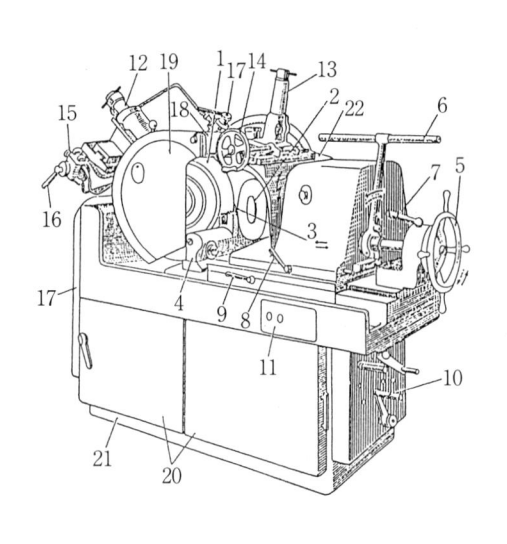

1　研削砥石車
2　送り砥石車
3　工作物受板（送り込み法用）
4　工作物受固定装置（送り込み法用）
5　送り砥石車ヘッド位置決め用ハンドル
6　送り込み法操作レバー
7　クランプ
8　鞍架用クランプ
9　中間摺動台
10　送り車速度変換レバー
11　主スイッチ
12　研削砥石車形直し装置（油圧駆動）
13　送り車形直し装置
14　送り車形直し装置送りハンドル
15　形直し速度調整ボタン
16　形直し送り方向変換レバー
17　研削砥石車駆動用モータ覆
18　研削砥石車防護覆
19　同前方覆
20　潤滑油取出し等の扉
21　架　台
22　送り車車軸旋回用スウィベル

図 7.1　心なし研削盤の構成（米津　栄：センターレス研削，p.7，オーム社（1953）より転載）

実験条件は

　　研 削 砥 石：WA80KV，$\phi 390$，1 800 rpm
　　調 整 砥 石：WA150RR，$\phi 248$，20 rpm
　　工　　作　　物：$\phi 14.3 \times 30$，焼入鋼

7.2 振動外乱環境下における加工真円誤差の発生

受板頂角：30°

直径取り代：35～40 μm

心高角 γ によって得られる工作物（単純円筒体）の真円誤差（工作物1回転当りの振れ）の実験結果を**図7.2**に示す。図7.2によって得られた歪成分の主要なうねり山数と心高角 γ との関係を**図7.3**に示す。先に式(5.8)″で求めたうねり山数と実験値を±2山以内で一致する。2山の差は受板頂角の影響と考えられる。

図7.4には，心高角 γ と実験によって得られた真円誤差との関係を工作物 $\phi 9 \times 30$，$\phi 14$

研削砥石：WA80KV, ϕ390, 1 800 rpm
調整砥石：WA150RR, ϕ248, 20 rpm
工　作　物：ϕ14.3×30, 焼入鋼
受板頂角：30°
取代(直径)：35～40 μm

図7.2　心高角と単純円筒体の真円誤差

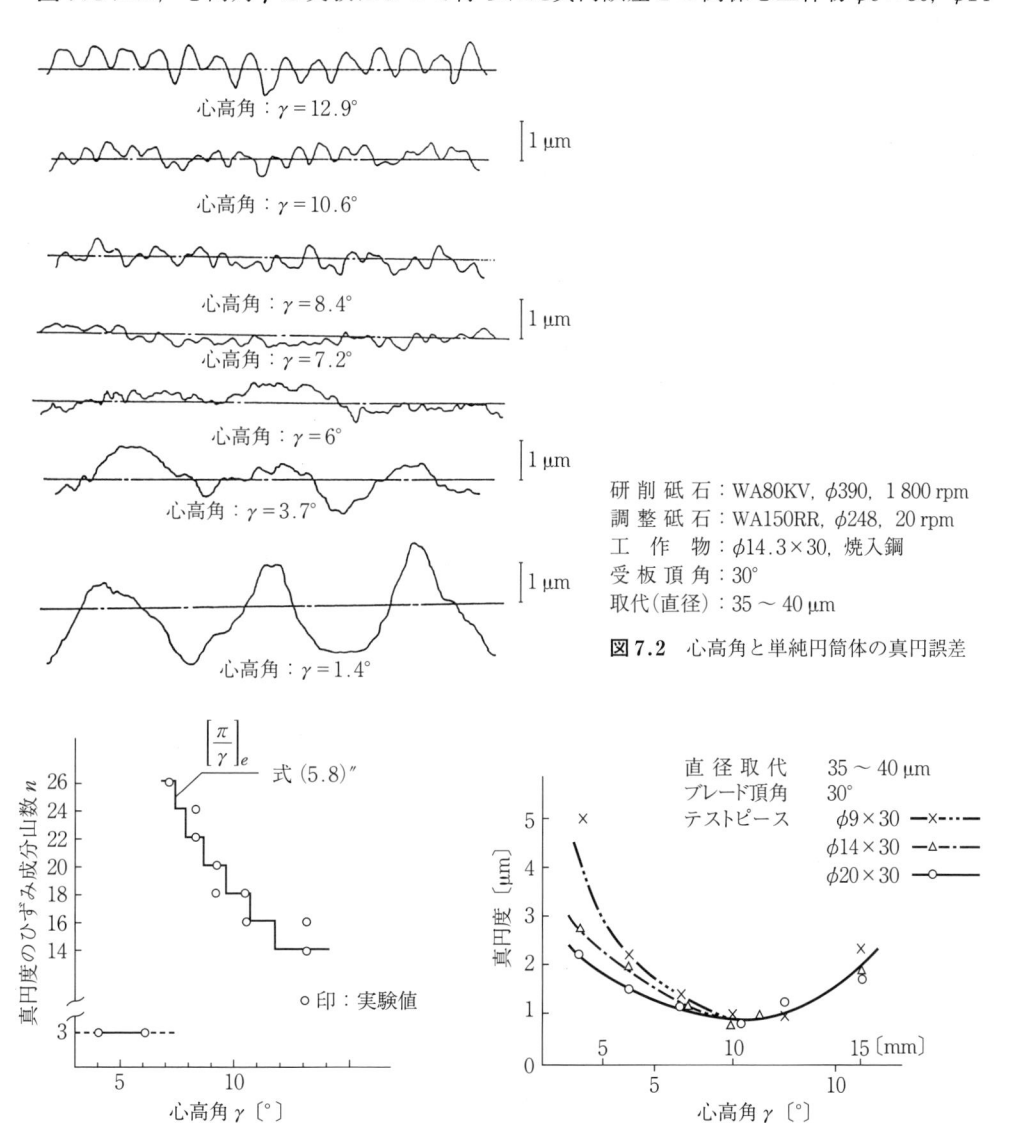

図7.3　心高角 γ と歪成分うねり山数

図7.4　心高角 γ と単純円筒体の真円誤差

×30, φ20×30 の 3 種類について示す．いずれの工作物についても心高角 γ が 7°近傍で真円誤差が最小値となることを示している．5.2 節で示した幾何学的成円機構の解析から，心高角 γ が零から増加するに従い奇数山の歪円の修正作用が大きくなることを示した．この関係を図 7.5 の中で，奇数山 3 山，5 山について示す．他方，偶数山成分については，心高角 γ が大きくなるほどうねり山数 $n_e = [\pi/\gamma]_e$ の関係式からうねり山数は減少し，γ が小さくなるほどうねり山数は増加する．このため，6.2 節で論じた調整砥石と工作物間の弾性接触弧によるフィルタ効果 Z_{cr} を考慮すると，心高角が小さくなるにつれてうねり振幅は抑制されることとなる．この関係を図 7.5 には，Z_{cr} の効果として，心高角 γ の関数としての偶数山うねり振幅特性として示す．このようにして，奇数山うねり振幅と偶数山うねり振幅を総合した加工真円度と心高角 γ の間には，真円度が最小となる心高角が存在することとなる．この心高角を最適心高角 γ_0 と定義する．図 7.6 は最適心高角 $\gamma_0 = 7°$ となる工作物の最適心高 h_0 〔mm〕を研削砥石，調整砥石，工作物それぞれの半径寸法から求める計算図表である．

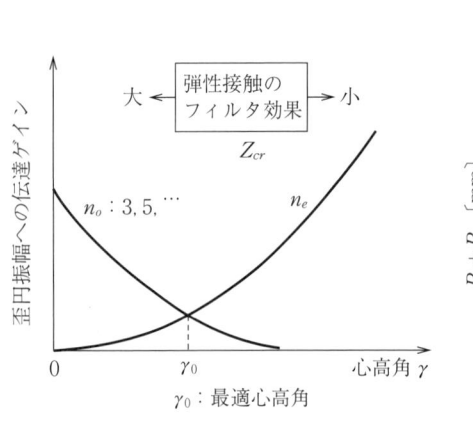

図 7.5 外乱振動入力に対する歪円振幅のゲイン特性

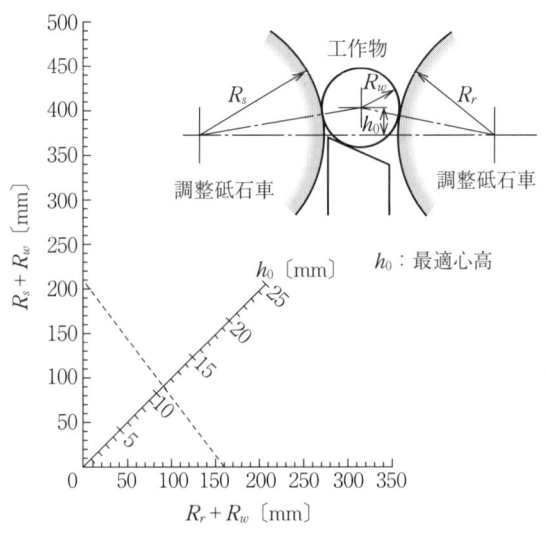

図 7.6 最適心高 h_0 を求める計算図表

7.3　規則的外乱入力に対する歪円出力の応答特性

工作物の回転と周期的に外乱入力を加えた場合，すなわち工作物 1 回転当り n 回の外乱入力に対する歪円出力の応答特性を明らかにする基礎実験について以下に述べる．

7.3.1 接線送り方式心なし研削盤の基礎実験[7.3]

受板とともに工作物を両砥石間で垂直方向に送る方式の基礎実験に関する須田の報告[7.3]について以下に述べる。

研削条件は

  工　作　物：$\phi 15\sim 20\times 100$，焼入鋼

  直径取り代：$20\sim 30\,\mu m$

  工作物初期歪円：$1\,\mu m$ 以下

  プランジ研削時間：$8\sim 10$ 秒

規則的外乱入力として研削砥石に不平衡力（$w_r = 3.87\,\text{kgf·mm}$）を付加して砥石の回転振れ約 $3.0\,\mu m$ を生ぜしめ，工作物 1 回転当り n 回の振動外力に対応して生ずる歪円出力の入・出力関係，すなわち心なし研削系の周波数応答特性を明らかにしている。実験では，工作物 1 回転当りの砥石回転数を回転比 R で示している。R は，調整砥石の周速を変えて与えている。

  外乱入力の回転比 R の範囲：$2.4\sim 8.5$

図 7.7 は心高 $=0\,\text{mm}$ の場合の実験結果を示す。図中歪円の山数が明らかな場合の真円度は**表 7.1** に示す記号で示す（以降の図面についても同様）。ただし，R の値が整数（n_i）+ 端数（$\Delta n < 1.0$）の場合は歪円の山数は明確でなく，かつ真円誤差も小さく，このときの歪円を黒丸●で示している。図 7.7 の実験結果から，以下のことが結論できる。

(1) $R=$ 整数（n_i）+ 端数（Δn）の場合，

  黒丸が示すように真円度はほぼ $1\,\mu m$ 前後で，R が整数の場合に比べ真円誤差が小さい。

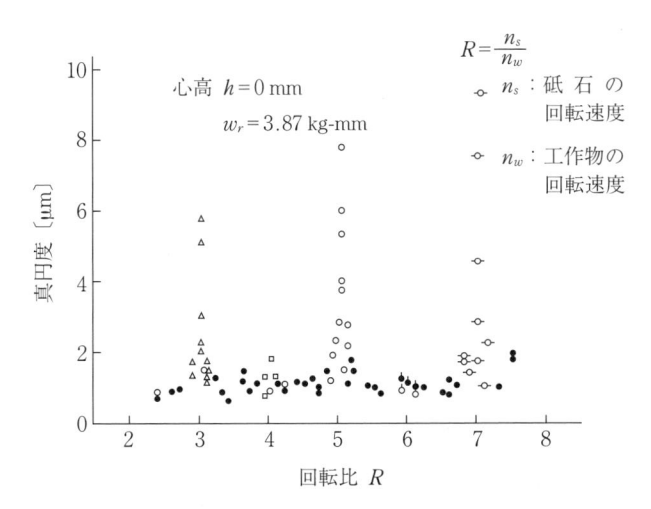

図 7.7 回転比 R と，心なし研削後の工作物の真円度，および歪円図形との関係

表 7.1 心なし研削後における工作物の歪円図形の山数の記号

記　　号	△	□	○	⬠	⬡	✧
歪円図形の山数	3	4	5	6	7	9

(2) $R=$ 整数 (n_i) の場合，

$R=3.0$, 5.0, 7.0 の場合と $R=4.0$, 6.0 の場合を比較すると，前者のほうが真円誤差が著しく大きく，偶数山歪円の発生は低く抑えられている。

(1) の結果については，式 (5.12)′ で示した再生心出し関数 $A(jn)$ と切残し現象を含む $A_k(jn)$ の関係を示した図 6.5 のように，再生心出し機能を示す尺度 $\mathrm{Re}\{A(jn)\}$ あるいは $\mathrm{Re}\{A_k(jn)\}$ が $\Delta n=0$ の場合に比べて著しく大きい。このため端数 Δn を含む加振実験では出力としての真円度が著しく小さく，加振サイクルに相当するうねりは生じない。

(2) の結果については，$n_i=n_e$（偶数）と $n_i=n_o$（奇数）の場合に

$$\mathrm{Re}\{A(jn_e)\} > \mathrm{Re}\{A(jn_o)\}$$

の関係から

偶数山真円度 < 奇数山真円度

となる。

心高が 10 mm の場合の同様の実験結果を**図 7.8** に示す。

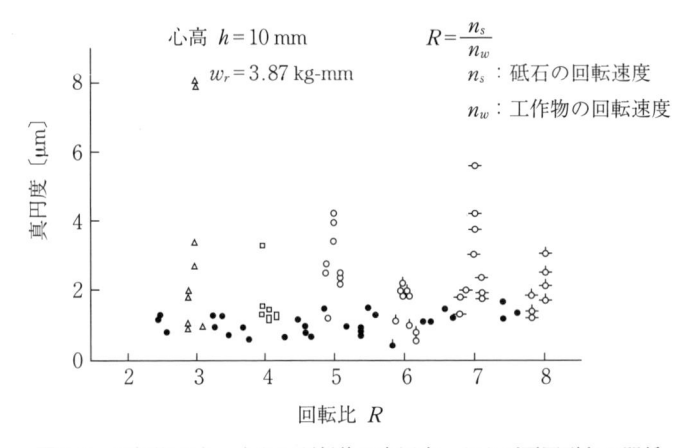

図 7.8 回転比 R と，心なし研削後の真円度，および歪図形との関係

7.3.2 切欠付き円筒体の加工真円度と心高角[7.4]

図 7.9（a）に示すように，円筒状工作物の一部に切欠 3 個および 18 個を与え，研削幅が工作物の回転とともに 3 回および 18 回変化する研削条件をつくり，心高角によって円筒部分の真円誤差が変化する基礎実験の結果を図 7.9（b），（c）に示す。

切欠 3 個の場合について，心高角 γ を 1°40′, 7°20′, 9° それぞれの場合の加工歪円の形状（b）から，同じ研削力の脈動に対して心高角が大きくなるほど 3 山の歪成分が伝達しにくくなる関係を示している。

また，切欠 18 個の場合について，心高角を同様に変えた場合の加工歪円の形状（c）か

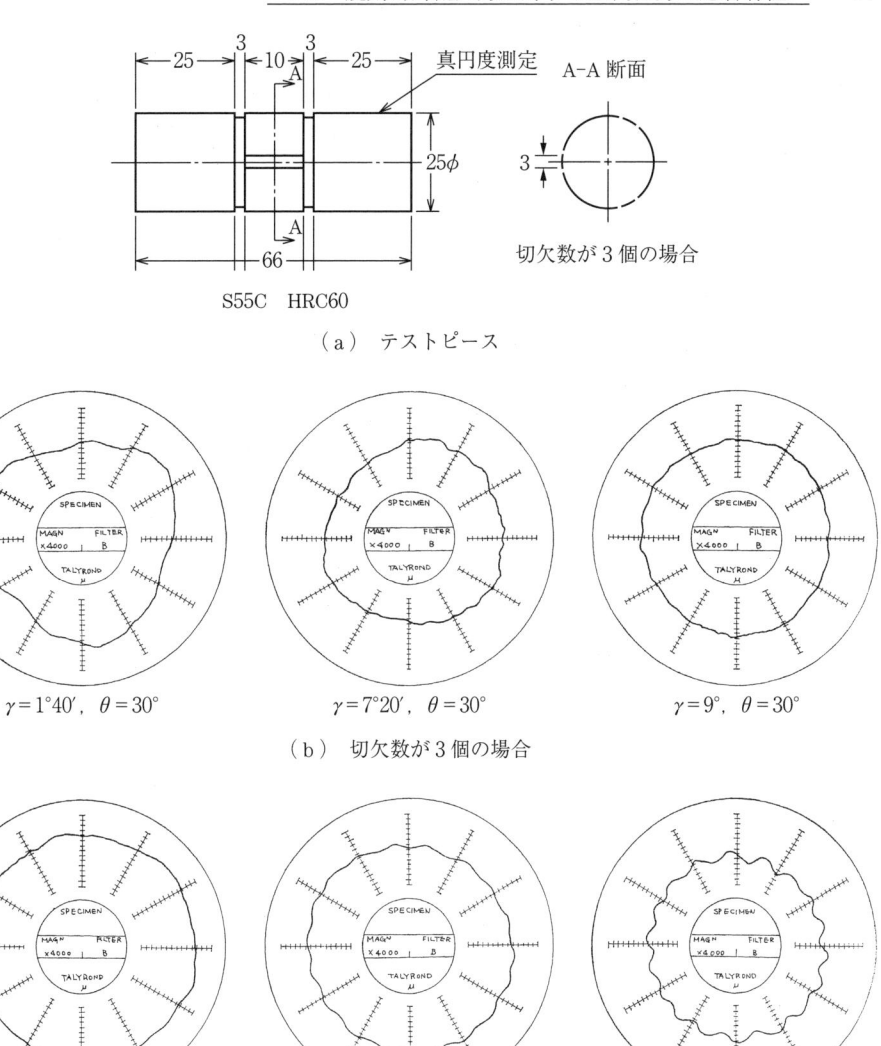

7.3 規則的外乱入力に対する歪円出力の応答特性　77

(a) テストピース

$\gamma=1°40',\ \theta=30°$　　　$\gamma=7°20',\ \theta=30°$　　　$\gamma=9°,\ \theta=30°$

(b) 切欠数が3個の場合

$\gamma=1°40',\ \theta=30°$　　　$\gamma=7°20',\ \theta=30°$　　　$\gamma=9°,\ \theta=30°$

(c) 切欠数が18個の場合

図7.9 切欠付き円筒体の加工真円度と心高角 γ

ら，心高角 γ が小さくなるほど18山の歪成分は伝達しにくく，$\gamma=9°$ における固有歪円20山 $(=[\pi/\gamma]_e)$ に近い18個の切欠に対しては，18山の歪成分が伝達しやすいことを示している。上記の基礎実験は，加振周波数 n が整数の場合の加工真円度の因果関係を求めたものであるが，再生心出し関数 $A(jn_i)$ に関する $\mathrm{Re}\{A(jn_e)\}$ および $\mathrm{Re}\{A(jn_o)\}$ の解析結果とも一致する。図7.5に示す外乱振動入力に対する歪円振幅のゲイン特性の具体例である。

7.3.3 平坦部のある円筒体の高調波歪成分を外乱入力と考えた場合の加工真円度に及ぼす伝達特性の数値計算と実験値[7.5]

W. B. Rowe ら[7.5]は平坦部のある円筒体の切込み変化によって生ずる高周波成分を外乱入力と考え,心なし研削による加工真円度の伝達特性を数値計算と実験によって解析している。

図7.10(a)は,平坦部による切込み変化の高周波成分の振幅分布を示す。数値計算にあたっては,切残し率 κ（ζ_e,式(6.8)）を 0.92,$\alpha=\beta$,$\theta=30°$ で 227 回転後の歪成分ごとの真円誤差を求めている。その結果を図(b)に示す。

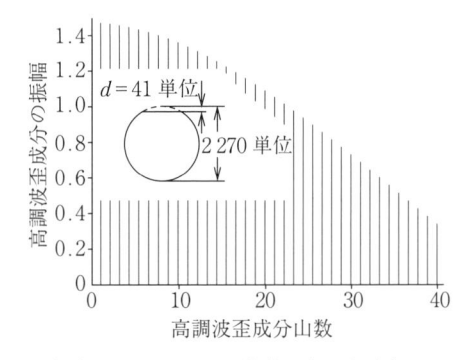

(a) 平坦部のある円筒体の高調波歪成分

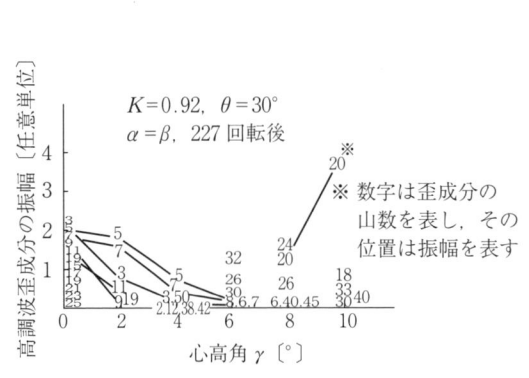

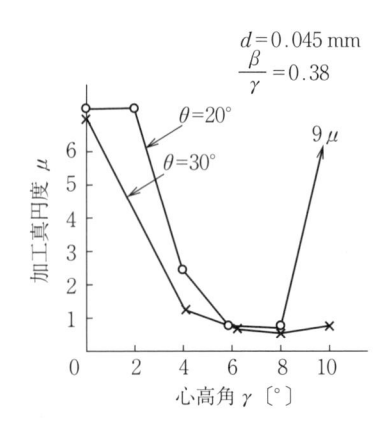

(b) 平坦部のある円筒体の加工真円度(計算値)　　(c) 平坦部のある円筒体の加工真円度(実験値)

図7.10 平坦部のある円筒体の加工真円度（ROWE ら[7.5]）

奇数山成分については,3山,5山,7山成分は心高角 γ の増加とともに急速に減少する傾向を示す。偶数山については,真円誤差は心高角 γ の増加とともに急速に増加する傾向を示す。また,うねり山数についても著しい真円誤差成分に着目すると,32山,24山,20山と心高角 γ の増加とともに減少していく傾向を示す。これらの計算結果は,再生心出し関数が示す成円機能である $\mathrm{Re}\{A(jn_i)\}$ の示す尺度を反映している。

図（c）は加工真円度の実験結果である．心高が比較的小さな $\gamma=0\sim6°$ の範囲で加工真円度が心高角の増加とともに減少するが，これは図（b）の計算値における奇数山成分の歪円特性に対応している．また，$\gamma=6\sim10°$ の領域では加工真円度が心高角の増加とともに悪化するが，これは図（b）の計算値における偶数山歪円の特性に対応している．

上述の計算値と実験結果の双方より，加工真円度が最小となる最適心高角 γ_0 が存在することが示されている．このような結果は図7.4の実験結果とも合致し，また，図7.5に示す歪円振幅のゲイン特性モデルとも共通する．

7.4 うねり山数が3山および20山の初期歪円入力に対する心高角対成円過程の比較実験と歪円減衰率の算定[7.6]

奇数山の歪円として3山，偶数山の歪円として20山の初期歪円形状の工作物を選び，心高角によって成円作用がどのように働くかを歪円減衰率に換算して比較する基礎実験を以下に示す．

図7.11 は，心高角 $\gamma=1.7°$，$3.0°$，$5.5°$ および $9.1°$ の場合についての加工真円度の変化を工作物の累積回転数の関数として示す．$\gamma=1.7°$，$3.0°$ の場合は加工真円度の減衰は最も遅く，$\gamma=5.5°$，$9.1°$ と増加すると歪円振幅は急速に減少する．この実験結果より，式

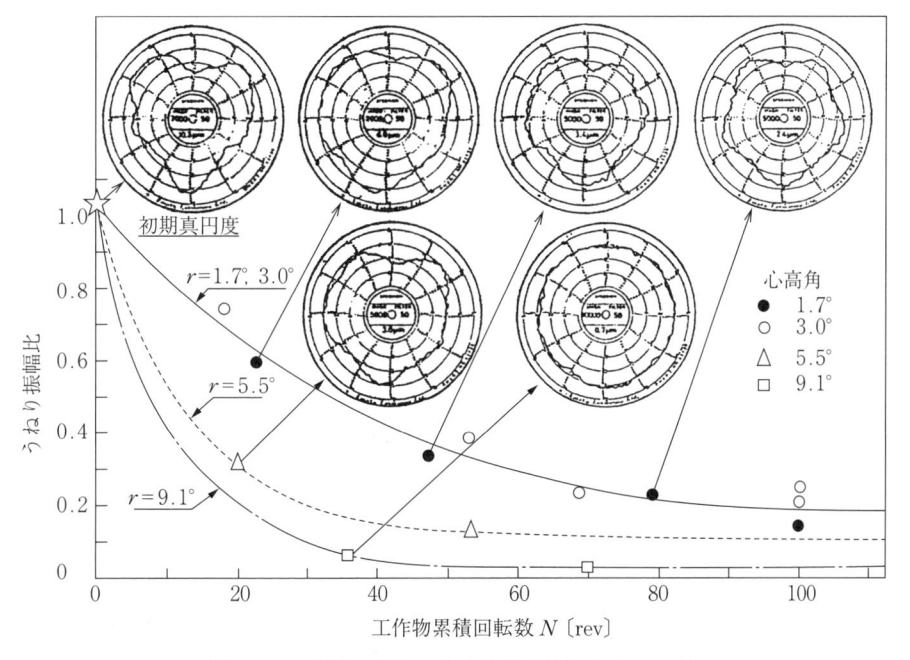

図7.11 工作物初期うねり山修正実験結果（$n=3$山）

7. 成円機構に関する基礎実験と解析モデルの検討

(6.14) で示した歪円振幅の減衰率 σ を，図 7.11 で示された加工真円誤差の指数関数的減衰過程からその研削時定数 N_T を読み取り，次式のように求める。

$$N_T = \frac{1}{\dfrac{k_m}{k_m + bk'_w} A(n)} \tag{6.10}$$

$$\sigma = -\frac{1}{2\pi}\frac{1}{N_T} \tag{6.17}$$

式 (6.17) を用いて負の振幅増加率，すなわち減衰率 σ の算定を行う。この関係を**図 7.12** に示す。この関係を図 7.11 に示す実験結果に当てはめると，**図 7.13** に示す負の振幅発達率 σ を得る。負の値が大きいほど歪円の減衰率が大きく，成円作用が著しいことを示している。以上の実験および減衰率の算定値から，心高角 γ を大きく設定するほど奇数山歪円に対する成円作用が増加すると結論することができる。

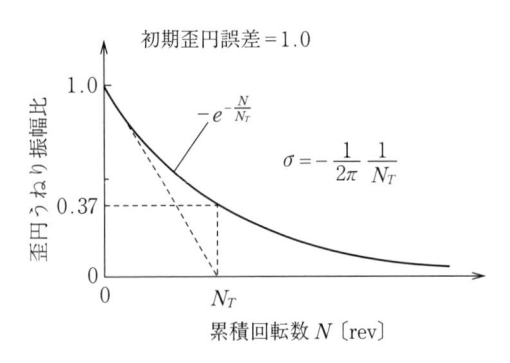

図 7.12 初期真円誤差の減衰過程と時定数 N_T

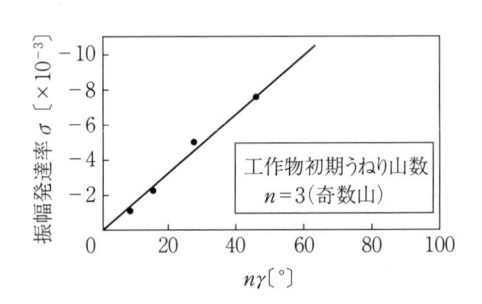

図 7.13 $n\gamma$ に対する修正率（振幅発達率）実験結果

つぎに，偶数山歪円の代表として，20 山のうねりからなる初期歪円形状の工作物を例にとり，心高角 $\gamma = 6.3°$，$7.6°$，$8.7°$ および $10.2°$ の場合についての累積回転数の関数としての加工真円度の変化を**図 7.14** に示す。

20 山のうねり歪円は，5.1 節で示した幾何学的成円機構の近似解析で示した偶数山固有歪円 $n_{e,p}$ で示す式 (5.8) で，$n_{e,p} = 20$ としたときの心高角 $\gamma = 9°$ に対応する。したがって，心高角が $\gamma = 9°$ に近くなるほど成円作用が低下するものと考えられる。図 7.14 の実験結果から指数関数的に減少するうねり振幅比曲線の時定数 N_T を読み取り，図 7.13 の場合と同様に負の振幅発達率 σ を算出すると**図 7.15** を得る。ここで，固有歪円 $n_{e,p}$ と心高角 γ の関係，すなわち

$$n_{e,p}\gamma = 180° \text{（または} \pi \text{ラジアン）}$$

の点を中心に，上述の心高角から離れた γ の設定値ほど成円作用が増加する関係にあることを示している。

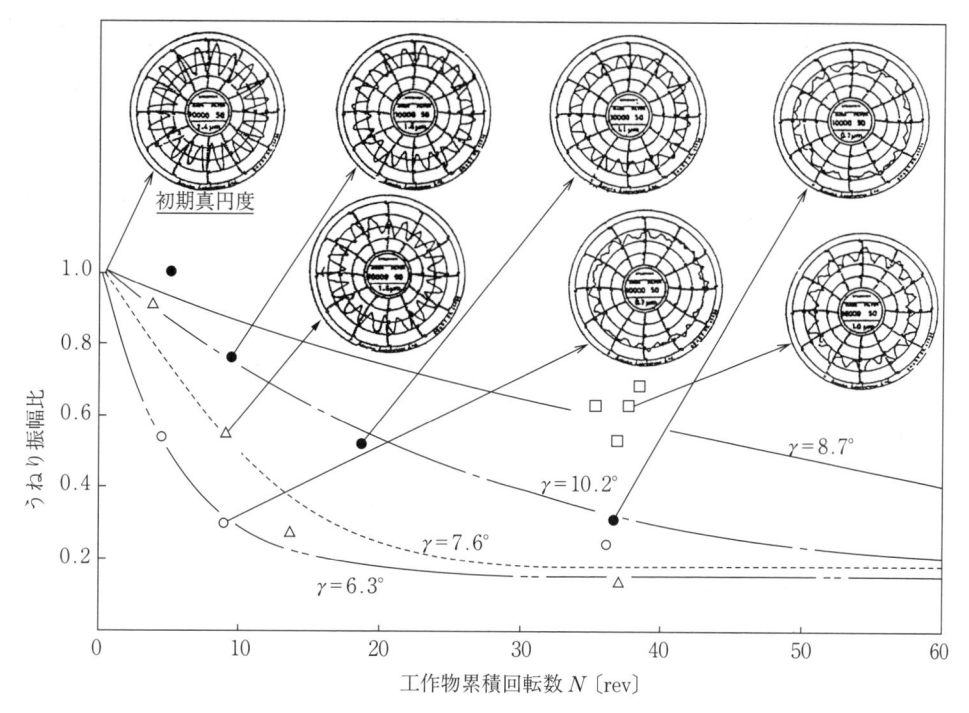

図7.14 工作物初期うねり山修正実験結果（$n=20$ 山）

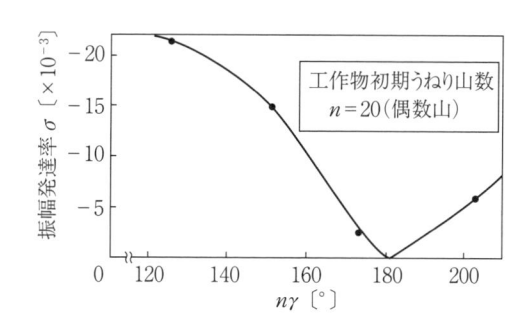

図7.15 $n\gamma$ に対する修正率（振幅発達率）実験結果

以上の実験結果は，図5.20（a）で示した固有歪円 $n_{e,p}$ を中心とした歪円振幅のゲイン特性の解析結果とも合致する．

7.5 シューセンタレスにおける成円作用の基礎実験[7.7]

図2.17に示したシューセンタレス研削の場合には，心なし研削の場合と比較して，以下の点が相違する．

(1) 工作物支持基準面の一つが固定されたリヤシューのため，調整砥石による工作物支持面に比べ砥石作用面の回転振れ，真円誤差などの擾乱要因がない．

(2) 受板頂角と心高角の組合せによって変化する受板の工作物支持角度位置 φ_1 は，その設定値を指定することは一般に困難であるが，シューセンタレス研削においてはフロントシューの角度位置 φ_1 を比較的広い範囲で設定することが容易である。

上記の理由から，図 5.24 および図 5.25 で示した成円機構における幾何学的不安定条件，および最大減衰率の条件，すなわち

$$\varphi_1 = \gamma \times 偶数 \tag{7.1}$$

$$\varphi_1 = \gamma \times 奇数 \tag{7.2}$$

両式で満足する幾何学的設定条件を実現することが容易である。

このような考え方から，**表 7.2** に示すような心高角 γ および φ_1 の組合せの下で行った実験結果を**図 7.16** に示す。図から明らかなように，直径取り代 40 μm の間に一般的振動外乱環境とシューセンタレス固有の磁気摩擦回転駆動機構からの外乱からの要因による加工真円度は，式 (7.1) の条件と式 (7.2) の条件の比較では明らかに前者の真円誤差は後者より劣っている。また，その差は心高角が 6〜7°を越えると顕著となる。このことは，偶数山成分が顕著となる $\gamma \gtrsim 6°$ の領域で，両式 (7.1)，(7.2) による加工真円度の差が大きく現れることを示している。

表 7.2 図 7.16 に示すシューセンタレスの設定条件

心高角 γ		0	5	7	9	12	16
φ_1	$\gamma \times$ 奇数	60	60	63	63	60	48
	$\gamma \times$ 偶数	70	70	56	54	72	60

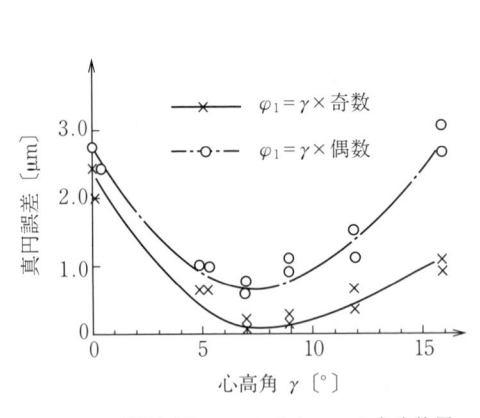

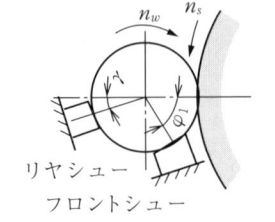

工 作 物：$\phi 53 \times 10$，焼入鋼
砥石回転数：$n_s = 1\,830$ rpm
工作物回転数（回転駆動板）
　　　　　：$n_w = 120$ rpm
直径取り代：40 μm
スパークアウト：0 秒

図 7.16 フロントシューの角度位置 φ_1 による加工真円度の比較

図 7.17 は，心高角 $\gamma = 11°$ の条件の下で，フロントシューの角度位置 φ_1 の値を $\varphi_1 = \gamma \times 5$ と $\varphi_1 = \gamma \times 6$ を含む $\varphi_1 = 51 \sim 68°$ の範囲で変化させた場合の，加工真円度に及ぼす影響を調

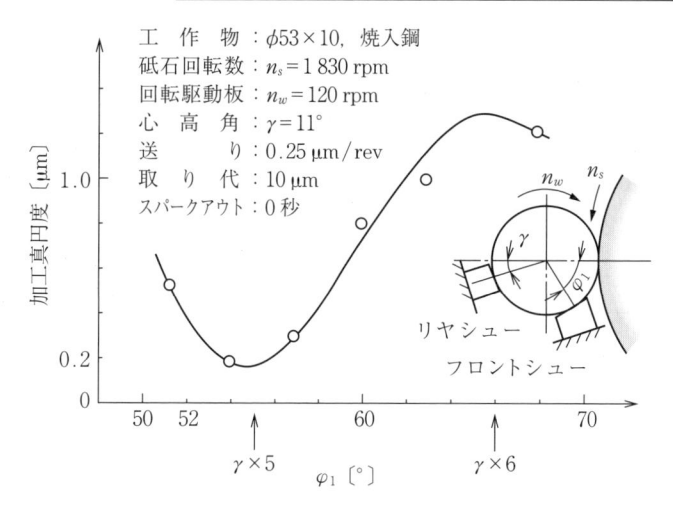

7.5 シューセンタレスにおける成円作用の基礎実験

図7.17 フロントシューの角度位置 φ_1 と加工真円度

べた基礎実験の結果を示す。この場合にも，砥石切込み $0.25\,\mu\mathrm{m/rev}$，直径取り代 $10\,\mu\mathrm{m}$ の条件の下でも幾何学的不安定条件に相当する $\varphi_1 = 66°$ 近傍で加工真円度が約 $1.2\,\mu\mathrm{m}$ となり最も悪く，最大減衰率の条件 $\varphi_1 = 55°$ 近傍で約 $0.2\,\mu\mathrm{m}$ となり真円度が最小値を示している。

図 7.17 の実験で加工真円度が最悪の $\varphi_1 = 66°$ 近傍で幾何学的不安定条件による現象，すなわち累積取り代の増加とともに真円誤差が増加し続ける過程を実験結果**図7.18**は示す。

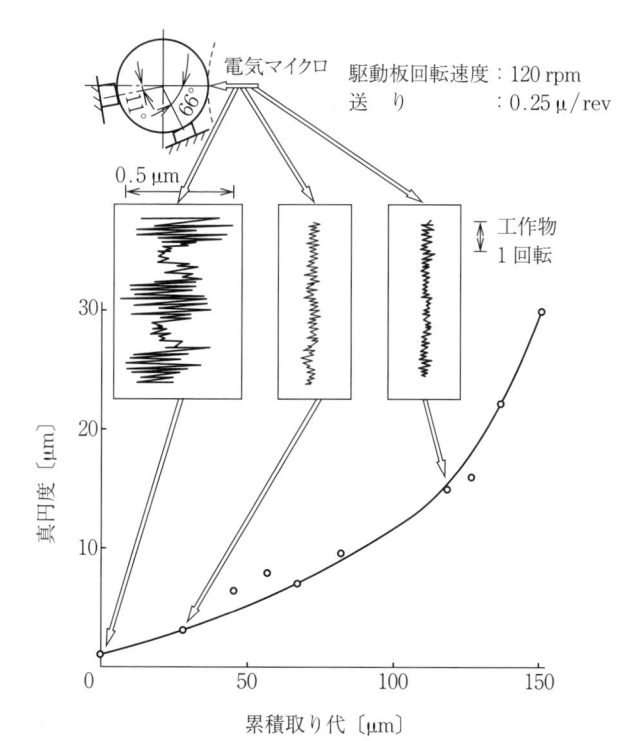

図7.18 幾何学的に不安定なときの真円度の発散

84　　7. 成円機構に関する基礎実験と解析モデルの検討

研削開始直後は，工作物の初期歪円によるうねりが約 0.5 μm の振れとして現れるが，約 30 μm の累積取り代の時点で電気マイクロメータに現れる工作物外周の振れは 0.1 μm 以下にとどまり，それ以後この値が保たれるが，その間の真円度は指数関数的に増加していき，累積取り代が 150 μm に達すると真円度は 30 μm にまで成長する。以上の実験結果は，$\gamma = 11°$，$\varphi_1 = 66°$ の条件の下で明らかに幾何学的不安定現象が生じていることを示している。

7.6　調整砥石のツルーイング精度改善対策と加工真円度への影響[7.8]

7.1 節で述べた心なし研削加工によって加工真円誤差発生の原因と考えられる各種外乱入力の中で代表的要因と考えられるのが，研削砥石軸，調整砥石軸およびこれら回転系に起因する振動と研削砥石，調整砥石のツルーイング／ドレッシングによって発生する形状誤差である。

これら代表的振動外乱を抑制することにより加工歪円の精度がどの程度改善されるかの検討を試みることは，成円機構の解明とともに心なし研削加工の精度改善策に具体的指針と目標を与えるものと考えられる。

7.6.1　調整砥石軸系の高剛性・高精密化対策

図 7.19 に高剛性・高精密化を目標にして試作した調整砥石回転軸系の構成を示す。軸受はラジアル，スラスト共に油静圧軸受として軸受剛性を高めた。軸の回転駆動は油圧モータによる直結駆動とし，駆動系からの擾乱を抑えている。さらに，研削負荷などによる負荷トルクの変動に対しても定速回転を保持し，かつ連続速度制御ができるように電気油圧サーボ系を構成している。

図 7.20 に，調整砥石軸の軸外周面を測定点として振れを測定した回転振れ波形，およびこの波形のフーリエ展開した結果を示す。2 山成分以上の振れ成分は主に軸自身の真円誤差

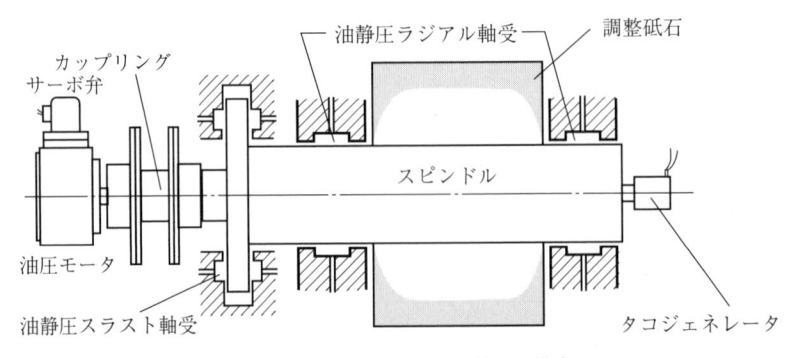

図 7.19　試作した調整砥石軸径の構成

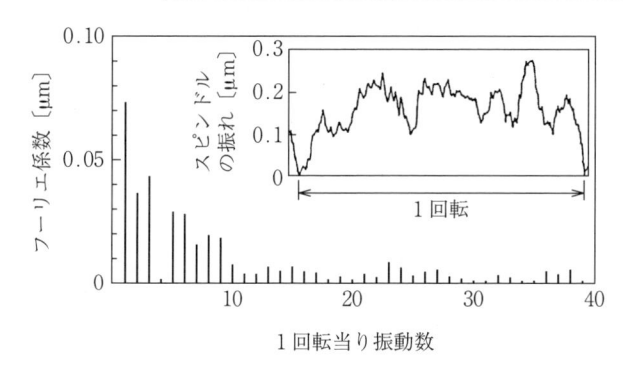

図 7.20 調整砥石軸の振れ

によるものと考えられる。

1山成分の軸心の振れは約 1.5 μm で，試作回転軸系の主な仕様はつぎのとおりである。

　　回転振れ精度（1山成分）：0.15 μm
　　ラジアル方向軸受剛性　　：28 kgf/μm
　　軸に作用する擾乱外力　　：0.5 kgf 未満

7.6.2 研削ツルーイングと成形精度

試作した回転軸に調整砥石 A150RR を取付け，単石ダイヤモンドドレッサでツルーイングを行った。切込み $a_d = 20$ μm で 2 回，$a_d = 0$ で 3 回，送りはいずれも 30 μm/rev である。ドレッサは工作物接点から 90°位相が異なる垂直上部に取り付けてある。図 7.21（a）は工作物接点における調整砥石の振れ 12.7 μm$_{p-p}$（添字の p-p は peak to peak（最大振幅）を表す）および母線形状誤差 50 μm$_{p-p}$/150 mm を示す。ドレッサ取付け位置での調整砥石外周

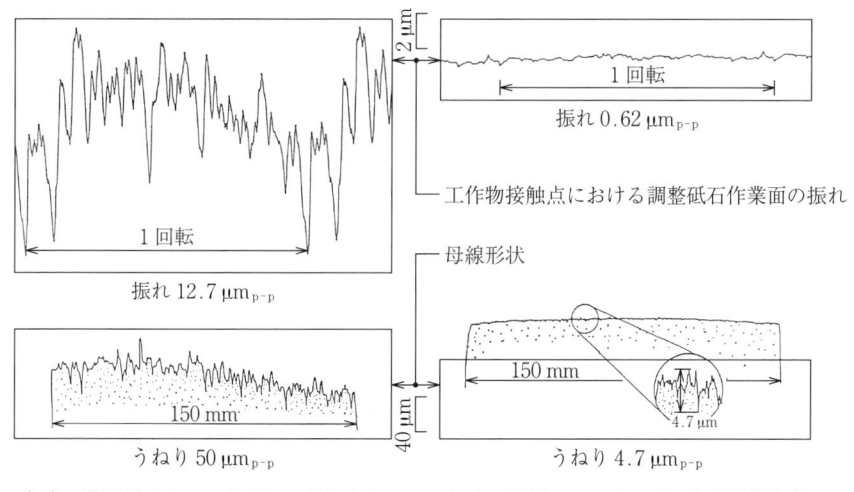

（a）単石ダイヤモンドドレッサによる形状精度　　（b）研削ツルーイングによる形状精度

図 7.21 調整砥石の形状精度

面の振れは $7.8\,\mu\text{m}_{\text{p-p}}$ であった。これらのツルーイング誤差を改善する対策として調整砥石を研削砥石で研削する方法（以下研削ツルーイングと略す）を試みた。ここでは心なし研削盤の研削砥石をツルーイング工具として用い，調整砥石をプランジ（送り込み）研削した。研削砥石として WA80KmV，周速比は 77.5，切込み $a_d = 0.6\,\mu\text{m/rev}$ とした。

研削ツルーイングしたときの結果を図（b）に示す。研削ツルーイング法により砥石外周面の振れは $0.62\,\mu\text{m}_{\text{p-p}}$，母線形状誤差は $4.7\,\mu\text{m}_{\text{p-p}}/150\,\text{mm}$ に改善され，通常のツルーイング法に比べ 1/10 以下と小さくなっている。研削ツルーイング法で研削した調整砥石外周面の振れを母線方向に測定点を種々変えて測定した結果を**図7.22**に示す。外周面の振れ波形にところどころ研削時に生じたと思われるスクラッチ状の約 $2\,\mu\text{m}$ の谷が見られるが，山方向への大きな突起がほとんどないのが特徴的である。

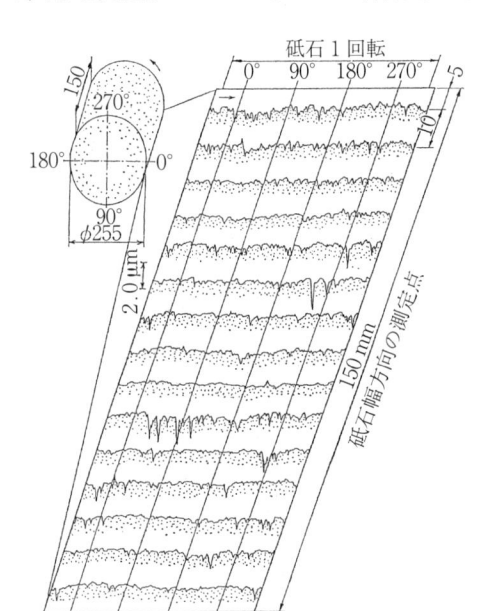

調整砥石：A150RR
研削砥石：WA80KmV

図 7.22 研削ツルーイングされた調整砥石外周面の振れ

通常のツルーイング法では，調整砥石表面を触れると手に黒い粉末状のものが付着するのに対し，研削ツルーイング法では砥石表面は磨き上げられた大理石に触れたような感触で，通常の砥石表面とは異質なものに感じられる。**図7.23**は研削された調整砥石の表面（研削ツルーイング面）の写真で，受板上の工作物が砥石表面上に映っており，鏡面状である。**図7.24**はその顕微鏡写真で，アルミナ砥粒の平坦な頂面が透明で，延性モードで研削されている。

図7.25は調整砥石の母線方向の粗さの測定波形で，表面の高さがよく揃っている。

図7.26は通常のツルーイング方法で入念にツルーイングした場合の調整砥石の真円度と研削ツルーイング法で研削した場合の真円度を示す。研削された調整砥石の真円誤差は通常

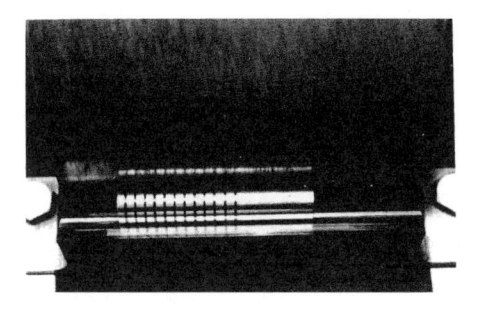

図7.23 調整砥石の研削ツルーイング面

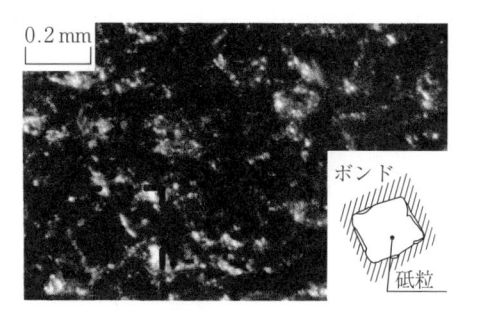

図7.24 調整砥石の研削ツルーイング面の顕微鏡写真

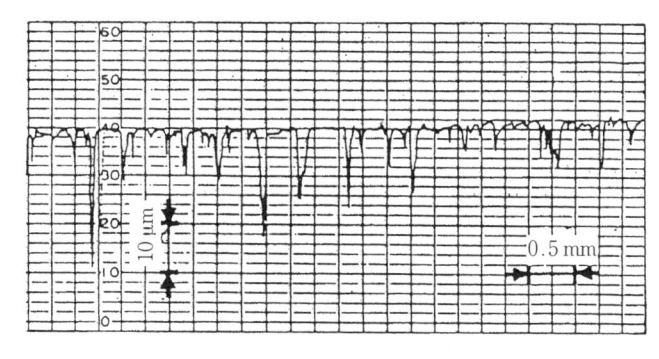

図7.25 調整砥石の研削ツルーイング面の粗さ

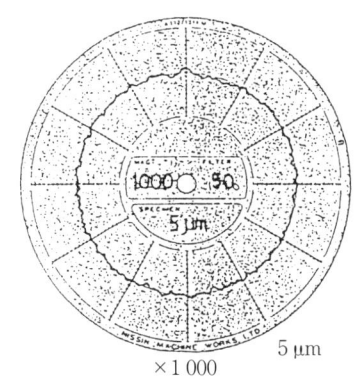

（a）単石ダイヤモンドドレッサによる調整砥石

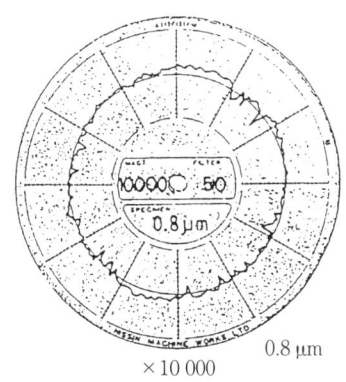

（b）研削ツルーイングの調整砥石

図7.26 調整砥石の真円度

のツルーイング法に比べ 5 μm から 0.8 μm へ約 1/6 に小さくなっている．

7.6.3 ツルーイング法が調整砥石の機能に及ぼす影響

〔1〕 **摩擦特性**　図7.27は，図4.1に示した転がり-滑り摩擦・摩耗試験機を用いて調整砥石の摩擦係数 μ_r を測定したもので，滑り速度 Δv（$\Delta v = v_w - v_r$，v_w：工作物周速，v_r：調整砥石周速）を連続的に変化させた場合の Δv と μ_r の同時記録結果である．研削され

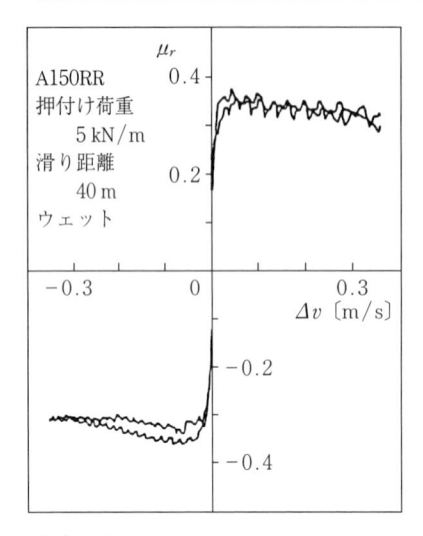

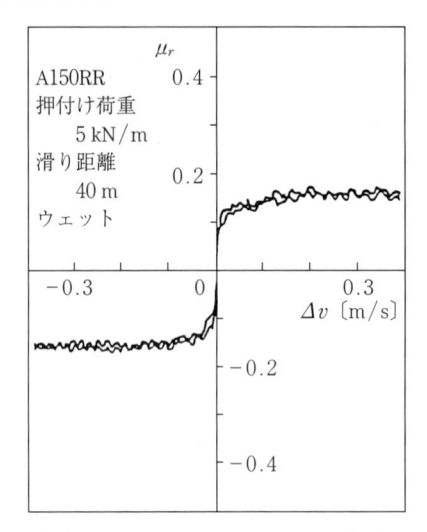

7. 成円機構に関する基礎実験と解析モデルの検討

（a）単石ダイヤモンドドレッサによる調整砥石

（b）研削ツルーイングによる調整砥石

図 7.27 転がり-滑り摩擦・摩耗試験機による調整砥石の摩擦特性

た調整砥石の摩擦係数 μ_r は通常のツルーイング法の場合とほぼ $1/2$ と小さい。

図 7.28 は，滑り速度 $\Delta v = -0.2\,\mathrm{m/s}$ の下での滑り距離に対する摩擦係数 μ_r の変化過程を示す。通常のツルーイングによる摩擦係数は滑り距離の増加に伴って減少するが，研削ツルーイングの場合は滑り距離に関係なくほぼ一定であり，砥石の表面性状がきわめて安定している。この結果，研削された調整砥石を用いる場合は，工作物の回転を制動する摩擦力が小さいため安全作業条件に十分配慮する必要がある反面，長時間の安定作業を保障できることを示している。

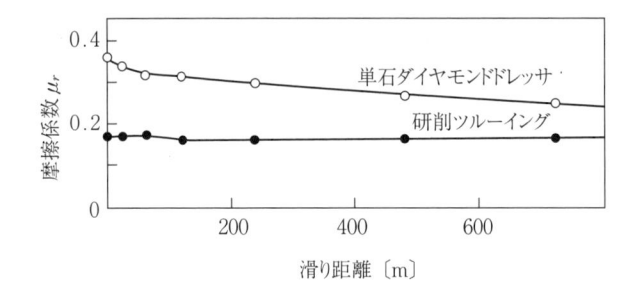

調整砥石：A150RR
滑り速度：$-0.2\,\mathrm{m/s}$

図 7.28 転がり-滑り摩擦・摩耗試験機による滑り距離と摩擦係数

〔2〕摩耗特性 **図 7.29** は，転がり-滑り摩擦・摩耗試験機による試験の開始前と開始60分後の調整砥石の母線形状を示す。滑り速度 Δv は $-0.2\,\mathrm{m/s}$ と一定条件の下で，滑り距離 $720\,\mathrm{m}$ に対する砥石半径減少量は通常ツルーイングの場合 $7.3\,\mathrm{\mu m}$ であるのに対し，研削ツルーイングの場合は $0.7\,\mathrm{\mu m}$ 以下ときわめて小さい。**図 7.30** はこの結果を整理したものである。通常ツルーイングの場合は，明らかに摩耗が急速に進行する初期摩耗とこ

7.6 調整砥石のツルーイング精度改善対策と加工真円度への影響

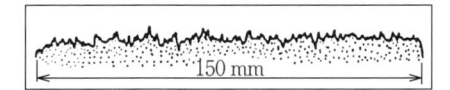

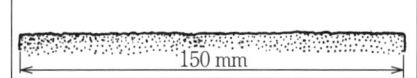

摩耗試験前の砥石母線形状

半径減 7.3 μm   半径減 0.7 μm

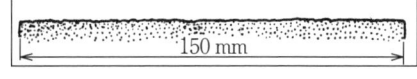

60 分摩耗試験後の母線形状

（a）単石ドレッサによるツルーイング砥石　　　　（b）研削ツルーイング砥石

〈実験条件〉
調整砥石：A150RR（φ255×150）　　工作物：SUJ-2, φ40×40, H_RC63
押付荷重：5 kN/m　　滑り速度：−0.2 m/s　　研削液：水溶性（×100）

図 7.29　調整砥石の転がり-滑り摩擦・摩耗試験

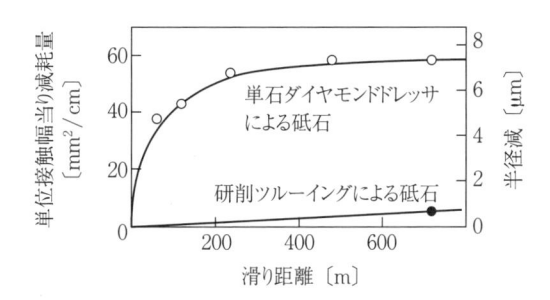

図 7.30　調整砥石の減耗特性

れに続き定常摩耗となるが，研削ツルーイングの場合は初期摩耗は認められず，当初から定常摩耗の形態をとり，耐摩耗性が高い．

〔3〕**工作物との接触変形特性**　　φ40×70 の単純円筒工作物に油性インクを塗り，種々の荷重で工作物を調整砥石に押し付けた．工作物に転写された接触痕を**図 7.31** に示す．研

（a）通常のツルーイング法の場合　　　　（b）研削ツルーイング法の場合

図 7.31　通常のツルーイング法（a）と研削ツルーイング法（b）で成形された
　　　　調整砥石と工作物の接触状態（押付け荷重：10 kN/m）

削された砥石の場合は通常のツルーイング法の場合に比べ接触痕が密で、接触幅が小さい。**図7.32**は接触幅から接触変位量を算出し、押付け荷重に対して整理したものである。研削ツルーイングの場合、押付け荷重3.1 kgf/cmの下で比較すると接触剛性が約3倍に増大している。

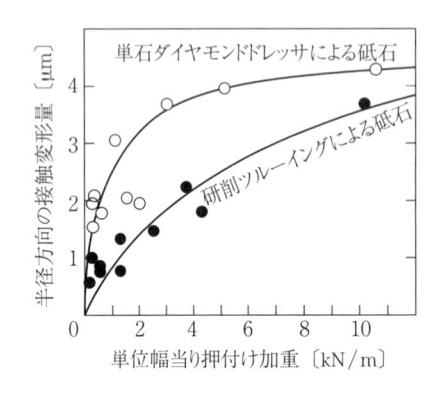

図7.32 調整砥石の接触変位特性

7.6.4 調整砥石のツルーイング精度と加工精度

心なし研削における工作物の支持基準面は調整砥石外周面である。したがって、工作物との接点における調整砥石外周面の振れが直接切込み変動を支配し、この振れの大小が加工精度を支配することとなる。**図7.33**は研削された調整砥石を用い、受板と調整砥石間に工作物を置き、研削点における工作物の振れを測定したもので、振れが小さいほど切込み変動が小さく、加工精度が向上すると考えられ、測定値は0.7 μmである。

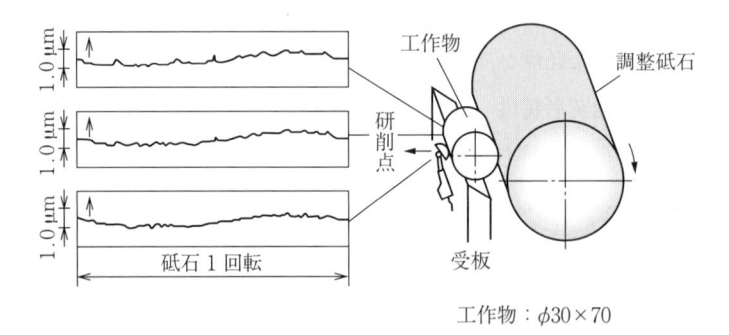

図7.33 研削ツルーイングによる調整砥石の研削点における工作物の振れ

図7.34には、通常のツルーイング法および研削ツルーイング法によってツルーイングされた調整砥石を用いて研削実験を行ったときの研削力、仕上面粗さ、および加工真円度を比較して示す。定常研削時における研削力の変動成分は切込み変動によるもので、図(a)、図(b)共に調整砥石の回転周期に同期した研削力の変動成分が認められるが、研削ツルー

研削力 F_n の変化過程

$0.32\,\mu\text{mRa}$ $0.12\,\mu\text{mRa}$

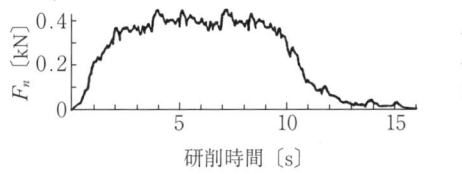

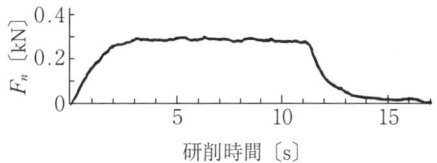

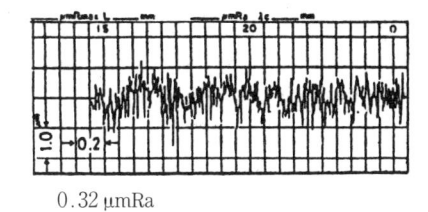

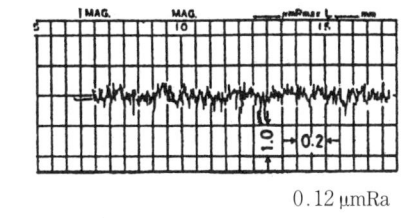

表面粗さ

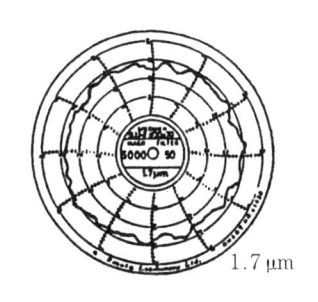

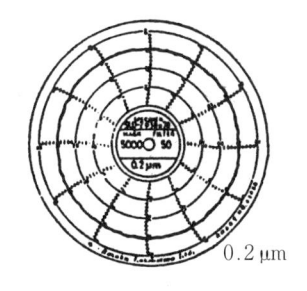

$1.7\,\mu\text{m}$ $0.2\,\mu\text{m}$

真円誤差

（a）単石ダイヤモンドドレッサによる 　　　（b）研削ツルーイングによる
　　　調整砥石の場合　　　　　　　　　　　　　　　調整砥石の場合

〈実験条件〉
研削砥石：WA80kmV，ドレス切込み 20 μm/rev，ドレスリード 55 μm/rev
調整砥石：A150RR　　工作物：SUJ-2，$\phi30\times70$
受板頂角：30°　　　心高角：9°　　　　　工作物速度：2.55 rps
材料除去率：$Z'_w = 1.57\,\text{mm}^3/(\text{mm}\cdot\text{s})$

図7.34 単石ダイヤモンドドレッサによる調整砥石と研削ツルーイングによる
調整砥石を用いた研削加工精度の比較実験

イングの場合は変動成分がきわめて小さい。これは研削ツルーイング法によって調整砥石の成形精度が著しく向上し，切込み変動がきわめて小さくなったことを示している。この調整砥石の成形精度向上は，材料除去率 $Z'_w = 1.57\,\text{mm}^3/(\text{mm}\cdot\text{s})$ という通常荒研削加工に近いと考えられる条件の下で，$\phi30\times70$ の工作物の加工真円誤差が従来の 1.7 μm から 0.2 μm という高い精度をもたらすとともに，仕上面粗さも 0.32 μmRa から 0.12 μmRa へと改善されている。

これらの実験結果からつぎの展望を得ることができる。

(1) 単石ドレッサでツルーイングされた調整砥石の成形精度は，真円度および母線形状

精度のいずれにおいても，心なし研削盤の研削砥石軸，調整砥石軸の回転精度やドレッサの運動精度に比べて著しく劣る。つまり，単石ドレッサの運動と調整砥石の成形精度間の運動転写精度はきわめて低い。これは単石ドレッサによる砥石の加工が脆性破壊形除去加工であるためと考えられる。

(2)　研削砥石による研削ツルーイングを行った調整砥石の成形精度は，従来の方法に比べ約1けた高い精度を示している。これは，研削砥石による調整砥石の除去加工が延性モード材料除去加工に近い加工として実施されたためと考えられる。これが一般化されれば，ツルーアと砥石間の運動転写精度の著しい向上が期待できる。

(3)　研削ツルーイング法によって研削された調整砥石作業面の摩擦・摩耗試験の結果から，研削ツルーイング法は従来のツルーイング法に比べて砥石寿命が長く，かつ安定している。このことは，砥石の摩耗形態が脆性破壊形摩耗よりは延性モード形摩耗に近い形で進行するためと考えられる。

以上の調整砥石のツルーイング精度の改善策とこれによる加工精度の向上に関する成果を示したが，7.1節で示した外乱入力の主因のもう一つである研削砥石軸およびその回転駆動系による外乱，また単石ドレッサによる研削砥石の成形精度およびその減耗特性などについても，同様の改善策があり得ることを上述の実験結果は示している。

8 センタ支持円筒プランジ研削における自励びびり振動の発生機構

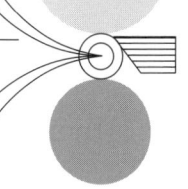

8.1 センタ支持円筒プランジ研削の成円作用における再生効果とは[8.1)]
— 再生効果によるうねりの伝達特性

　超砥粒ホイールの出現とともに，従来の砥石周速 30 m/s に対し，高速研削として 80～120 m/s，さらには超高速研削として 200 m/s に達する高能率研削が注目されている。その第 1 の理由は，超砥粒ホイールの研削比が従来の砥石に比べ 2 けた以上高いことにある。つまり，このため従来の研削砥石の目直し間寿命を制約する原因の一つである砥石再生形自励びびり振動の発生を著しく抑制できる。第 2 の理由は，砥石周速の高速化に伴う工作物周速の高速化が可能になったことにある。このため材料除去率 Z'_w 〔mm³/(mm·s)〕の向上が期待できる。

　高速研削による研削作業の高能率化は，1970 年代アーヘン工科大の Opitz らにより提唱され，高速研削に耐える研削砥石の開発が試みられてきた。これは超砥粒ホイールの出現によりその構造上高速研削用砥石の実用化が可能となったもので，上記の超高速研削技術への方向として発展してきている。

　さらに，材料除去率向上のために工作物の回転速度の高速化の一貫として，周速比 q の低下の傾向も見られる。

　このような動向の結果として，通常研削ではせいぜい 1～2 rps の工作物の回転速度であったものが，高速ないし超高速研削では 5～20 rps あるいはそれ以上の高速回転となった。他方，センタ支持された工作物支持系においてはその構造上支持剛性向上策に制約があり，その共振周波数を上記工作物の回転数に比例して増加させることは実情では不可能に近い。

　したがって，センタ支持形成円作用の過程で工作物外周にいったんうねりが生じた場合，これに伴う切込み変化による研削力の変動周波数が工作物の高速回転のため工作物支持系の固有振動数と共振現象を起こし，その結果工作物再生形びびり振動に発展する恐れがきわめて高い。

そこで以下，工作物あるいは砥石作業面のうねりが自励びびり振動発生の原因となる再生効果について説明し，再生効果によるうねりの伝達特性の幾何学的モデルを示すことにする。

プランジ研削加工においては，研削系の切残し現象のため工作物と砥石間で複数回の繰返し加工が行われる。工作物あるいは砥石表面にいったんうねりが生ずると，$N-1$ 回転目と N 回転目の間に周期的切込み変化が生じる。この関係を図 8.1（a）に示す。これによる加振力がさらにうねり振幅を加速する状態を，工作物あるいは砥石のうねりの再生効果と呼ぶ。加振力が加工系の振動特性と連係した場合，自励びびり振動現象を起こす。図（b）では，ブランコを例に相似的にこの現象を示した。

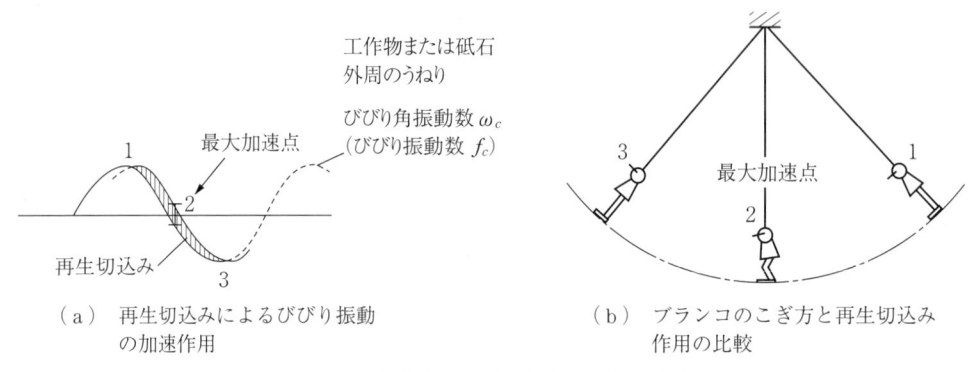

（a）再生切込みによるびびり振動の加速作用　　（b）ブランコのこぎ方と再生切込み作用の比較

図 8.1　工作物または砥石作業面の作用の比較

つぎに，このような再生効果を示す条件として，うねりの周期が十分長い場合と短い場合の比較を図 8.2（a），（b）に示す。うねり周期が十分長い図（a）では，工作物−砥石間のうねり振幅がそのまま工作物あるいは砥石表面に伝達されるのに比べ，周期の短い図（b）の場合には工作物あるいは砥石表面のうねりがカスプ状に伝達され，うねり振幅は急速に減衰

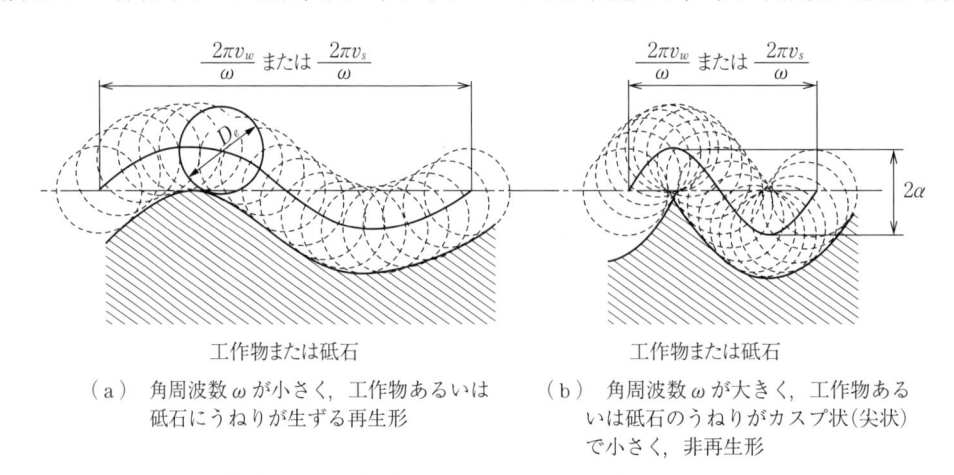

（a）角周波数 ω が小さく，工作物あるいは砥石にうねりが生ずる再生形　　（b）角周波数 ω が大きく，工作物あるいは砥石のうねりがカスプ状（尖状）で小さく，非再生形

図 8.2　工作物あるいは砥石作業面に生ずるうねりが自励びびり振動の原因となるびびり振動数の限界

8.1　センタ支持円筒プランジ研削の成円作用における再生効果とは——再生効果によるうねりの伝達特性

する。図（a）の場合をうねり再生形と呼び，図（b）の場合を非再生形と呼ぶ。自励びびり振動が発生する原因はこのようなうねりの再生効果にあるため，研削加工における自励びびり振動の動力学的解析には，再生効果の認められる領域と認められない領域の判定基準が重要である。

図8.3は，工作物あるいは砥石表面のうねり振幅と，そのうねりが再生されて伝達されるうねり振幅との比に着目し，両者間の比が1.0より小となり始める限界を示す幾何学的条件を示す。この条件を工作物のうねりの角周波数，すなわち再生限界周波数 ω_B で示すと

$$\omega_B = \frac{\pi v_w}{2\sqrt{R_e a_B}} \tag{8.1}$$

ただし，カスプ状のうねりとして伝達され始める相対振幅を再生限界うねり振幅 a_B と呼ぶ。ここで

v_w：工作物の周速
R_w：工作物半径　　R_s：研削砥石半径
R_e：等価砥石半径

ここで

$$\frac{1}{R_e} = \frac{1}{R_w} + \frac{1}{R_s}$$

工作物砥石間の相対振幅 $2a$ と，その相対振幅が再生効果を通して伝達されるうねり振幅 $2R_{iw}$ との比は

$$\frac{R_{iw}}{a} = \frac{1}{\sqrt{1+\left(\dfrac{\omega}{\omega_B}\right)^4}} \tag{8.2}$$

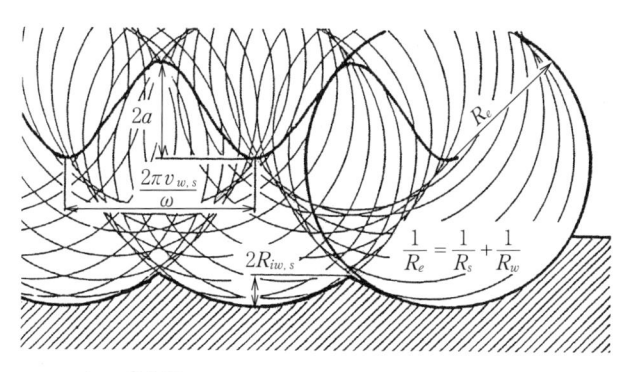

$v_{w,s}$：v_w または v_s
$R_{iw,s}$：R_{iw} または R_{is}，幾何学的干渉により減少する工作物，砥石作業面のうねり
a：工作物，砥石間の相対変位振幅

図8.3　砥石-工作物間の幾何学的干渉と，これによって生ずる工作物あるいは砥石作業面に生ずるうねり

式 (8.2) による工作物外周のうねりの再生効果を経由して伝達される無次元化伝達関数のゲイン特性を**図 8.4**に示す。

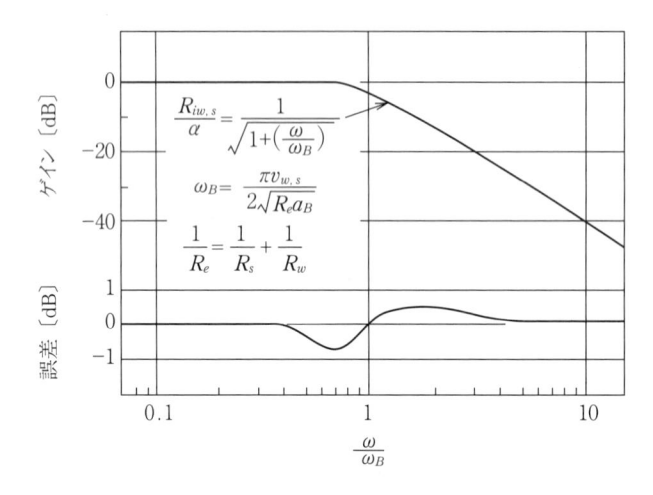

図 8.4 工作物-砥石間の幾何学的干渉によって生ずるうねりの無次元化伝達関数のゲイン特性

$$\frac{R_{iw,s}}{\alpha} = \frac{1}{\sqrt{1+\left(\frac{\omega}{\omega_B}\right)}}$$

$$\omega_B = \frac{\pi v_{w,s}}{2\sqrt{R_e a_B}}$$

$$\frac{1}{R_e} = \frac{1}{R_s} + \frac{1}{R_w}$$

ここで，$\omega > \omega_B$ の領域では，$-40\,\mathrm{dB/dec}$ で急速にゲインが低下するため，今後 $\omega > \omega_B$ の領域では再生効果が零，すなわち自励振動の発生を考えなくてもよい領域と見なすことができる。

式 (8.1) から

$$f_B = \frac{v_w}{4\sqrt{R_e a_B}} \tag{8.3}$$

ここで，f_B：再生限界周波数，である。

再生限界うねり山数を n_B とおくと

$$n_B = \frac{\pi R_w}{2\sqrt{R_e a_B}} \quad (n_B：うねり山数/\mathrm{rev}) \tag{8.4}$$

式 (8.1)，(8.3) 両式においては角周波数，あるいは周波数など動的パラメータを含むのに比べ，式 (8.4) は幾何学的パラメータのみからなっている。式 (8.1)，(8.3) 両式の間の関係はつぎのように示される。

(幾何学的再生限界)×(工作物回転速度) → (再生限界周波数)

$$\begin{pmatrix} n_B \\ a_B \end{pmatrix} \longrightarrow [n_w] \longrightarrow \begin{pmatrix} \omega_B \\ a_B \end{pmatrix} \text{または} \begin{pmatrix} f_B \\ a_B \end{pmatrix}$$

n_w：工作物の回転速度〔rps〕

すなわち，工作物の回転速度 n_w を通じて両者は結び付いている。したがって，以下では幾何学的再生限界うねり山数 n_B および再生限界うねり振幅 a_B の組合せを基礎に，工作物の回転速度 n_w の選択によって工作物再生形自励びびり振動対策を論ずることとする。

再生効果による切込み変化を平均化する原因に，研削砥石の研削点における弾性変形があ

る。図 6.13 で示したように，研削力により砥石-工作物間に弾性変形による接触弧が生じ，その長さを $2l_{cs}$，工作物外周のうねり振幅の再生切込み変化への伝達特性（フィルタ効果）を Z_{cs} とおくと，式 (6.15) の場合と同様に

$$Z_{cs} = \frac{1}{2}\left(1 + \cos\frac{2l_{cs}\pi}{\lambda}\right) \tag{8.5}$$

$\lambda = 2\pi R_w/n$ を上式に代入し

$$n_E = \frac{\pi R_w}{l_{cs}} \tag{8.6}$$

と定義すると

$$n \geqq n_E \quad \text{のとき} \quad Z_{cs} = 0 \tag{8.7}$$

すなわち，うねり山数 n が n_E を越えると再生効果が失われることとなる。n_E を弾性変形再生限界うねり山数と定義する。

8.2 センタ支持円筒プランジ研削加工系の動力学的ブロック線図と特性方程式[8.1]

再生効果による切込み変化を平均化し，再生効果を抑制する幾何学的再生限界パラメータ，および弾性変形再生限界パラメータを含むセンタ支持円筒プランジ研削加工系の動力学的成円機構のブロック線図を，**図 8.5** に示す。

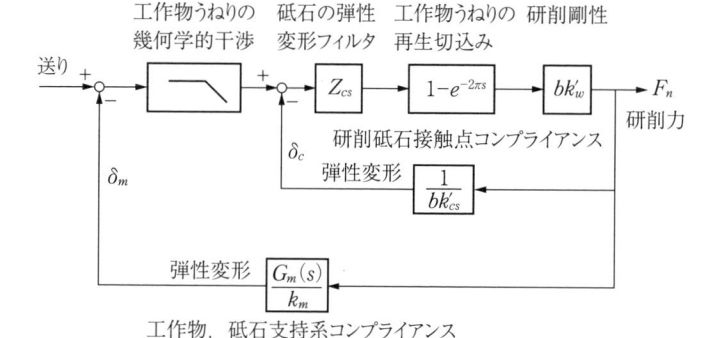

図 8.5 センタ支持円筒プランジ研削加工系の動力学的成円機構のブロック線図

図から振動系の特性方程式は

$$1 + Z_{cs} b k'_w (1 - e^{-2\pi s})\left\{\frac{1}{\sqrt{1 + \left(\frac{\omega}{\omega_B}\right)^4}}\frac{1}{k_m}G_m(s) + \frac{1}{bk'_{cs}}\right\} = 0 \tag{8.8}$$

ここで

$$s = \sigma + jn$$

σ：工作物1 rad回転当り振幅発達率

n：うねり山数/rev

式(8.8)より特性根を求めるにあたって，簡単のために再生効果を抑制するパラメータを除いた場合の特性根の求め方を以下に述べる。

このときの特性方程式は

$$1 + bk'_w(1 - e^{-2\pi s})\left(\frac{1}{k_m}G_m(s) + \frac{1}{bk'_{cs}}\right) = 0 \tag{8.9}$$

超越関数を分離し，無次元化すると上式は

$$-\frac{k_m}{bk'_w}\frac{1}{1 - e^{-2\pi s}} = G_m(s) + \frac{k_m}{bk'_{cs}} \tag{8.10}$$

8.2.1 再生関数のベクトル軌跡 ── 等 σ 線図，等 Δn 線図の導入[8.2)]

図8.6に，式(8.10)に示す超越関数 $-1/(1 - e^{-2\pi s})$，$\sigma = 0$ のベクトル軌跡を複素平面上に示す。図(a)では，$s = jn$，$n = n_i + \Delta n$ とした場合の $e^{-2\pi s}$ のベクトル軌跡を示す。単位円上の点 $(1, j0)$ に整数個のうねり山数 n_i，端数 Δn の増加とともに時計回りに回転し，$(n_i + 1)$ 山に戻る。図(b)は $(1 - e^{-2\pi s})$ の場合を示す。図(b)に示す単位円の逆数は点 $(-0.5, j0)$ を通り j 軸に平行な直線となり，Δn の複素平面上で上・下反転する関係となる。この関係を図(c)に示す。

つぎに，$s = \sigma + jn$ の一般的な特性根のための $-1/(1 - e^{-2\pi s})$ の複素平面上の軌跡の求め方を以下に述べる。

いま

$$G = -\frac{1}{1 - e^{-2\pi s}} \qquad (s = \sigma + jn) \tag{8.11}$$

とおくと

$$\frac{G}{1 + G} = e^{2\pi s} = e^{2\pi\sigma}e^{j2\pi n} \tag{8.12}$$

ここで

$$M = e^{2\pi\sigma} \tag{8.13}$$

一巡伝達関数 G の直結フィードバック回路の等 M 軌跡は

$$G = x + jy \tag{8.14}$$

とおくと

$$\left(x - \frac{e^{4\pi\sigma}}{1 - e^{4\pi\sigma}}\right)^2 + y^2 = \left(\frac{e^{2\pi\sigma}}{1 - e^{4\pi\sigma}}\right)^2 = \left(\frac{M}{1 - M^2}\right)^2 \tag{8.15}$$

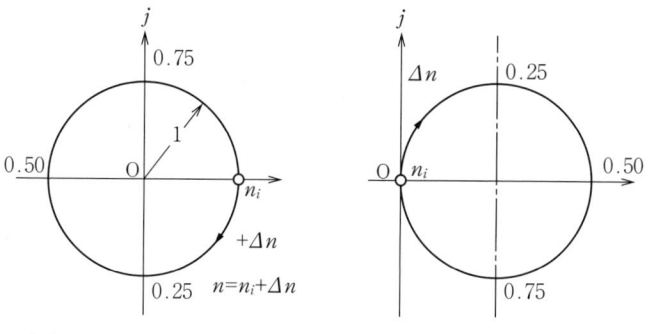

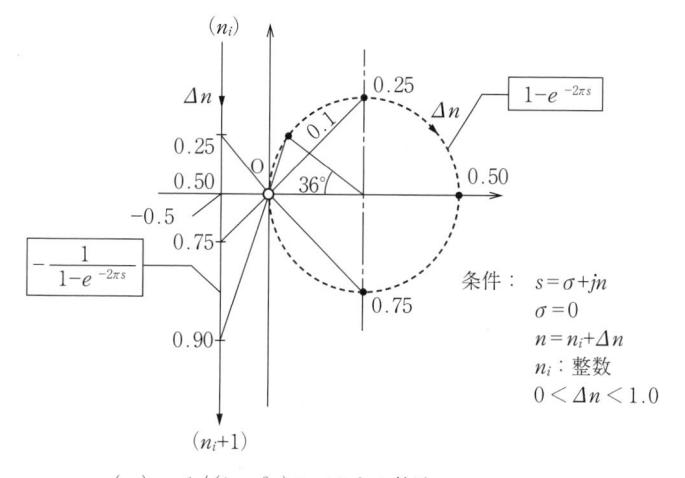

8.2 センタ支持円筒プランジ研削加工系の動力学的ブロック線図と特性方程式

（a） $e^{-2\pi s}$ のベクトル軌跡

（b） $1-e^{-2\pi s}$ のベクトル軌跡

（c） $-1/(1-e^{-2\pi s})$ のベクトル軌跡

条件： $s = \sigma + jn$
$\sigma = 0$
$n = n_i + \Delta n$
n_i：整数
$0 < \Delta n < 1.0$

図 8.6 超越関数 $-1/(1-e^{-2\pi s})$, $\sigma = 0$ のベクトル軌跡

ここで，$M/(1-M^2)$ は等 M 軌跡の半径となる。

$\sigma > 0$ のとき $M > 0$ となり，等 M 軌跡の直径 L は

$$L = \frac{2M}{1-M^2} \tag{8.16}$$

したがって，$ML^2 - 2M - L = 0$

$$\therefore\ M = \frac{1+\sqrt{1+L^2}}{L} \tag{8.17}$$

式 (8.13) より

$$\sigma = \frac{1}{2\pi} \ln M \tag{8.18}$$

$\sigma < 0$，$M < 1$ の場合は

$$M = \frac{-1+\sqrt{1+L^2}}{L} \tag{8.19}$$

これらの関係式より求めた数値計算結果を**図 8.7** に示す。等 σ 線図とこれに直交する円群

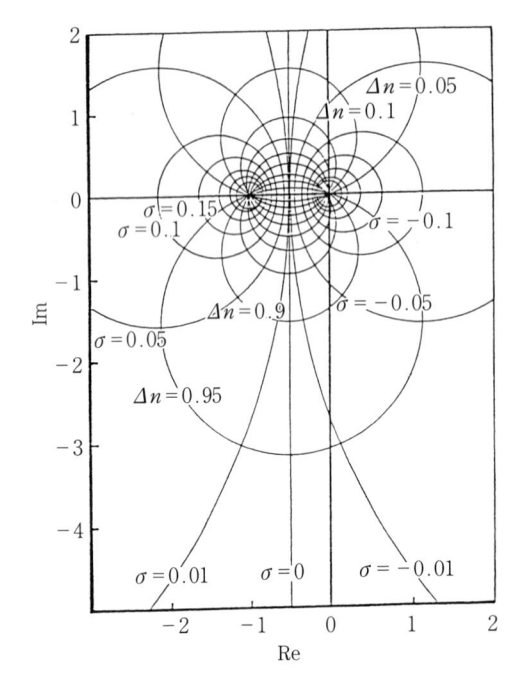

図 8.7 $-\dfrac{1}{1-e^{-2\pi s}}$, $s=\sigma+jn$ のベクトル軌跡

の等 Δn 線図である。

8.2.2 研削機械系のコンプライアンスのベクトル軌跡[8.3]

研削機械系の振動特性を1自由度2次系と近似し,無次元化コンプライアンスを考える。強制振動に対する振動変位振幅比 x_m/x_{st} は

$$\frac{x_m}{x_{st}} = \frac{1}{\sqrt{\left\{1-\left(\dfrac{\omega}{\omega_n}\right)^2\right\}^2 + \left\{2\zeta\left(\dfrac{\omega}{\omega_n}\right)\right\}^2}} \tag{8.20}$$

また位相 ϕ は

$$\tan^{-1}\phi = \frac{2\zeta\left(\dfrac{\omega}{\omega_n}\right)}{1-\left(\dfrac{\omega}{\omega_n}\right)^2} \tag{8.21}$$

式 (8.20), (8.21) 両式の関係を**図8.8** (a), (b) にそれぞれ数値計算例として示す。さらに両者を周波数特性のベクトル表示として表現すると**図8.9**となる。

上記の関係を一般化して研削機械系の無次元化コンプライアンス $G_m(s)$ として表すと

$$G_m(s) = \frac{1}{s^2 + 2\zeta s + 1} \tag{8.22}$$

または

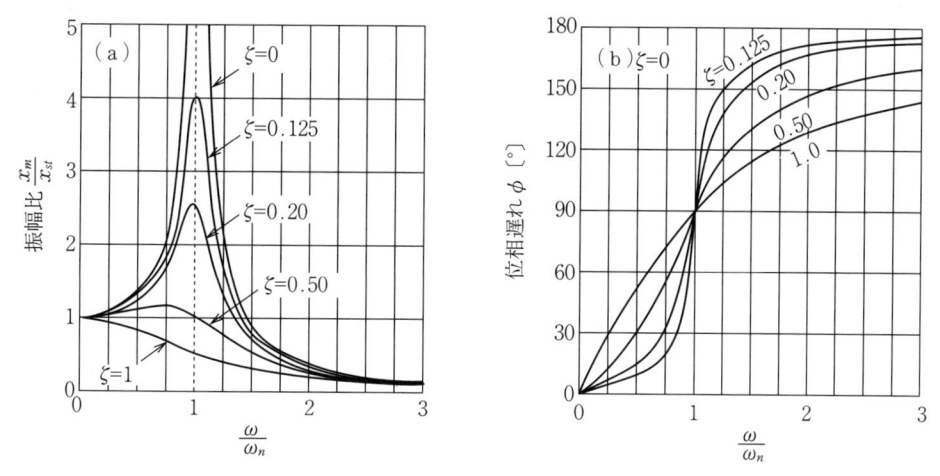

8.2 センタ支持円筒プランジ研削加工系の動力学的ブロック線図と特性方程式

図 8.8 無次元化コンプライアンスにおける強制振動に対する変位応答およびその位相の周波数応答[8.3]

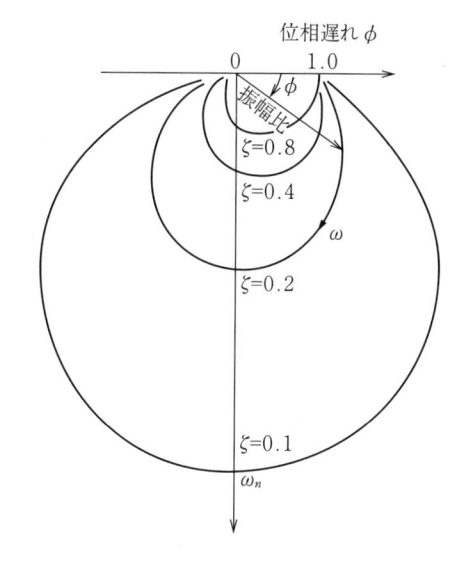

図 8.9 強制振動の周波数特性のベクトル表示[8.3]

$$G_m\left(j\frac{\omega}{\omega_n}\right) = \frac{1}{1-\left(\frac{\omega}{\omega_n}\right)^2 + j2\zeta\left(\frac{\omega}{\omega_n}\right)} \tag{8.23}$$

ここで，$\omega/\omega_n = f/f_n$，$f = nn_w$，$n_n = f_n/n_w$ の関係を含めて式 (8.23) で複素平面上で表現すると**図 8.10** (a) となる。図 (b)，(c) は振幅特性，位相特性の一般化である。

式 (8.22) において，工作物回転速度 n_w = 一定としたときの成円機構のうねり山数 n に対応する研削機械系の振動特性は，うねり山数の関数として表現され，$s = jn$ とおくことができる。

特性方程式 (8.10) においては，特性根は $s = \sigma + jn$ となるが，式 (8.22) においては $\sigma \ll n$ のため

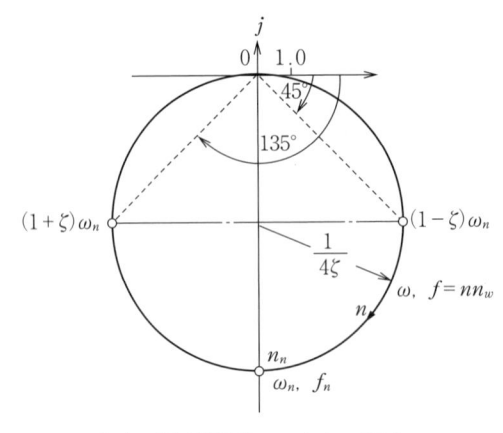

8. センタ支持円筒プランジ研削における自励びびり振動の発生機構

（a） 周波数特性のベクトル表示

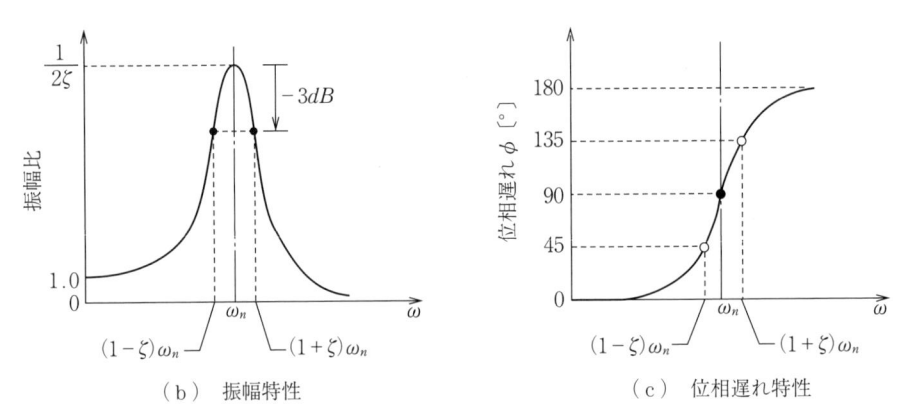

（b） 振幅特性

（c） 位相遅れ特性

図 8.10 1自由度2次系の振動特性の表示

$$G_m(\sigma + jn) \cong G_m(jn) \tag{8.24}$$

となる。例えば，$f_n = 100\,\text{Hz}$，$\sigma = 0.1$，$\zeta = 0.05$ のとき，共振点でその差は3％未満である。特性方程式 (8.10) 右辺のベクトル軌跡を**図 8.11** に示す。

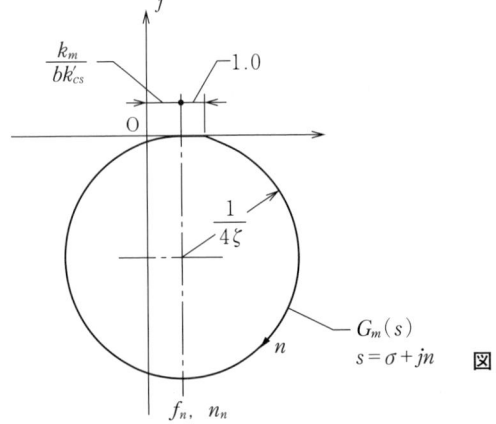

図 8.11 特性方程式 (8.10) 右辺のベクトル軌跡

8.2.3 ベクトル軌跡合致法による特性根の求め方[8.4]

図8.11に示す $G_m(\sigma+jn)$ のベクトル軌跡が，図8.7に示した等 σ 線図および等 Δn 線図の網目状曲線群と交わる状態を，**図8.12**に示す。その拡大図において，点 $G_m(\sigma+jn)$ と点 $G_m(\sigma+j(n+1))$ が，$\sigma=\sigma_1$, $\sigma=\sigma_2$, および等 Δn 線図の $\Delta n=\Delta n_1$, $\Delta n=\Delta n_2$ の曲線とそれぞれ交わる様子を示す。

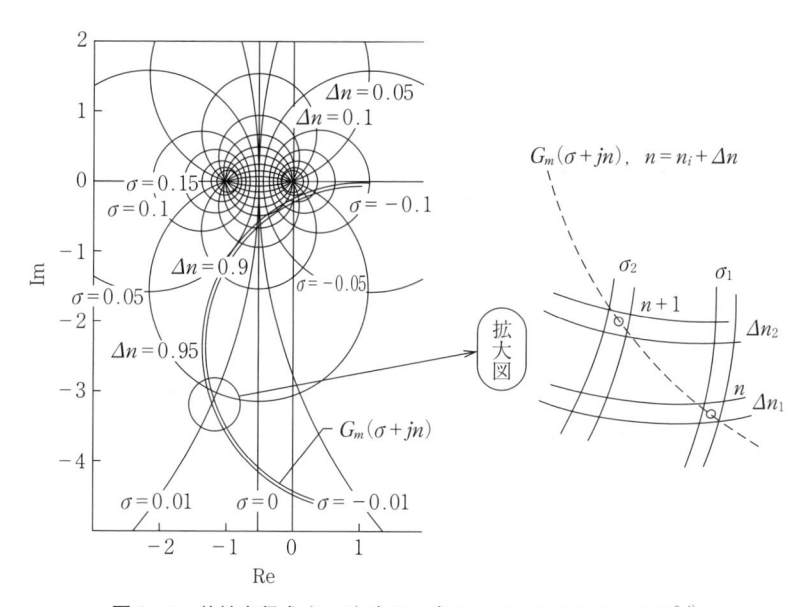

図8.12 特性方程式 (8.10) 右辺，左辺のベクトル軌跡の合致[8.4]

このようにして，特性方程式 (8.10) の左辺および右辺のベクトル軌跡の合致点から左右両辺に共通する $s=\sigma+jn$ を求める解法を，特性方程式のベクトル軌跡合致法による解法と名づける。

図8.13に，式 (8.10) に示した特性方程式の右辺のベクトル軌跡上の不安定振動根のうねり山数 n_c に対応する $n_c n_w$ の位置を決め，この点を通る等 σ 軌跡の図式解法を示す。点 $(-k_m/2bk_w'+j0)$ と $G_m(jn)$ 軌跡上の点 $n_c n_w$ とを結び，両者を2等分し，直交する直線 l と実軸の交叉点が等 σ 軌跡の中心となる。このようにして，点 $G_m(jn_c)$ を通る等 σ_c 軌跡の直径 L が求まる。そこで，先に求めた関係式 (8.13), (8.17) および式 (8.18) から σ_c が求まる。

図8.14は，8.1節で求めた幾何学的再生限界振幅 a_B の存在を含めた不安定振動根の分布曲線を，数値解析した結果である。$a_B=0$ の場合，すなわち再生限界がないとした場合の最大振幅発達率 $\sigma_{\max}=0.12$ の根を含む，$\sigma>0$ の多数の根が $a_B=0$ 曲線上に分布することを示す。これらの根はすべて $\sigma>0$ のため，工作物の回転とともに振幅が増加し，再生効果が失われて $\sigma=0$ となる。そこで振幅が $a_B=1\,\mu\mathrm{m}$ に達したときの不安定振動根の分布は $a_B=$

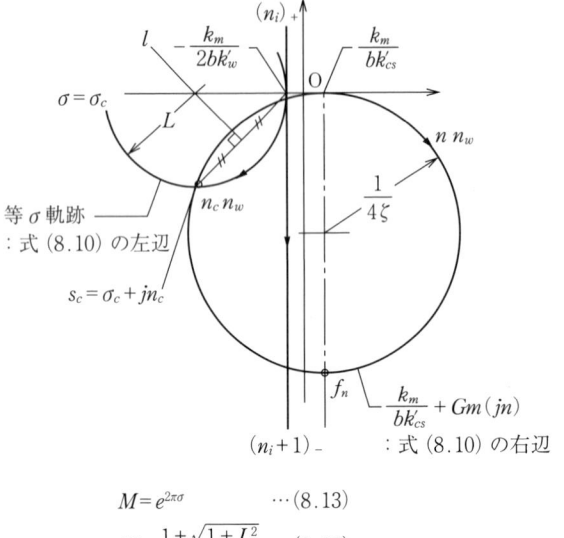

8. センタ支持円筒プランジ研削における自励びびり振動の発生機構

$$M = e^{2\pi\sigma} \quad \cdots (8.13)$$
$$M = \frac{1+\sqrt{1+L^2}}{L} \quad \cdots (8.17)$$
$$\sigma_c = \frac{1}{2\pi}\ln M \quad \cdots (8.18)$$

図 8.13 特性根 $s_c = \sigma_c + jn_c$ の図式解法—その 2

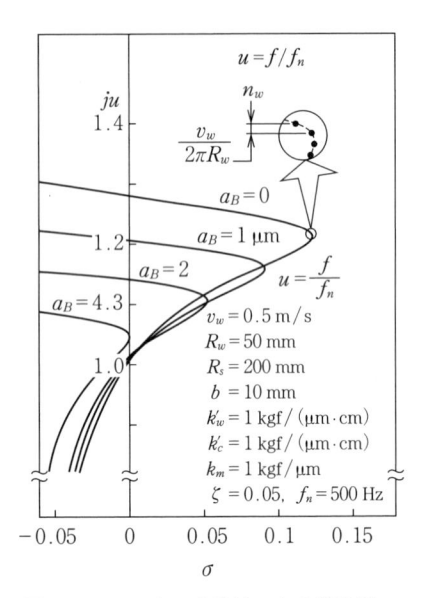

図 8.14 ベクトル合致法による特性根の数値解析例

$1\,\mu\text{m}$ 曲線上に移る。このとき $\sigma_{max} = 0.09$ に減少し,かつ振動根の数も減少する。同様に $a_B = 2\,\mu\text{m}$ に達したときの特性根の分布を $a_B = 2\,\mu\text{m}$ 曲線に示す。このとき,$\sigma_{max} = 0.05$ となり,a_B の増加とともに低下する傾向を示す。さらに,$a_B = 4.3\,\mu\text{m}$ では不安定は消失する。また,$f_n < f < 1.04 f_n$ ($u = 1.04$) の間では $\sigma < 0$ の値を示す。

図 8.14 に示した数値計算結果を,研削機械系のコンプライアンス $G_m(\sigma + jn)$ 軌跡上の特性根の分布領域の形で表現すると,**図 8.15** となる。

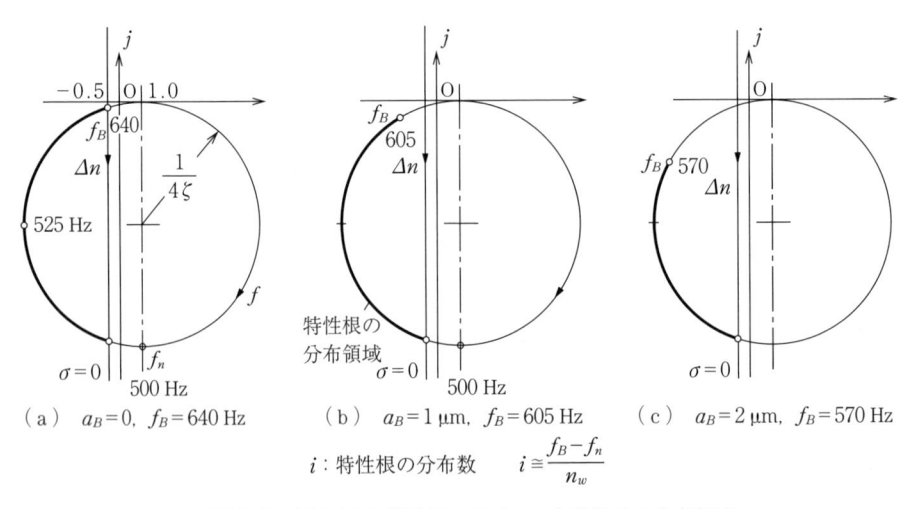

(a) $a_B = 0$, $f_B = 640\,\text{Hz}$
(b) $a_B = 1\,\mu\text{m}$, $f_B = 605\,\text{Hz}$
(c) $a_B = 2\,\mu\text{m}$, $f_B = 570\,\text{Hz}$

i:特性根の分布数 $\quad i \cong \dfrac{f_B - f_n}{n_w}$

図 8.15 図 8.14 の特性根の $G_m(\sigma + jn)$ 軌跡上の分布領域

図 8.15（a）$a_B=0$ の場合は，$\sigma=0$ の再生関数の軌跡と $G_m(\sigma+jn)$ の軌跡の交点は 640 Hz で，640 Hz $\geqq f > 500$ Hz の間に i 個の不安定振動根が分布する．

$$i \cong \frac{640-500}{n_w} \tag{8.25}$$

図（b）$a_B=1\,\mu\text{m}$ の場合は，$f_B=605$ Hz となり，605 Hz $\geqq f > 500$ Hz 間に不安定振動根が分布する．同様な分布を $a_B=2\,\mu\text{m}$ について図（c）に示す．

8.3 センタ支持円筒研削加工系の安定判別式と自励びびり振動対策

式 (8.10) の両辺のベクトル軌跡に基づく不安定振動根の分布を示す図 8.16 から，センタ支持円筒プランジ研削系の安定判別式としてつぎの関係を得る．

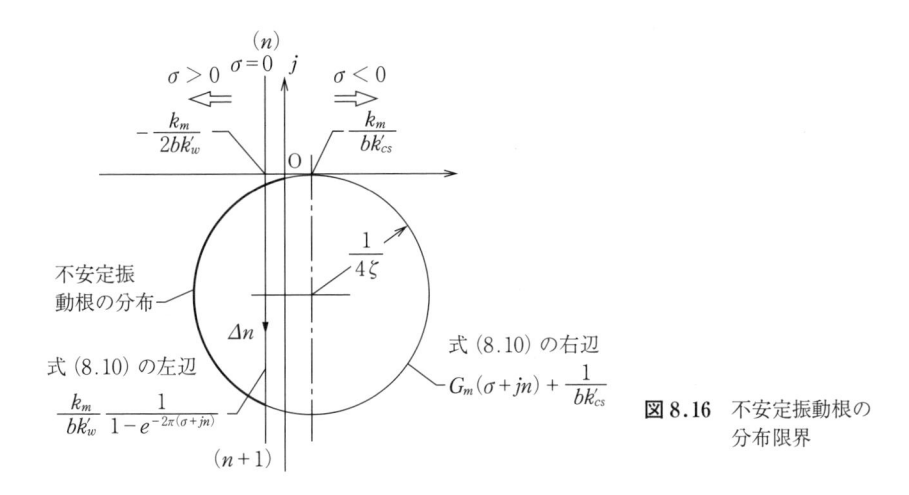

図 8.16 不安定振動根の分布限界

$$\frac{k_m}{2bk'_w} + \frac{k_m}{bk'_{cs}} \geqq \frac{1}{4\zeta} \tag{8.26}$$

図 8.16 に示す条件について，上式の左右両辺の数値計算例を以下に示す．

条件：研削幅：$b=1$ cm 　　砥石の接触剛性：$k'_{cs}=1$ kgf/(μm·cm)
　　　研削剛性：$k'_w=1$ kgf/(μm·cm) 　　研削系のループ剛性：$k_m=1$ kgf/μm
　　　$\zeta=0.05$

とすると，式 (8.26) の両辺はそれぞれ

$$\text{左辺} = \frac{k_m}{2bk'_w} + \frac{k_m}{bk'_{cs}} = 1.5, \quad \text{右辺} = \frac{1}{43} = 5.0$$

総形研削加工のようにより広い研削幅のプランジ研削が求められる場合，左辺の値は研削幅に逆比例して小さくなり，式 (8.26) の安定条件を満たすことはいっそう困難となる．

8.4 再生限界を含む特性根の分布領域の近似計算と自励びびり振動対策

式 (8.26) の左辺は,一般に研削幅が特に小さい場合を除き

$$\frac{k_m}{2bk'_w} + \frac{k_m}{bk'_{cs}} \ll \frac{1}{4\zeta} \tag{8.27}$$

の場合が多い。

したがって,上式の左辺≈0と仮定すると,研削機械系コンプライアンス $G_m(s)$ 軌跡上の不安定振動根の分布領域を,再生限界パラメータの表示とともに表示することができる。このような表示法を図 8.17 に示す。

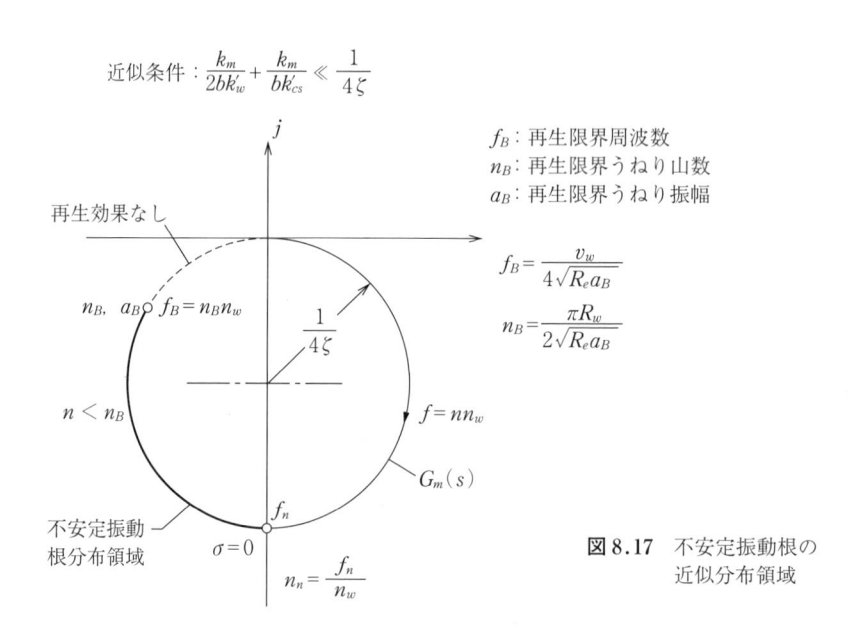

近似条件: $\frac{k_m}{2bk'_w} + \frac{k_m}{bk'_{cs}} \ll \frac{1}{4\zeta}$

f_B:再生限界周波数
n_B:再生限界うねり山数
a_B:再生限界うねり振幅

$$f_B = \frac{v_w}{4\sqrt{R_e a_B}}$$

$$n_B = \frac{\pi R_w}{2\sqrt{R_e a_B}}$$

図 8.17 不安定振動根の近似分布領域

ここで,工作物回転速度 n_w を一定とし,再生限界周波数 f_B をより低く設定すると限界うねり山数 n_B はこれとともにより少なく,したがって再生限界うねり振幅 a_B は増加する。他方,選択された限界うねり山数 n_B および限界うねり振幅 a_B 一定の下で工作物回転速度 n_w を減少させていくと,再生限界周波数 f_B はこれに伴って減少し,再生効果のない領域が拡大し,不安定振動根の振幅発達率も相対的に低下する。

つぎに具体的に,(1) 工作物回転速度が高く $f_B = n_B n_w > f_n$ の場合,(2) $f_B = f_n$,すなわち $n_w = f_n/n_B$ の場合,について,自励びびり振動のうねり山数 n_c と振幅 a_c の累積回転数 N による変化過程を,それぞれ図 8.17 および図 8.18 に示す。

8.4 再生限界を含む特性根の分布領域の近似計算と自励びびり振動対策

(1) $f_B > f_n$, または $n_w > f_n/n_n$ の場合（**図 8.18**）

自励びびり振動振幅の成長とともに，自励びびり振動の山数 n_c が減少し，また振幅 a_c は増加する。n_c が n_n まで減少すると $\sigma = 0$ となるため収束し，初期条件の組合せは (n_n, a_{max}) に収束する。

ここで

$$n_n = \frac{\pi R_w}{2\sqrt{R_e a_{max}}} \tag{8.28}$$

初期条件 $\xrightarrow{N}$ (n_c, a_c) $\xrightarrow{N}$ 定常値
(n_B, a_B) $\qquad\qquad\qquad\qquad$ (n_n, a_{max})

$n_n = \dfrac{f_n}{n_w}$

$n_n = \dfrac{\pi R_w}{2\sqrt{R_e a_{max}}}$

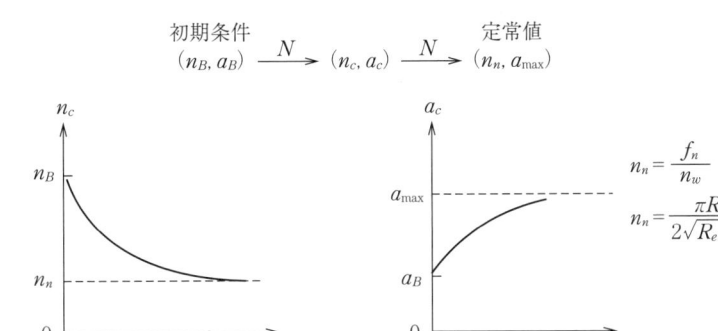

（a）うねり山数の変化（n_c）　　（b）うねり振幅の変化（a_c）

図 8.18 $f_B > f_n$ または $n_B > n_n$ とした場合のうねり山数 n_c，うねり振動 a_c の変化過程と定常値

(2) $f_B = f_n$ または $n_w = f_n/n_B$ の場合（**図 8.19**）

図 8.17 に示すように，$f_B = f_n$ とすると不安定振動根の分布領域はなくなり，$\sigma = 0$ となる。したがって，式 (8.4) により設定した初期条件 (n_B, a_B) の組合せはそのまま定常値 (n_n, a_B) となる。すなわち

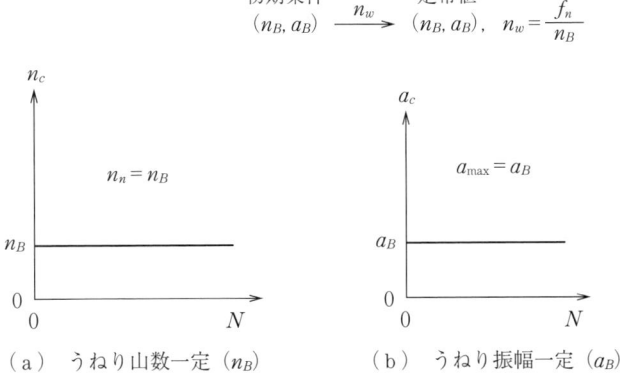

初期条件 $\xrightarrow{n_w}$ 定常値
(n_B, a_B) $\qquad\qquad$ (n_B, a_B), $n_w = \dfrac{f_n}{n_B}$

$n_n = n_B$ $\qquad\qquad\qquad\qquad$ $a_{max} = a_B$

（a）うねり山数一定（n_B）　　（b）うねり振幅一定（a_B）

図 8.19 $f_B = f_n$, $n_w = f_n/n_B$ とした場合のうねり山数 n_c，うねり振幅 a_c

$n_B = n_n, \quad a_B = a_{max}$

上記の関係から工作物再生形自励びびり振動対策のガイドラインとして，つぎの三つのステップを得る。

ステップ1 $n_B = \dfrac{\pi R_w}{2\sqrt{R_e a_B}}$ より (n_B, a_B) の組合せを求める（図8.20参照）。

ステップ2 安全対策および加工精度対策の立場から容認できる限界うねり振幅 a_B を決める。ステップ1より n_B を求める。

ステップ3 $n_w = f_n / n_B$ より工作物回転速度を決める。

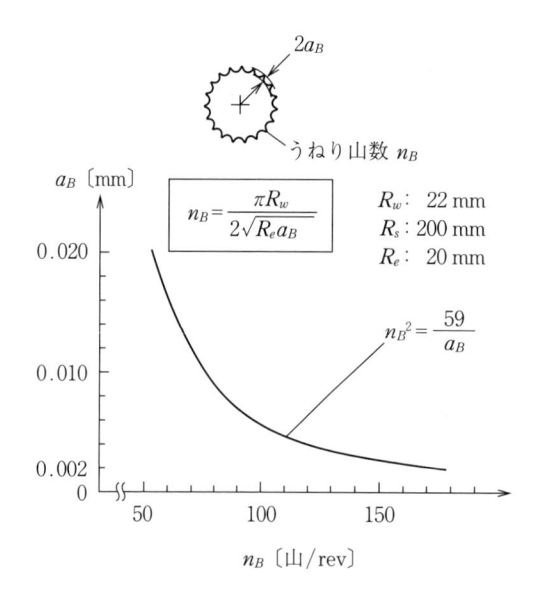

図8.20 限界うねり山数 n_B と限界振幅 a_B の組合せ—数値計算例

9

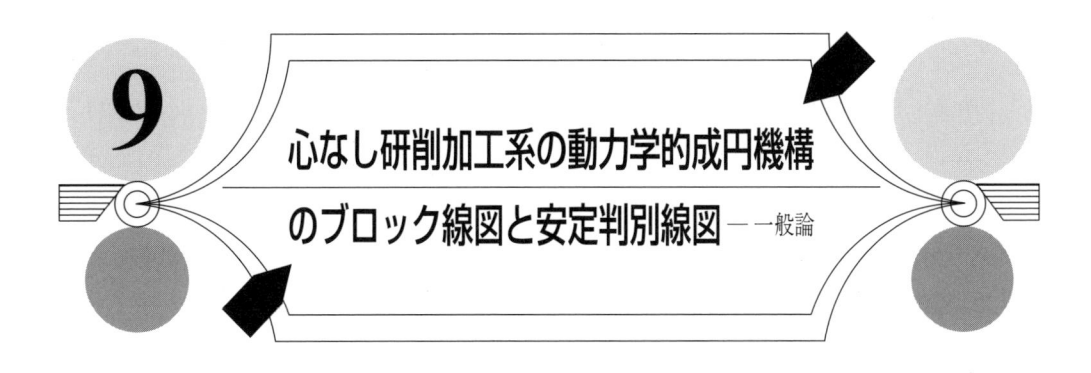

心なし研削加工系の動力学的成円機構のブロック線図と安定判別線図――一般論

9.1 心なし研削加工系の動力学的成円機構のブロック線図と特性方程式[9.1)〜9.3)]

研削加工系の自励びびり振動の発生原因である再生効果と，その限界を示す砥石の弾性変形による工作物との接触弧の影響，パラメータ Z_{cs}, Z_{cr} を含む心なし研削加工系の動力学的成円機構のブロック線図を，図9.1に示す。

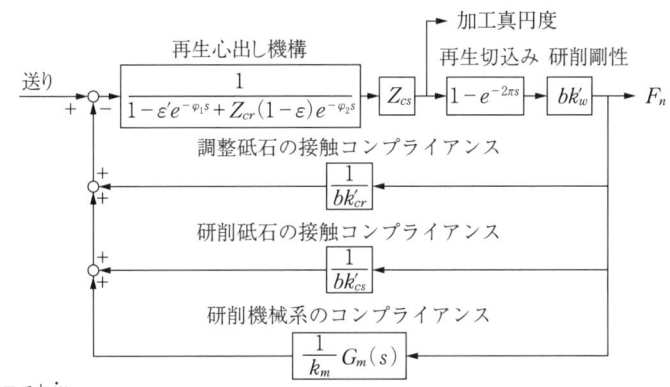

$s = \sigma + jn$
 b：研削幅
 k'_w：単位幅当り研削剛性
 k'_{cr}：調整砥石の単位幅当り接触剛性
 k'_{cs}：研削砥石の単位幅当り接触剛性
 k_{ms}：研削砥石系支持剛性
 k_{mr}：調整砥石系支持剛性
 $G_m(s)$：研削点における無次元化ループコンプライアンス

$$\frac{1}{k_m} = \frac{1}{k_{ms}} + \frac{1}{k_{mr}}, \quad n \geq \frac{R_w \pi}{l_{cr}} \text{ のとき } Z_{cr}=0, \quad n \geq \frac{R_w \pi}{l_{cs}} \text{ のとき } Z_{cs}=0$$

図9.1 心なし研削加工系の動力学的成円機構のブロック線図

ここで

$$Z_{cs} = \frac{1}{2}\left(1 + \cos\frac{2l_{cs}\pi}{\lambda}\right) \quad (2l_{cs}：研削砥石の接触弧長さ, \lambda：うねり山の波長) \quad (8.5)$$

$$Z_{cr} = \frac{1}{2}\left(1 + \cos\frac{2l_{cr}\pi}{\lambda}\right) \quad (2l_{cr}：調整砥石の接触弧長さ, \lambda：うねり山の波長) \quad (6.17)$$

上式から

$$n \geqq \frac{\pi R}{l_{cs}} \text{ のとき } Z_{cs} = 0 \tag{9.1}$$

$$n > \frac{\pi R_w}{l_{cr}} \text{ のとき } Z_{cr} = 0 \tag{9.2}$$

研削系の自励びびり振動によるうねり山数 n が上式に比べ十分小さいものと仮定すると，図 9.1 は**図 9.2** のように簡略化できる。

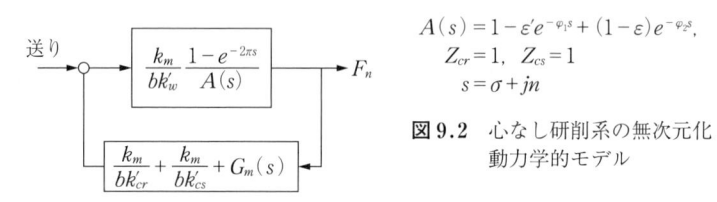

$$A(s) = 1 - \varepsilon' e^{-\varphi_1 s} + (1-\varepsilon) e^{-\varphi_2 s},$$
$$Z_{cr} = 1, \quad Z_{cs} = 1$$
$$s = \sigma + jn$$

図 9.2 心なし研削系の無次元化動力学的モデル

図 9.2 に示す一巡伝達関数から研削系の特性方程式は

$$1 - \frac{k_m}{bk'_w} \frac{1 - e^{-2\pi s}}{A(s)} \left(\frac{k_m}{bk'_{cr}} + \frac{k_m}{bk'_{cs}} + G_m(s) \right) = 0 \tag{9.3}$$

指数関数の項を分離して表示すると

$$-\frac{k_m}{bk'_w} \frac{A(s)}{1 - e^{-2\pi s}} = \frac{k_m}{bk'_{cr}} + \frac{k_m}{bk'_{cs}} + G_m(s) \tag{9.4}$$

または

$$-\frac{A(s)}{1 - e^{-2\pi s}} = \frac{k'_w}{k'_{cr}} + \frac{k'_w}{k'_{cs}} + \frac{bk'_w}{k_m} G_m(s) \tag{9.5}$$

特性根の解 $s = \sigma + jn$ は上式から求められる。

いま，簡単のために

$$A(s) = 1 + e^{-\varphi_2 s}, \quad \varepsilon' = 0, \quad \varepsilon = 0$$

とおくと

$$-\frac{k_m}{bk'_w} \frac{1 + e^{-\varphi_2 s}}{1 - e^{-2\pi s}} = \frac{k_m}{bk'_{cr}} + \frac{k_m}{bk'_{cs}} + G_m(s) \tag{9.4}'$$

または

$$-\frac{1 + e^{-\varphi_2 s}}{1 - e^{-2\pi s}} = \frac{k'_w}{k'_{cr}} + \frac{k'_w}{k'_{cs}} + \frac{bk'_w}{k_m} G_m(s) \tag{9.5}'$$

ここで

$$-f(s) = -\frac{1 + e^{-\varphi_2 s}}{1 - e^{-2\pi s}} \tag{9.6}$$

$$g(s) = \frac{k'_w}{k'_{cr}} + \frac{k'_w}{k'_{cs}} + \frac{bk'_w}{k_m} G_m(s) \tag{9.7}$$

と定義し，それぞれ再生関数および無次元化コンプライアンスと呼ぶ。

9.2 再生関数 $-f(s)$ の近似ベクトル軌跡[9.3],[9.4]

〔1〕 **$\sigma=0$ の場合の再生関数 $-f(jn)$ のベクトル軌跡** 式 (9.6) が示すように

$$-f(jn) = -\frac{1}{1-e^{-j2\pi n}} \times A(jn)$$

図 8.6 でセンタ支持研削系の再生関数 $-1/(1-e^{-j2\pi n})$，$n=j(n_i+\Delta n)$ のベクトル軌跡が点 $(-0.5+j0)$ を通り，j 軸に平行な直線となることを示した。**図 9.3** において点線で示したものがそれである。上式は，このベクトル軌跡に再生心出し関数 $A(jn)$ を乗じて得られるものが再生関数 $f(jn)$ のベクトル軌跡となることを示している。図 9.3 はこれらの関係を

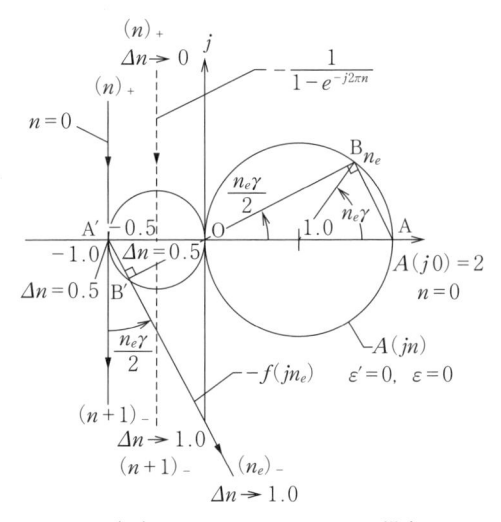

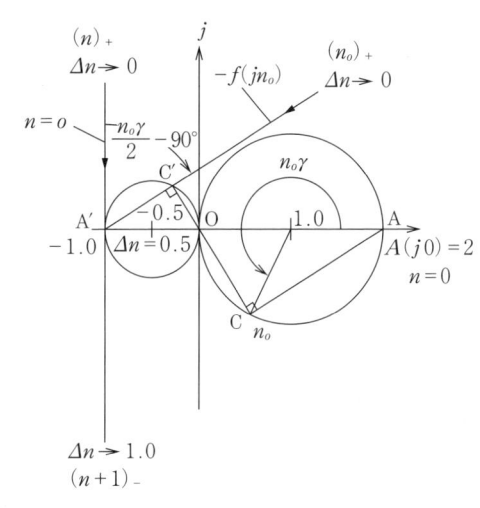

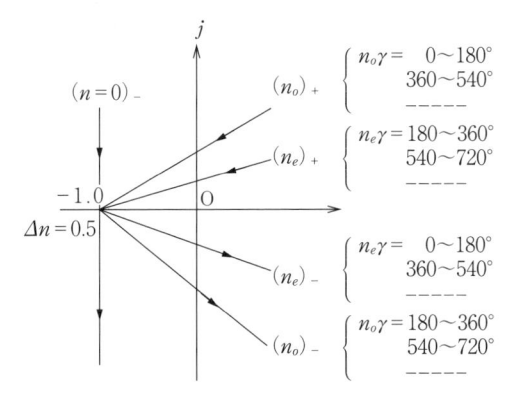

(a) $n=n_e$，$n_e\gamma = 0\sim180°$ の場合

(b) $n=n_o$，$n_o\gamma = 180\sim360°$ の場合

(c) (a),(b) の一般化 ― $-f(jn_e)$ および $-f(jn_o)$ の一般表示

図 9.3 $\sigma=0$ の場合の再生関数 $-f(jn)$ のベクトル軌跡 ($\varepsilon'=0$, $\varepsilon=0$)

説明する。

$A(jn) = 1 + e^{-j\varphi_2 n}$ に着目し，$n=0$ のとき $A(j0)=2$，これを $-1/(1-e^{-j2\pi n})$ に乗ずると図 (a) に示すように点 A′$(-1.0+j0)$ を通り，j 軸に平行な直線に移行する。つぎに，単位円上にある点 B，すなわち $A(jn_e)$ を $A(j0)$ を乗じてできた新しい軌跡に乗ずると，点 B の位相角 $\angle\mathrm{AOB}=n_e\gamma/2$ だけ点 A′$(-1.0+j0)$ を中心に反時計方向に回転し，半径 0.5 の円上の点 B′ と交わる。このようにして偶数山うねりに対する $-f(jn_e)$，$\Delta n>0.5$，$\Delta n\to 1.0$ のベクトル軌跡が求められる。

奇数山うねり $n=n_o$ に対しても $\Delta n\to 0$ から $\Delta n=0.5$ の範囲のベクトル軌跡 $f(jn_o)$ が求められる関係を図 (b) に示す。図 (a)，(b) の具体例を **図 9.4** に示す。さらに，$\Delta n\to 0$ から $\Delta n=0.5$ までの軌跡と，$\Delta n=0.5$ から $\Delta n\to 1.0$ に至る軌跡の一般化表示の関係を図 9.3 (c) に示す。

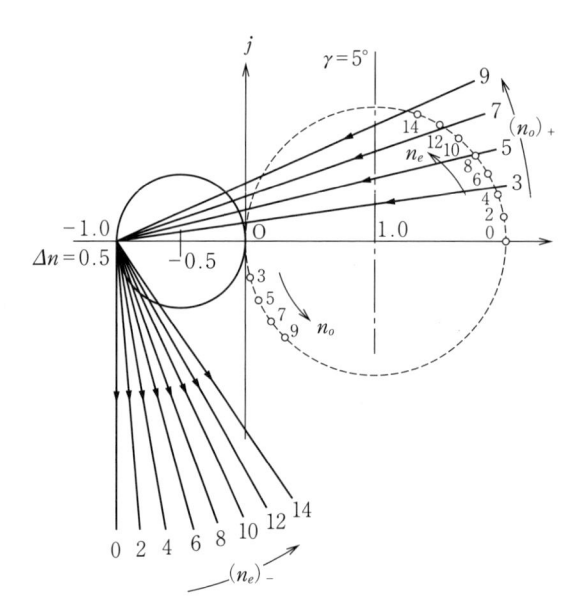

図 9.4 $-f(jn)$ の近似ベクトル軌跡の具体例

〔2〕等 σ 線図，等 Δn 線図の近似ベクトル軌跡　　センタ支持系の再生関数 $-1/\{1-e^{-2\pi(\sigma+jn)}\}$ の等 σ 線図の一つは，**図 9.5** (a) に示すように $\sigma=0$ のベクトルと $-0.5+j0$ の点で接する直径 L の円形となる。また，$A(\sigma+jn)$ と $A(jn)$ のベクトル軌跡を比べると，両者の半径の差は $\sigma>0$ のとき $1-e^{-\sigma}\cong\sigma$ となり，その差は無視できる。

いま，$L\gg 0.5$，$0<\sigma\ll 1$ と仮定すると図 (a) に示したセンタ支持系の再生関数と $A(jn)$ の配置は，図 (b) に示すように両者は近似的に原点で接する直径 L の円と単位円の関係に単純化できる。ここでは，j 軸が $\sigma=0$ の再生関数のベクトル軌跡となる。

このように簡略化された両者の関係を前提として $-1/\{1-e^{-2\pi(\sigma+jn)}\}$ と $A(jn)$ の積から求められる心なし研削系の再生関数 $-f(\sigma+jn)$ の近似ベクトル軌跡を求める。

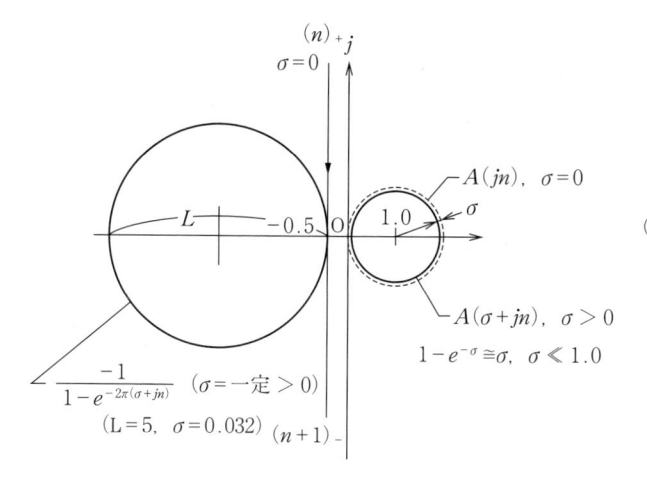

9.2 再生関数 $-f(s)$ の近似ベクトル軌跡　　113

(a) $\sigma > 0$ の場合の $-1/\{1-e^{-2\pi(\sigma+jn)}\}$ と $A(\sigma+jn)$ のベクトル軌跡

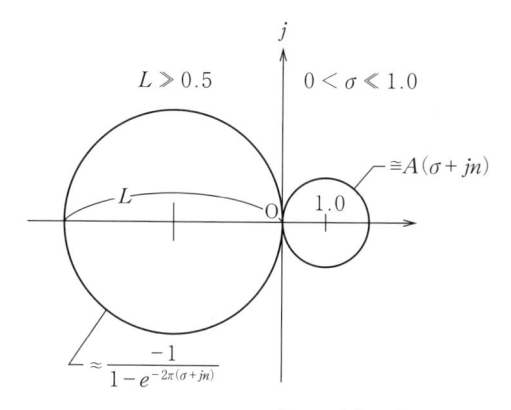

(b) $0 < \sigma \leqq 1$ の場合の (a) の軌跡の近似

図 9.5　$-1/\{1-e^{-2\pi(\sigma+jn)}\}$ と $A(\sigma+jn)$ のベクトル軌跡の近似化

この関係を**図 9.6** に示す。$A(jn)$ 軌跡上の点 $B(n=n_i)$ に対応する直径 L の円形ベクトル軌跡上の $n=n_i$, $\Delta n=0$ の点は $-L+j0$ となる。これに対して $A(jn)$ をベクトル的に乗ずると，$\sigma=0$ の j 軸は点線で示すように時計方向に $n_i\gamma/2$ だけ回転し，点 B に対応する点 B′ は単位円対直径 L の円の比率で拡大される。すなわち，$\overline{\mathrm{OB}} \times L = \overline{\mathrm{OB}'}$ となる。

この関係から，点 B′ は直径 $2L$ の円上にあり，この関係を図に示す。

したがって，$-f(\sigma+jn)$ のベクトル軌跡は，j 軸から $n_i\gamma/2$ だけ時計方向に傾いた $\sigma=0$ のベクトル軌跡に原点で接し，かつ半径 R が

$$R = L\cos\frac{n_i\gamma}{2} \tag{9.8}$$

の円の軌跡となる。図上の点線の円で示す。

図 9.7 は，図 9.3 で求めた $\sigma=0$ の場合の $-f(jn)$ の軌跡に接する形で本来あるべき等 σ 線図および等 Δn 線図の関係を示す。

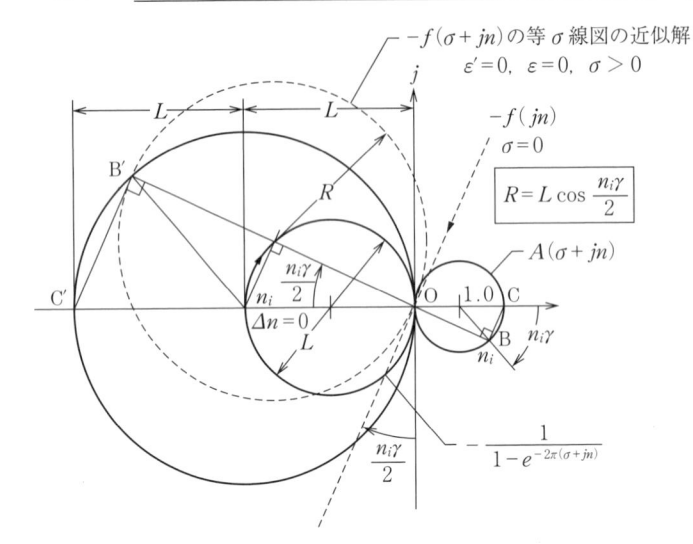

図9.6 再生関数の等σ線図の近似ベクトル軌跡の求め方

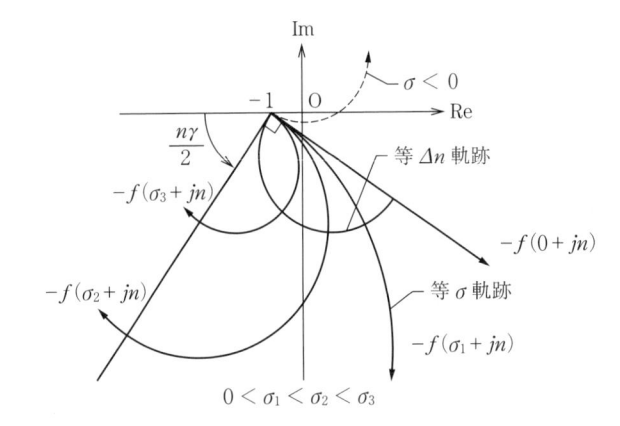

図9.7 再生関数 $-f(\sigma+jn)$ の等σ線図，等Δn線図の近似ベクトル軌跡

9.3 特性根の求め方 — 安定判別線図の導入[9.3),9.4)]

特性根 $s = \sigma + jn$ の求め方の表示方法に，(1) ベクトル合致法，(2) 位相合致法，の二つがある．

〔1〕 **ベクトル合致法**　図9.8に，再生関数 $-f(\sigma+jn)$ の等σ線図の定量的近似ベクトル軌跡を示す．ここで，式 (9.8) の近似解から

$$L = \frac{R}{\cos\dfrac{n_i\gamma}{2}} \tag{9.8}'$$

8章で求めたセンタ支持研削系の関係式

$$M = e^{2\pi\sigma} \tag{8.13}$$

9.3 特性根の求め方 — 安定判別線図の導入

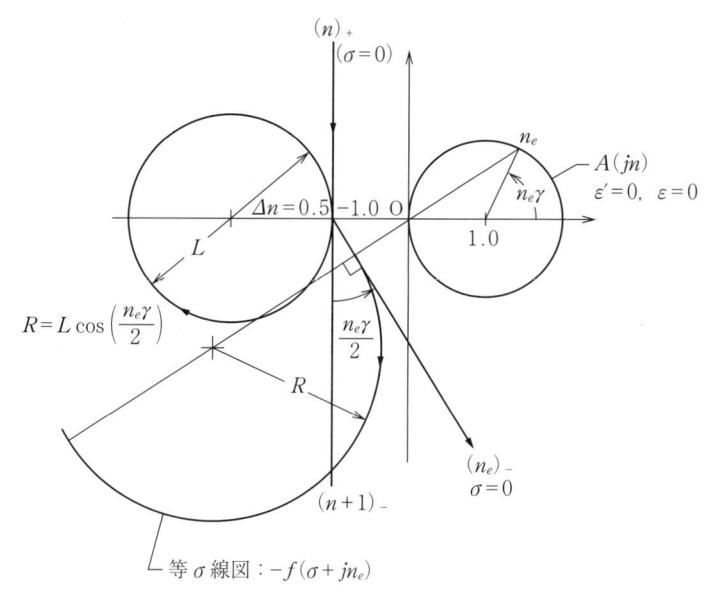

図 9.8 再生関数 $-f(\sigma+jn)$ の等 σ 線図の近似ベクトル軌跡

$$M = \frac{1+\sqrt{1+L^2}}{L} \tag{8.17}$$

$$\sigma = \frac{1}{2\pi}\ln M \tag{8.18}$$

に式 (9.8)′ を代入し，図に示す $-f(\sigma+jn)$ の等 σ 線図の σ の値が得られる．

$$\sigma = \frac{1}{2\pi}\ln\left\{\frac{\cos\dfrac{n\gamma}{2}}{R} + \sqrt{1+\left(\frac{\cos\dfrac{n\gamma}{2}}{R}\right)^2}\right\} \tag{9.9}$$

上式は図 9.5 に示した近似を前提とした近似解であるため，$-f(\sigma+jn)$ のベクトル軌跡に関する幾何学的関係からつぎにその補正方法を示す．

図 9.9 はその補正の幾何学を示す．

図の $\overrightarrow{\mathrm{OB'}}$ を直径とする点線の円は式 (9.8) による等 σ 線図の近似円軌跡を示す．ここでは $-f(jn)$ の軌跡は原点 O から始まるが，本来の点 $\mathrm{O'}(-1.0+j0)$ からの $\overrightarrow{\mathrm{O'B}}$ は原点 O からのベクトル $\overrightarrow{\mathrm{OB}}$ を基準として求めなければならない．

$\Delta \mathrm{OBO'}$ の関係から

$$D = \left|\overrightarrow{\mathrm{OB'}} + \vec{1}\right| = \left|-\frac{1+e^{-\varphi_2(\sigma+jn)}}{1-e^{-2\pi(\sigma+jn)}} + 1\right|$$

$$\therefore \quad D \cong \frac{1}{e^{2\pi\sigma}+1}\sqrt{1+e^{2(\pi+\gamma)\sigma}+(-1)^{n_i}2e^{(\pi+\gamma)\sigma}\cos n\gamma} \tag{9.10}$$

$\sigma \ll 1$ とすると，上式から

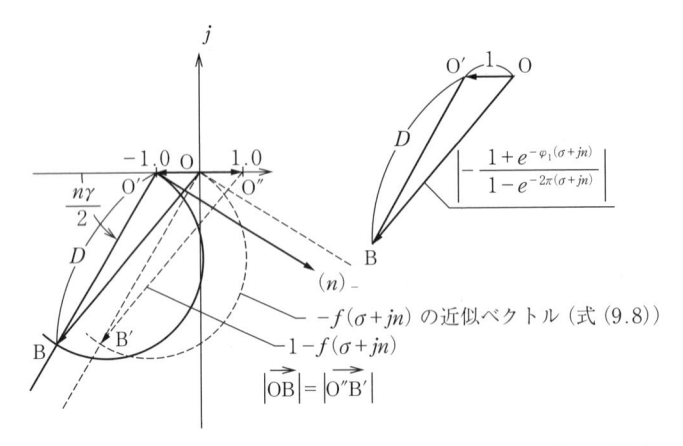

図9.9 再生関数 $-f(\sigma+jn)$ の等 σ 線図の近似ベクトル軌跡の補正

$$\sigma \cong \frac{1+(-1)^{n_i}\cos n\gamma}{4\pi D^2} = \sqrt{1+\frac{8D^2}{1+(-1)^{n_i}\cos n\gamma}} \qquad (9.11)$$

上式によって σ を求めるには計算機が必要となり複雑である。

等 σ 線図 $-f(\sigma+jn)$ と研削系の無次元化コンプライアンス $g(jn)$ との幾何学的配置から σ の計算式の簡略化が期待できる。

この関係を図9.10に示す。

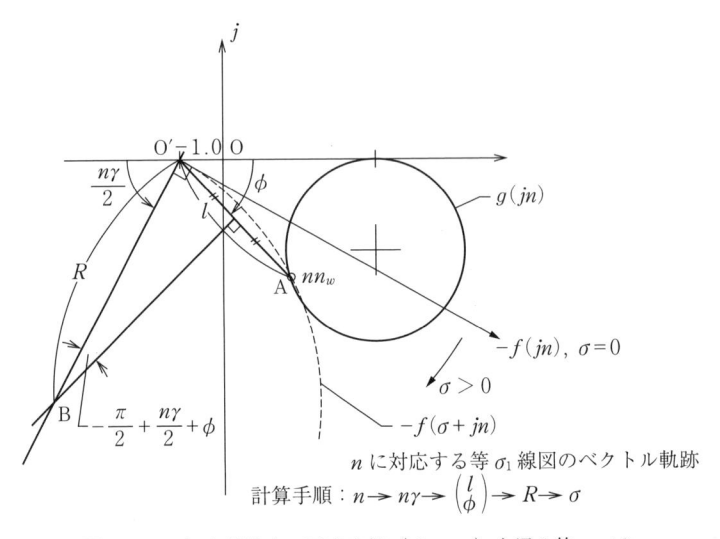

図9.10 $g(jn)$ 軌跡上の不安定根 ($f=nn_w$) を通る等 σ ベクトル軌跡の σ 値の求め方

点 $O'(=-1.0+j0)$ を通る $\sigma=0$ の再生関数 $-f(jn)$ と無次元化コンプライアンス $g(jn)$ の交叉点を境として，図に示すとおり $\sigma<0$ と $\sigma>0$ の二つの領域に分割される。不安定振動の発生の対象となる $g(jn)$ 軌跡上の点 $A(f=nn_w)$ を通る等 σ 線図から不安定振動根の

解 $s=\sigma+jn$ を求める。

この等 σ 線図を作図するため $\overline{\text{O'A}}$ を垂直に2等分する直線と，点 O' を通り $\sigma=0$ の再生関数 $-f(jn)$ に直交する直線 $\overline{\text{O'B}}$ との交点 B を求めると，$\overline{\text{O'B}}$ を半径とする円が点 O' と点 A を通る等 σ 線図のベクトル軌跡となる。

ここで，$\overline{\text{O'A}}$ と実軸のなす角を ϕ とおくと図から

$$\frac{\frac{l}{2}}{R} = \sin\left(-\frac{\pi}{2} + \frac{n\gamma}{2} + \phi\right) \tag{9.12}$$

他方，先に求めた式 (9.9) において

$$\left(-\frac{\cos\frac{n\gamma}{2}}{R}\right)^2 \ll 1.0$$

であるから，式 (9.9) は実用上次式のように簡略化できる。

$$\sigma = \frac{1}{2\pi} \ln\left(\frac{\cos\frac{n\gamma}{2}}{R} + 1\right) \tag{9.13}$$

上式に式 (9.12) を代入すると

$$\sigma = \frac{1}{2\pi} \ln\left\{\frac{2}{l}\cos\frac{n\gamma}{2}\sin\left(-\frac{\pi}{2} + \frac{n\gamma}{2} + \phi\right) + 1\right\} \tag{9.14}$$

を得る。

式 (9.10), (9.11) 両式による σ の算出に比べ，上式は手計算が容易である。後述の実験機械を対象とする解析例の比較によると，両者の差は

　　$\sigma=0.01$ のときは 0.002，　$\sigma=0.002$ のときは 0.0001

となり，精度上式 (9.14) が適用できる。

〔2〕 **位相合致法と安定判別線図の導入**　式 (9.5) の特性方程式から，両辺に j を乗じ
$$-f(s)j = g(s)j \tag{9.15}$$

複素平面上に，上式の両辺と $A(s)$ のベクトル軌跡を同時に表示すると，**図 9.11** となる。点 $(0-j1.0)$ より $-f(jn)$, $\sigma=0$ の軌跡を描くと $g(jn)j$ の軌跡を二つの領域に分割し，$\sigma>0$ の領域が nn_w の関数として示される。不安定領域にある特性根 $f=nn_w$ の点に着目し，$n=$ 一定の下で n_w を高速側に，また低速側に変えていくと $-f(jn)j$ の境界を越えて $g(jn)j$ 軌跡の高周波側，あるいは低周波側に移動し，$\sigma \leq 0$ の安定な振動根となる。

このことに着目し，工作物の回転速度 n_w の値に位相合致法による安定判別の基準を求めることとする。

その過程を**図 9.12** (a), (b), (c) および (d) に示す。

図 (a) で，ある $n\gamma$ 値に対する $-f(jn)j$, $\sigma=0$ の直線が，$g(jn)j$ の軌跡と低周波数側で

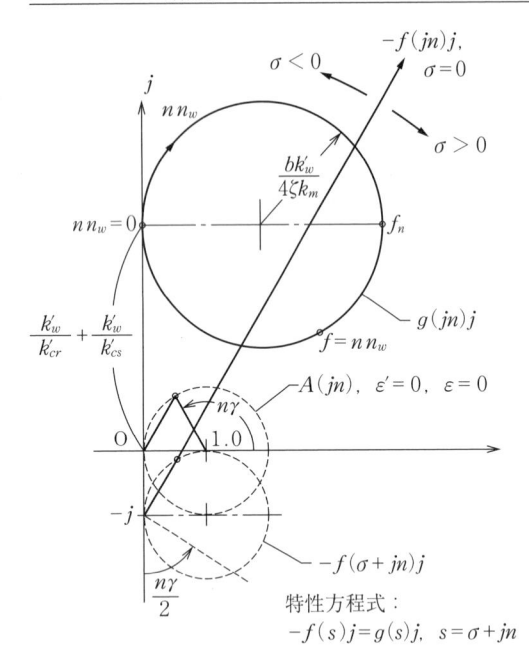

9. 心なし研削加工系の動力学的成円機構のブロック線図と安定判別線図 — 一般論

図9.11 位相合致法による特性根の求め方

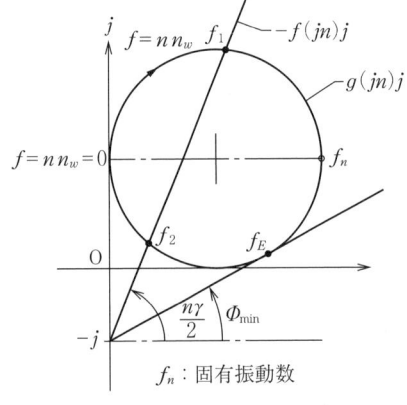

特性方程式：
$-f(s)j = g(s)j, \quad s = \sigma + jn$

(a) $g(jn)j$ の偏角特性と最小位相角の定義 — $\Phi_{\min}$

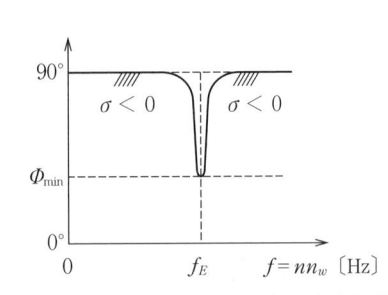

(b) $g(jn)j$ の偏角特性と特性根の安定領域

(c) $A(jn)$ の偏角特性 ($\varepsilon' = 0, \varepsilon = 0$)

(d) 最小位相角による特性根の安定限界

図9.12 位相合致法による特性根の安定限界の判別方法

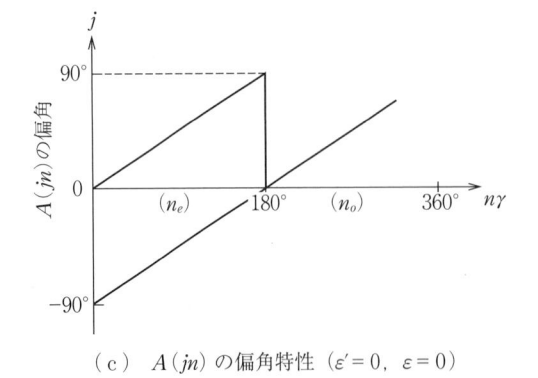

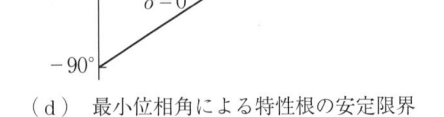

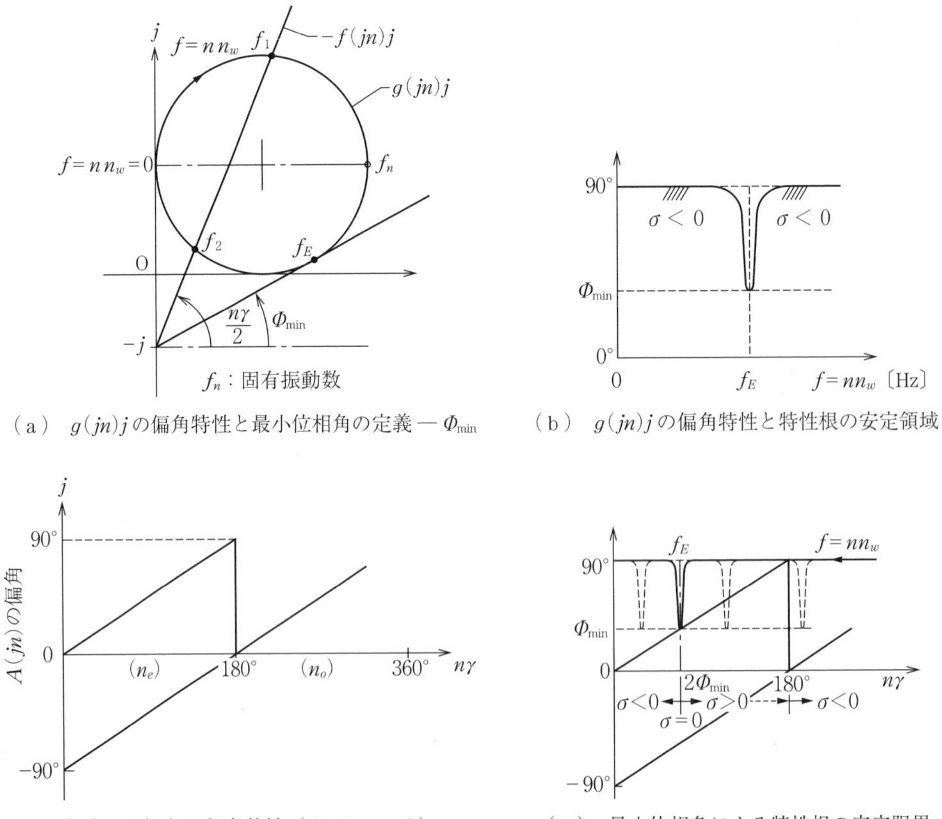

$f_1 = nn_{w1}$，高周波側で$f_2 = nn_{w2}$で交叉するものとする．また$-f(jn)j$，$\sigma = 0$の直線が$g(jn)j$の軌跡と$f = f_E$と接し，交叉しないときの位相$\Phi_{\min}$を最小位相角と定義する．

最小位相角を$f = nn_w$の関数とし，$g(jn)j$の偏角特性を表現すると図（b）となる．ここで

$$f_E = n_E n_{wE} \tag{9.16}$$

と定義する

$$\frac{n_E \gamma}{2} \leqq \Phi_{\min} \tag{9.17}$$

の領域では$\sigma \leqq 0$となる．この領域では$g(jn)j$軌跡との交叉点は存在しないため，$f = f_E$近傍以外ではすべて$\sigma < 0$となる．図（b）はこの関係を示す．他方，図9.11で示す$A(jn)$のベクトル軌跡が示すようにその偏角特性は図（c）で示される．

図（b）で示した$g(jn)j$の偏角特性と，図（a）で示す$-f(jn)j$の位相の接点の最小位相角$\Phi_{\min}$，$n\gamma = 2\Phi_{\min}$，$\sigma = 0$の関係を図（d）に示す．さらに，両者が交叉する領域で$\sigma > 0$となり，それ以外の$n\gamma$値の領域で$\sigma < 0$となる．

以上の考察から，$n\gamma$値と加工系の無次元化コンプライアンス軌跡上の周波数$f = nn_w$との関係から，$n\gamma$と$f = nn_w$を座標とする平面上に安定限界を示す$\sigma = 0$の等σ線図を求めることができる．

このため，図9.12（a）に示した関係を利用することができる．すなわち，ある$n\gamma$値を選び，$-f(jn)j$，$\sigma = 0$の線図と交叉する$g(jn)j$軌跡上の周波数f_1およびf_2に着目し，f-$n\gamma$平面上で最小位相角の周波数f_Eとともに最小位相角$\Phi_{\min}$による安定判別線図を示すと**図9.13**を得る．

図9.13 最小位相角$\Phi_{\min}$による安定判別線図（$\sigma = 0$）の作成

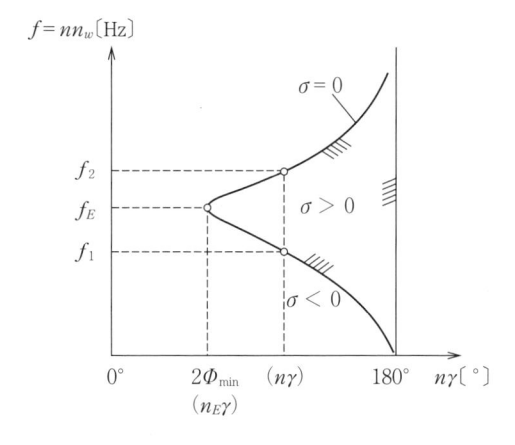

$2\Phi_{\min} = n_E \gamma$

$n_{wE} = \dfrac{f_E}{n_E}$

$(n\gamma) \rightarrow \begin{pmatrix} f_2 \\ f_1 \end{pmatrix} \rightarrow \begin{pmatrix} n_{w2} \\ n_{w1} \end{pmatrix}$

$n_{w2} \geqq n_{wE}$のとき$\sigma \leqq 0$

$n_{w1} \leqq n_{wE}$のとき$\sigma \leqq 0$

$n\gamma$に対応する周波数f_1，f_2，および最小位相角上のf_Eはいずれも$\sigma = 0$の等σ線上の点となる．ここで

$$f_1 = nn_{w1} \tag{9.18}$$

$$f_2 = nn_{w2} \tag{9.19}$$

と定義すると，設定した$n\gamma$値から安定限界の周波数f_1, f_2が得られ，このときの工作物回転速度n_{w1}, n_{w2}が対応する。この手順は

$$(n\gamma) \longrightarrow \begin{pmatrix} f_2 \\ f_1 \end{pmatrix} \longrightarrow \begin{pmatrix} n_{w2} \\ n_{w1} \end{pmatrix}$$

で，上式の関係から

$$\left.\begin{array}{l} n_{w2} \geqq n_{wE} \text{ のとき} \quad \sigma \leqq 0 \\ n_{w1} \leqq n_{wE} \text{ のとき} \quad \sigma \leqq 0 \end{array}\right\} \tag{9.20}$$

図はこれらの$\sigma=0$の等σ線図を示したもので，これを安定判別線図と呼ぶ。これは心なし研削加工における成円作用判別線図の役割をする。

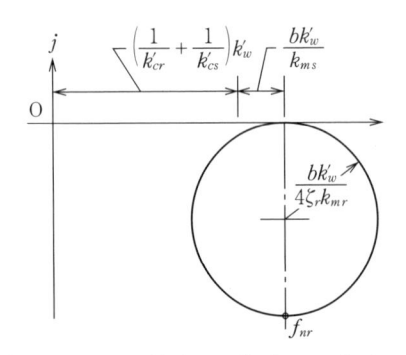

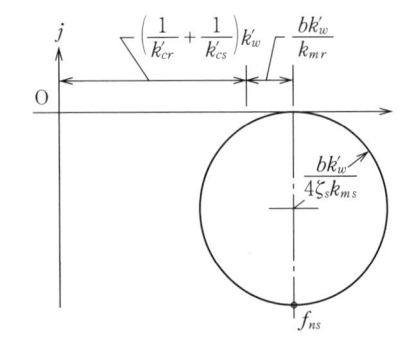

9.4 心なし研削加工系の無次元化コンプライアンスのベクトル軌跡

心なし研削加工系の無次元化コンプライアンスで表現された特性方程式(9.5)′の右辺，すなわち

$$右辺 = \frac{k'_w}{k'_{cr}} + \frac{k'_w}{k'_{cs}} + \frac{bk'_w}{k_m}G_m(s)$$

のベクトル軌跡は，図9.1において示したパラメータの他に，心なし研削機械の動特性が自励びびり振動の発生に大きな影響を与える。そこで，つぎのパラメータ

研削砥石支持系の固有振動数：f_{ns}
　〃　　　減　衰　比：ζ_s
送り系を含む調整砥石系の固有振動数：f_{nr}
　〃　　　　減　衰　比：ζ_r

を用いて動特性を表現する。

(a) $f_{nr} \ll f_{ns}$ —調整砥石，送り系のコンプライアンス　　(b) $f_{ns} \ll f_{nr}$ —研削砥石支持系のコンプライアンス

図9.14　心なし研削加工系の無次元化コンプライアンスのベクトル軌跡

これら二つの振動モードのうち，固有振動数 f_{ns} と f_{nr} の間でその差が著しい場合は，自励びびり振動の発生はより低い振動数のモードに支配されるが，実際にはいずれの振動モードも自励びびり振動の発生に関与する．

それぞれの振動モードのベクトル軌跡を含む無次元化コンプライアンスのベクトル軌跡を，**図 9.14**（a），（b）に示す．

10 心なし研削実験条件と対象とする成円機構の数値解析 ― 具体的事例解析

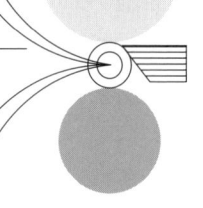

10.1 心なし研削実験条件の特性パラメータと研削加工系の無次元化コンプライアンスのベクトル軌跡[7.8), 10.1)]

　実験に用いた心なし研削盤は日進機械製作所の Hi-Grind1 の改造機である。実験にあたっては，調整砥石駆動機構に油圧モータを用い，フィードバック用タコジェネレータにより回転速度の精度の向上を図っている。

　表 10.1 に心なし研削盤の主な仕様を示す。

表 10.1　心なし研削盤の主な仕様

研削盤	：Hi-Grind1 改造型（日進機械製作所）
研削能力	：工作物径 $\phi 2 \sim \phi 75$
研削砥石	：$\phi 455 \times 150$，周速 $31\,\mathrm{m/s}$
同　　軸	：油静圧支持，片持方式，モータ 7.5 kw
調整砥石	：$\phi 255 \times 150$，回転数連続可変，油圧モータ
同　　軸	：油静圧支持，両持方式
インフィード方式	：パルスモータ方式，シリンダ駆動の両方式．最小送り速度 $5\,\mathrm{\mu m/min}$

表 10.2　研 削 条 件

研削砥石	：WA80KmV
ドレス条件	：切込み $a_d = 20\,\mathrm{\mu m} \to 0\,\mathrm{\mu m}$
	送り $f_d = 50\,\mathrm{\mu m/rev}$
調整砥石	：A150RR
ツルーイング	：研削ツルーイング
受板頂角	：30°
研 削 液	：水溶性，ユシローケン SE-603，×50
工 作 物	：SUJ-2（HRC63），単純円筒体 $\phi 40 \times 70$

　研削負荷の設定には，インフィード方式にパルスモータと油圧シリンダ駆動の両方式を用い，最小送り速度を $5\,\mathrm{\mu m/min}$ を可能としている。

　表 10.2 に研削条件を示す。研削砥石のドレッサには通常の単石ドレッサを用いるが，調整砥石のツルーイングには，ツルーイング精度向上のため対向する研削砥石を用いた研削ツルーイングを実施し，例えば回転振れを $0.62\,\mathrm{\mu m_{p-p}}$ に抑えている。

　表 10.3 には，動力学的成円機構の解析に関与する各種パラメータを研削加工系の予備的実験から求めた実測値で列挙している。

　図 10.1 は，表 10.3 に基づいて行った研削実験に用いた研削加工系の無次元化コンプライアンス $g(jn)$ のベクトル軌跡を示す。図（a）は，両砥石の工作物との接触剛性を無視したときの無次元化コンプライアンス $g(jn)$ を示す。これに両砥石の接触剛性を加えると図

10.2 位相合致法による不安定振動根の発生領域 —$f_{nr}=100\,\mathrm{Hz}$ 近傍の安定判別線図の数値計算

表10.3 動力的成円機構の解析に用いた各種パラメータ

工作物：$\phi 40\times 70$ （$D_w\times b$）	
研削砥石直径：$D_s=\phi 455$	
調整砥石直径：$D_r=\phi 255$	
単位研削幅当り研削剛性	：$k'_w=2\,\mathrm{kgf}/(\mu\mathrm{m\cdot cm})$
単位幅当り研削砥石接触剛性	：$k'_{cs}=1\,\mathrm{kgf}/(\mu\mathrm{m\cdot cm})$
単位幅当り調整砥石接触剛性	：$k'_{cr}=0.3\,\mathrm{kgf}/(\mu\mathrm{m\cdot cm})$
研削砥石支持系剛性	：$k_{ms}=15\,\mathrm{kgf}/\mu\mathrm{m}$
調整砥石支持系剛性	：$k_{mr}=10\,\mathrm{kgf}/\mu\mathrm{m}$
研削砥石支持系固有振動数	：$f_{ns}=200\,\mathrm{Hz}$
調整砥石支持系固有振動数	：$f_{nr}=100\,\mathrm{Hz}$
研削砥石支持系減衰比	：$\zeta_s=0.05$
調整砥石支持系減衰比	：$\zeta_r=0.05$

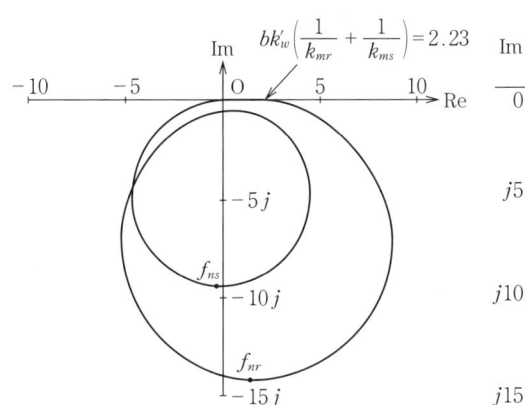

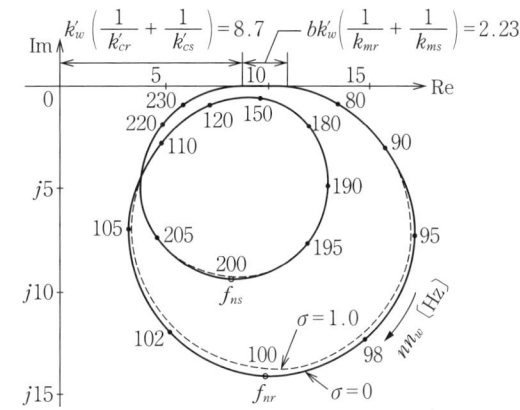

(a) 両砥石の接触剛性を無視したときの研削加工系のベクトル軌跡 $g(jn)$（表10.3による）

(b) 研削加工系の無次元化コンプライアンスのベクトル軌跡 $g(jn)$ と $g(\sigma+jn)$（表10.3による）

図10.1 研削実験に用いた研削加工系の無次元化コンプライアンスのベクトル軌跡

(b) に示すように $g(jn)$ の軌跡は実軸方向に著しく移動し，動力学的成円機構解析に対する影響が大きいことを示す．ここでは，$s=jn$，$\sigma=0$ のときの軌跡を実線で示したが，仮に $s=\sigma+jn$，$\sigma=1.0$ と仮定したときの軌跡を点線で示すと，両者の差は共振点近傍でも無視できるほど僅差であることがわかる．

したがって，式 (9.5) で示した特性方程式右辺に示した研削加工系の無次元化コンプライアンスの項は，$s=jn$，$\sigma=0$ と近似することができる．

10.2 位相合致法による不安定振動根の発生領域
—$f_{nr}=100\,\mathrm{Hz}$ 近傍の安定判別線図の数値計算

図9.12 (a) で示した最小位相角 Φ_{min} および限界周波数 f_E を図10.1 (b) で示した $f_{nr}=100\,\mathrm{Hz}$ 近傍の研削系の無次元化コンプライアンス軌跡から求めると，**図10.2** に示すように

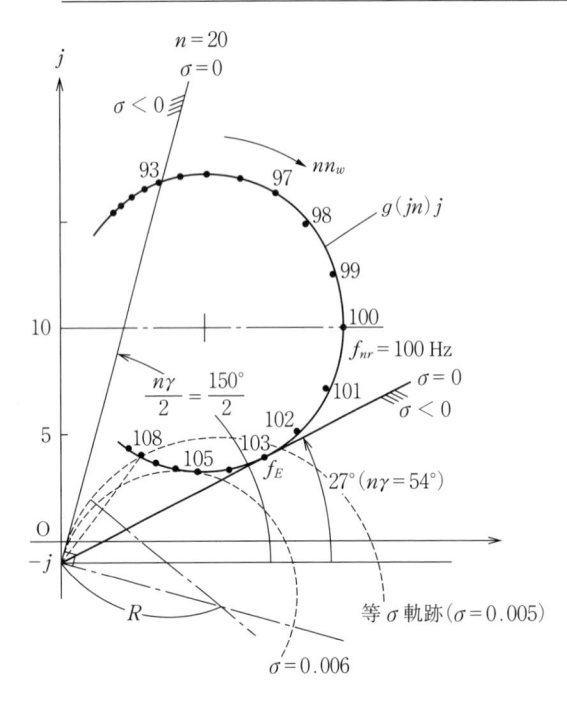

図 10.2 位相合致法による最小位相角 $\varPhi_{min}$,限界周波数 f_E および等 σ 軌跡の数値計算例（表 10.3 による）[10.2]

位相合致法により

$$\varPhi_{min} = 27°, \quad f_E = 103 \text{ Hz}$$

となる。

また，図 9.10 で示した等 σ ベクトル軌跡の σ 値の計算法を用い，$f = 105$ Hz および

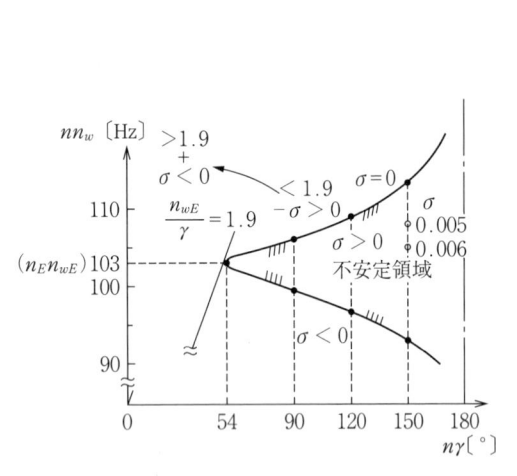

図 10.3 最小位相角 $\varPhi_{min}$ による安定判別線図（$\sigma = 0$）の数値計算例（表 10.3 による）

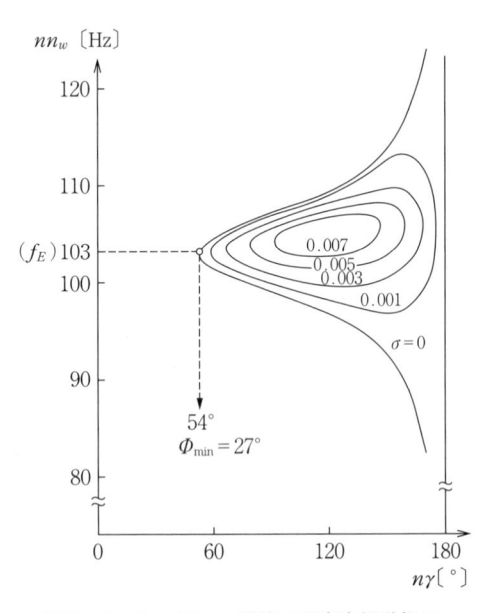

図 10.4 $f_{nr} = 100$ Hz 近傍の不安定振動根の等 σ 線図

108 Hz を通る等σ軌跡の振幅発達率σは，それぞれσ＝0.006および0.005となる。

図10.3は，図9.13で示した方法により安定判別線図を求めた数値計算例である。

図10.4は，同様にしてf_{nr}＝100 Hz近傍の不安定振動根の等σ軌跡を求めた結果を示す。

10.3 nn_w vs. $n\gamma$ 線図における等σ線図 ― 成円作用判別線図の導入[10.1]

10.3.1 σ≧0の等σ線図と安定研削条件 ― n_w/γ 値の選び方

表10.3に示す共振周波数100 Hzおよび200 Hz近傍で，$n\gamma$値が0°から360°の範囲で生ずる自励びびり振動根の発生領域σ≧0を**図10.5**に示す。

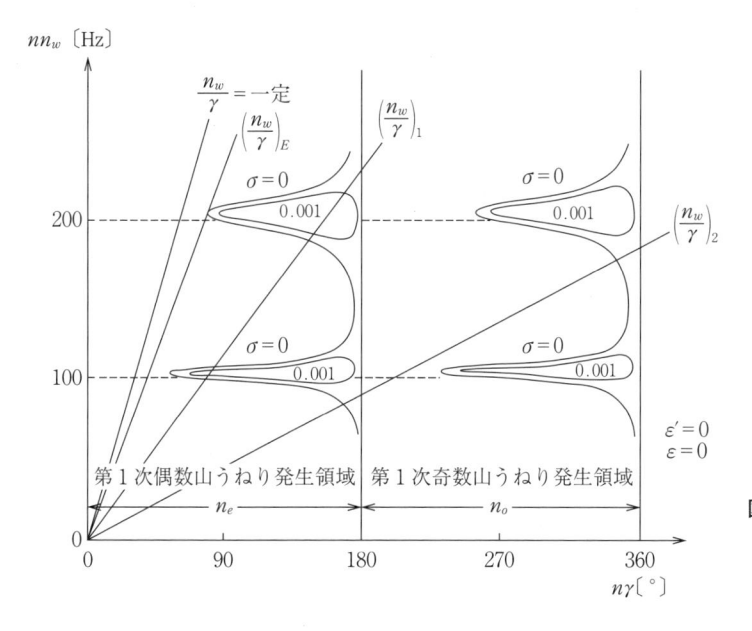

図10.5 表10.3の条件の下で発生する自励びびり振動根の発生領域とn_w/γ値

例えば，$n\gamma$＝0～180°の範囲でn_w/γ＝一定の直線が，100 Hzおよび200 Hz近傍のσ≧0の領域と交わるときのn_w/γを$(n_w/\gamma)_1$と表示すると，この図から100 Hzおよび200 Hz近傍で自励びびり振動が発生することとなる。また，図に示す$(n_w/\gamma)_2$の場合には，第1次偶数うねり山領域，および第1次奇数うねり山領域のいずれにおいても，σ＞0の不安定振動根の領域と公叉しないため，この条件の下では自励びびり振動が発生しないことを示している。ただし，ここでσ＝0の等σ線図と交わっても安定領域と見なす（10.5節 参照）。

図10.5の特性根をσの関数として3次元表示すると**図10.6**となる。図に示すパラメータn_w/γ値は，自励びびり振動根による不安定振動研削か安定研削かを判断する安定判別パラメータである。

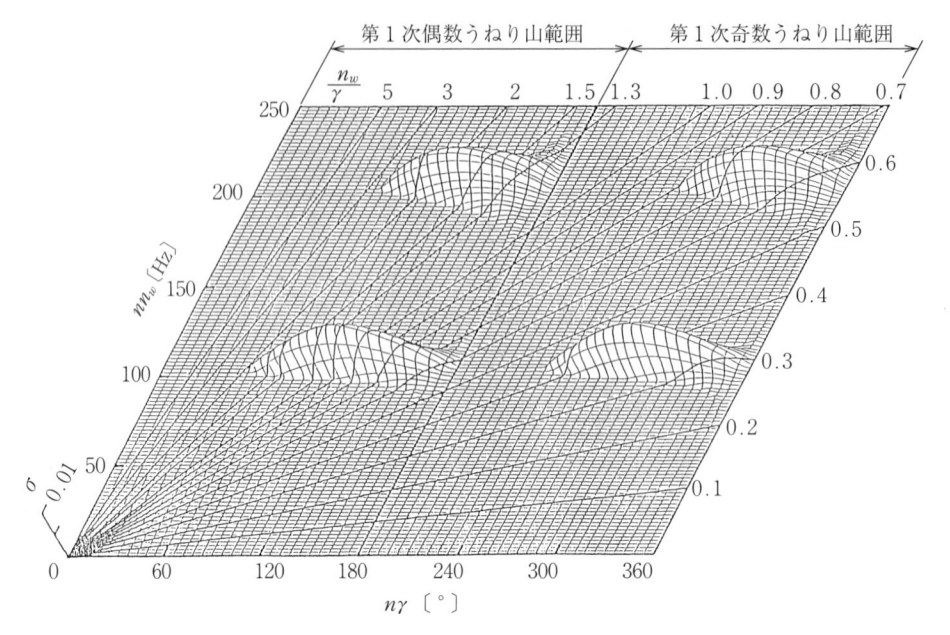

図 10.6 自励びびり振動根の 3 次元表示と安定判別パラメータとしての n_w/γ 値

10.3.2 成円作用判別線図の導入と複素平面上の特性根 $s=\sigma+jn$ の配置

nn_w vs. $n\gamma$ 座標上の等 σ 線図は，成円機構を表す特性根 $s=\sigma+jn$ を表現するもので，これを成円作用判別線図と定義する。

図 10.7（a），（b）は偶数うねり山 n_e の等 σ 線図および奇数うねり山 n_o の等 σ 線図を $n\gamma=0\sim360°$ の範囲にわたって詳細に表示した成円作用判別線図である。成円作用判別線図から，研削加工系の安定判別パラメータ n_w/γ が与えられた場合の各うねり山数 n に対応した増幅率 σ，すなわち特性根 $s=\sigma+jn$ を求める具体例をつぎに説明する。

図 10.8 は，図 10.7 で示した成円作用判別線図から特性根を求める事例を示す。前提として安定判別パラメータ $n_w/\gamma=5/6$，すなわち心高角 $\gamma=6°$，工作物回転速度 $n_w=5$ rps とする。

図（a）は偶数うねり山 n_e の特性根のうち $n_e=20$ の場合，$n_w/\gamma=5/6$ の線上の $n_e=20$ の点から $\sigma=0.005$ が求められ，特性根は

$$s=0.005+j20$$

となる。

同様にして，図（b）では奇数うねり山 n_o のうち $n_o=19$ について，$n_w/\gamma=5/6$ の線上の $n_o=19$ の点を通る等 σ 線図から $\sigma=-0.015$ が求められ，特性根

$$s=-0.015+j19$$

が得られる。

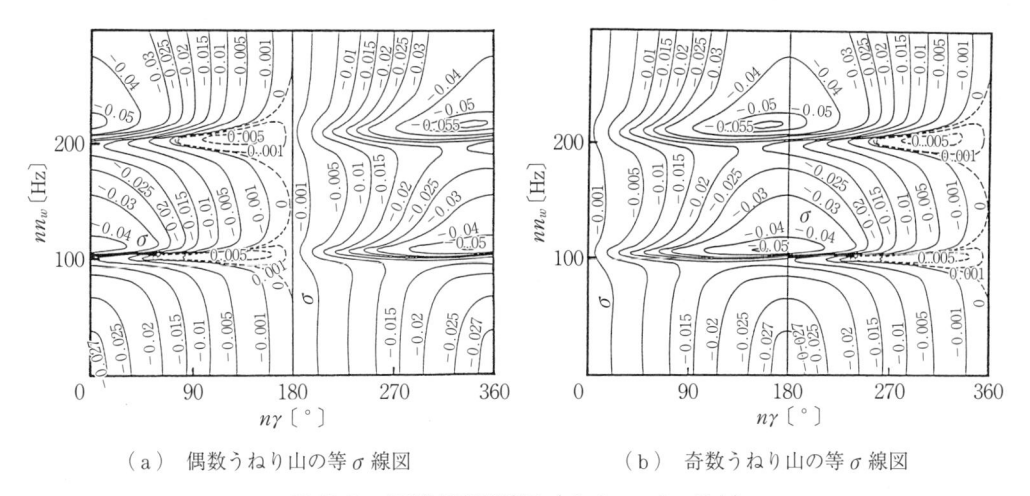

10.3 nn_w vs. $n\gamma$ 線図における等 σ 線図 — 成円作用判別線図の導入

(a) 偶数うねり山の等 σ 線図　　　(b) 奇数うねり山の等 σ 線図

図10.7 成円作用判別線図（$\varepsilon'=0$, $\varepsilon=0$ の場合）

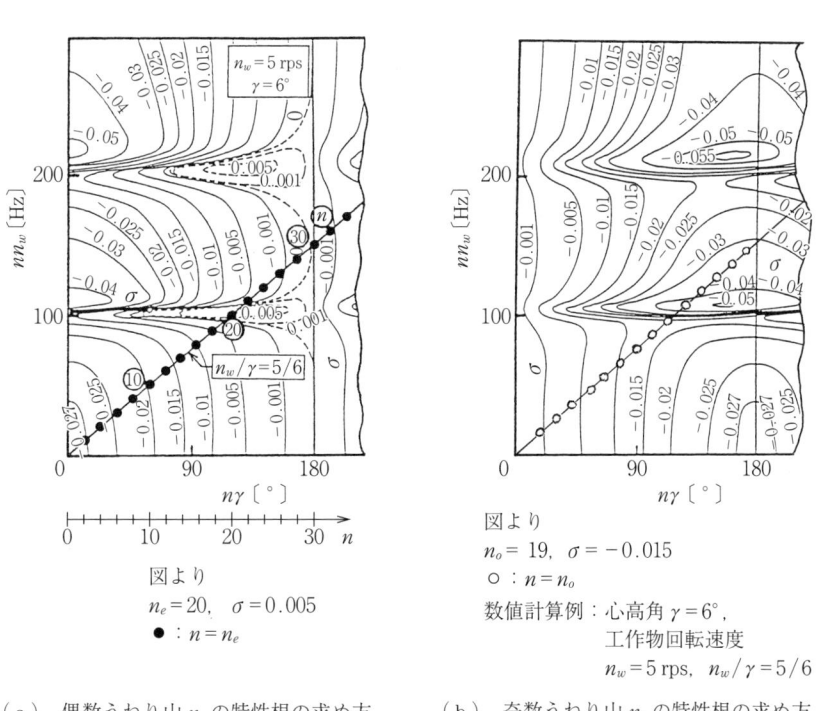

(a) 偶数うねり山 n_e の特性根の求め方
$s = \sigma + jn_e$

図より
$n_e = 20$, $\sigma = 0.005$
● : $n = n_e$

(b) 奇数うねり山 n_o の特性根の求め方
$s = \sigma + jn_o$

図より
$n_o = 19$, $\sigma = -0.015$
○ : $n = n_o$

数値計算例：心高角 $\gamma = 6°$,
　　　　　　工作物回転速度
　　　　　　$n_w = 5$ rps, $n_w/\gamma = 5/6$

図10.8 安定判別線図による特性根の求め方

同様にして広範なうねり山数 $n = n_e, n_o$ についてそれぞれの σ 値を求め，複素平面上の特性根 $s = \sigma + jn$ の分布として表示すると**図10.9**(a)となる。

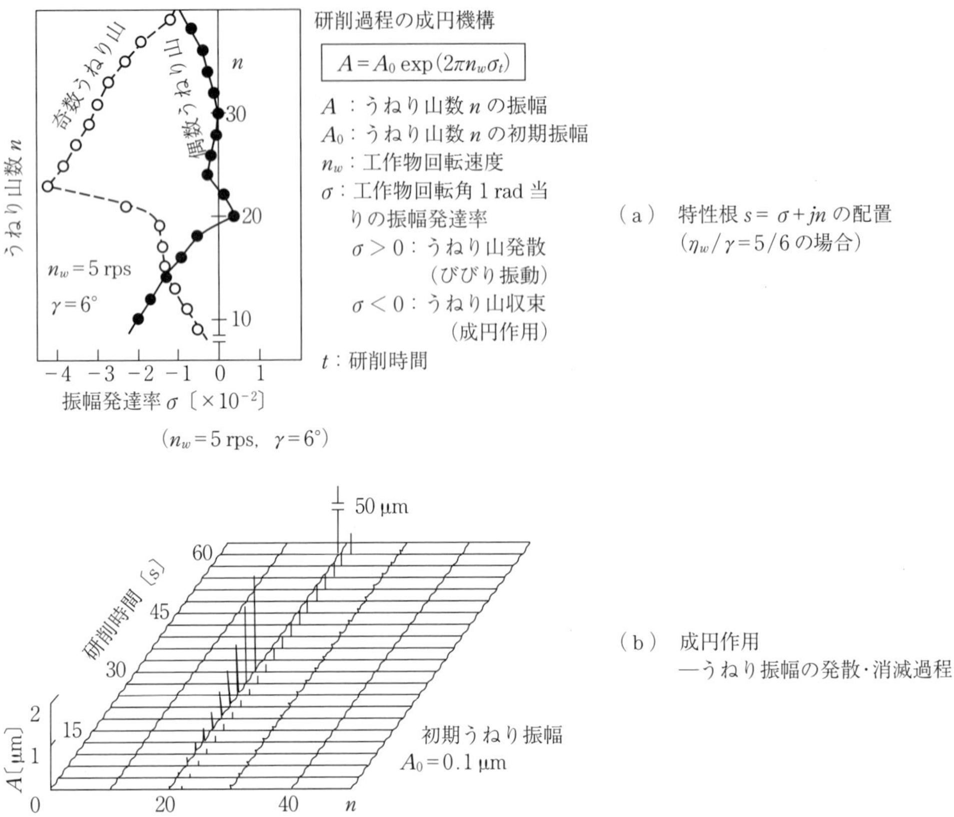

図10.9 特性根の配置と成円作用

うねり山数 n の初期振幅を A_0 とし，特性根を $s=\sigma+jn$，工作物の回転速度を n_w〔rps〕とおくと研削開始後，t 秒後のうねり振幅 A は

$$A = A_0 \exp(2\pi n_w \sigma t)$$

となる．いま初期うねり振幅 $A_0=0.1\,\mu\text{m}$ と仮定し，図10.9（a）に示す特性根をもつ心なし研削加工の成円機構は上式に従って $\sigma>0$ の成分のみが成長し，図（b）に示すように，$n_e=20,22$ の成分は成長し，$\sigma\cong0$ の $n_e=30$ は $A_0=0.1\,\mu\text{m}$ が保存される．その他の奇数うねり山成分はすべて $\sigma<0$ のため消滅する．

10.3.3 静力学的・動力学的成円機構を総合的に表現する成円作用判別線図

図10.7に示す成円作用判別線図の中から特に $f=nn_w=0$ のときの等 σ 線図の分布に着目し，$n\gamma=0\sim180°$ および $180\sim360°$ の区間について $n\gamma$ の関数としての特性根の σ の分布を抽出すると，それぞれ**図10.10**（a），（b）を得る．うねり山数が偶数 n_e および奇数 n_o について，それぞれの初期歪円のうねり振幅の減衰率 $-\sigma$ の値が得られる．また，図（a）および図（b）を比べると，両者は $n\gamma=180°$ を中心にして対象な分布形状にある．この結果は，

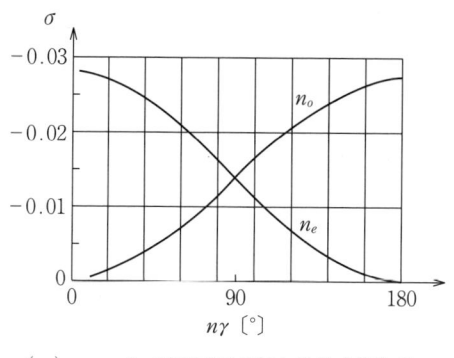

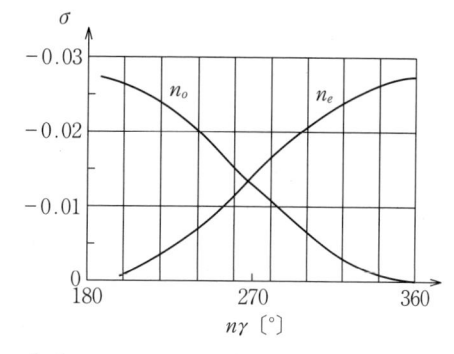

(a) $n\gamma=0\sim180°$区間の静力学的成円作用　　(b) $n\gamma=180\sim360°$区間の静力学的成円作用

図10.10 心なし研削加工系の静力学的成円作用（表10.3による）

表10.3に示した研削加工系の静力学的パラメータを含めた静力学的成円作用をσの値で表示している。

図10.10で注目される特性は，偶数山数の$n_e\gamma$および奇数山数の$n_o\gamma$がそれぞれ180°および360°近傍で$\sigma\cong0$となり，成円作用が失われる点にある。この特性は，5章で解析した幾何学的成円機構の考察から求めれた式(5.8)，または式(5.8)′で定義した固有歪円$n_{e.p}$, $n_{o.p}$, すなわち心なし研削によっても除去できない歪円と合致する関係にある。

さらに，成円作用判別線図の利点は，成円作用をσ値で表現するため研削サイクル設計にあたってサイクルタイムの設定にも役立つ点にある。

以上の関係から，図10.7に示した成円作用判別線図は，心なし研削加工系の静力学的・動力学的パラメータを総合的に含む成円機構を定量的に表現するガイドラインの役割を果しているということができる。

10.4 研削加工系の特性パラメータと特性根の最大振幅発達率$\sigma_{\max}$との関係[10.1]

例えば，図10.4に示す不安定振動根の等σ線図中の最大振幅発達率$\sigma_{\max}$に注目し，研削加工系の静力学的，動力学的パラメータとの関数関係を求めることにより，自励びびり振動の抑制対策のガイドラインを検討する。

〔1〕 **調整砥石の接触剛性k'_{cr}の影響**　　図6.15に示した工作物との接触部分に生ずる弾性変形による接触弧長さl_{cr}の発生と，これによる工作物外周のうねり振幅の砥石切込みへのフィードバック量の減少率Z_{cr}, また式(9.5)に示す心なし研削加工系の無次元化コンプライアンスに含まれるk'_w/k'_{cr}の二つの要因によって，調整砥石の接触剛性k'_{cr}は$\sigma_{\max}$に影響を与える。これらを総合したものとしてk'_{cr}と$\sigma_{\max}$の関係を表10.3のパラメータにつ

いて求めると，図10.11 を得る。図から研削実験における $k'_{cr}=0.3\,\mathrm{kgf}/(\mu\mathrm{m}\cdot\mathrm{cm})$ に比べ，接触剛性が低くなると最大振幅発達率 $\sigma_{\max}$ を下げる働きが生ずる。

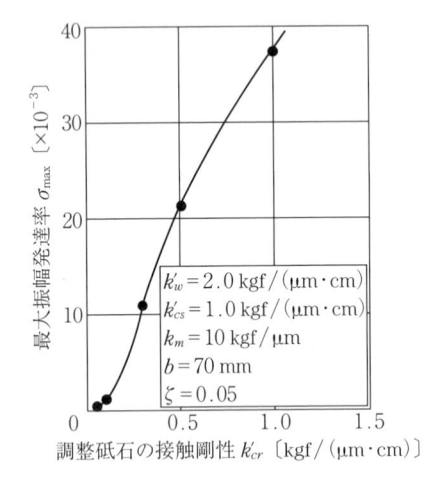

図10.11 調整砥石の接触剛性と $\sigma_{\max}$

〔2〕 研削砥石の接触剛性 k'_{cs} の影響　　図10.12 に研削砥石の接触剛性 k'_{cs} と最大振幅発達率 $\sigma_{\max}$ との関係を示す。図10.11 と比較し，実験条件の $k'_{cs}=1\,\mathrm{kgf}/(\mu\mathrm{m}\cdot\mathrm{cm})$ 近傍の変化に対して $\sigma_{\max}$ への影響は比較的小さい。運動転写精度の観点からは接触剛性が高いことが望ましいが，通常のビトリファイド砥石についてそれを大きく変えることは困難である。

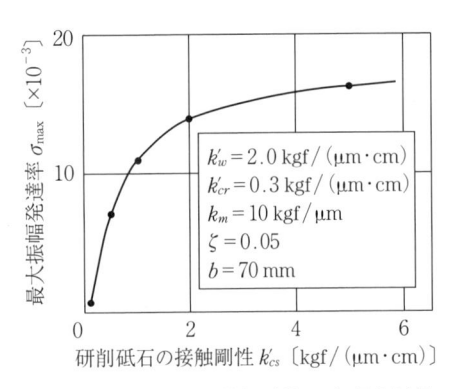

図10.12 研削砥石の接触剛性 k'_{cs} と最大振幅発達率 $\sigma_{\max}$

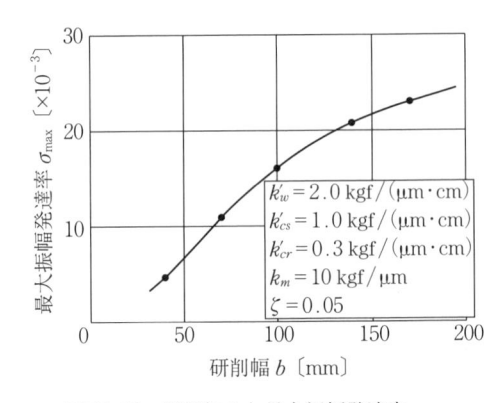

図10.13 研削幅 b と最大振幅発達率 $\sigma_{\max}$

〔3〕 研削幅 b による影響　　図10.13 は，研削幅 b と最大振幅発達率 $\sigma_{\max}$ との関係を示す。

センタ支持の円筒プランジ研削においても研削幅が大きくなると，一般的に自励びびり振動が著しくなる。心なし研削においても同様の影響があることが図10.13 は示している。

[4] **心なし研削盤の機械静剛性 k_m の影響**　機械静剛性 k_m は，研削砥石支持系の静剛性 k_{ms} と調整砥石支持系の静剛性 k_{mr} から構成される工作物のループ剛性である。**図10.14** は，ループ剛性 k_m と最大振幅発達率 σ_{max} との関係を示す。図から明らかなように，静剛性 k_m が $10\sim15\,\mathrm{kgf/\mu m}$ 近傍までは σ_{max} は剛性にほぼ反比例的に減小する傾向を示している。

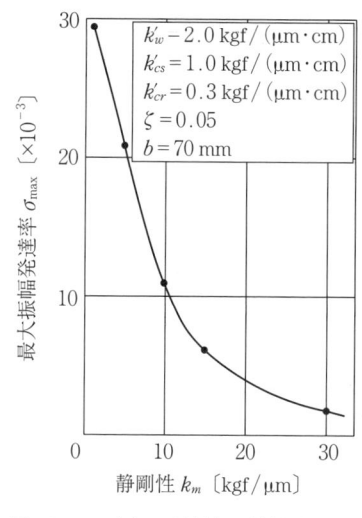

図 10.14　心なし研削盤の機械静剛性 k_m と最大振幅発達率 σ_{max}

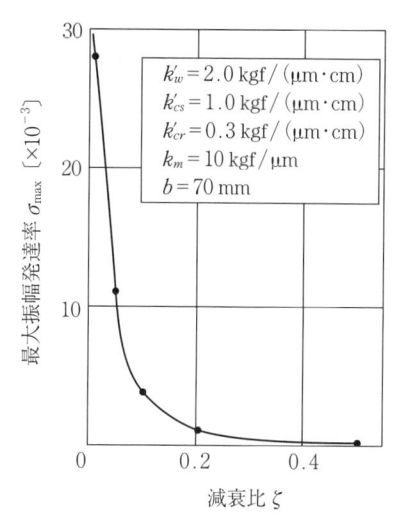

図 10.15　減衰比 ζ と最大振幅発達率 σ_{max}

すなわち，心なし研削盤の実験条件を示す表10.3の前提の下では，自励びびり振動の発生を抑制するには，ほぼ $15\,\mathrm{kgf/\mu m}$ を越える高いループ静剛性が必要であることを示している。

[5] **研削盤の動剛性を支配する減衰比 ζ の影響**　研削砥石および調整砥石の各支持系の共振点近傍における減衰比 ζ が，最大振幅発達率 σ_{max} に及ぼす影響を**図10.15**に示す。図から明らかなように，$\zeta \cong 0.10$ 以下の領域では ζ の増加とともに σ_{max} は急速に減小する。したがって，自励びびり振動の抑制対策としては，ζ を0.10またはこれを越える値にできる上記各砥石支持系，および送り駆動系の技術改革が望まれる。

10.5　再生心出し関数 $A(jn)$ の近似条件と等 σ 線図[10.1]~[10.4]

図9.12で示した位相合致法による安定判別においては，近似条件として $\varepsilon'=0$，$\varepsilon=0$ とした。これに対し，$\varepsilon'=0$，$\varepsilon\neq0$ としたときの $A(jn)$ の位相特性を**図10.16**に示す。図から明らかなように，ε を追加することにより最大偏角値は $\sin^{-1}\sqrt{2\varepsilon}$ だけ減小する。この影響は $n\gamma=180°$ あるいは $360°$ 近傍における $\sigma=0$ の等 σ 線図に与える。すなわち，**図10.17**に

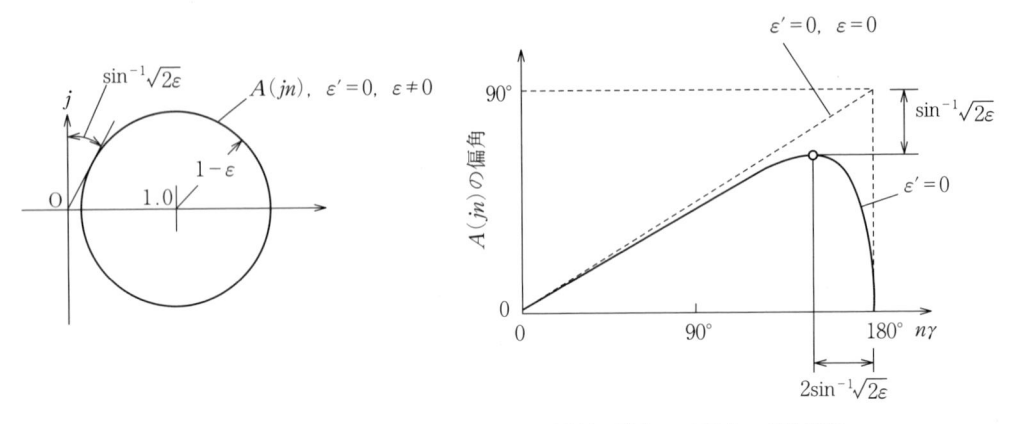

図 10.16 $\varepsilon'=0$, $\varepsilon=0$ 近似と $\varepsilon'=0$, $\varepsilon\neq0$ 近似の場合の $A(jn)$ の偏角特性

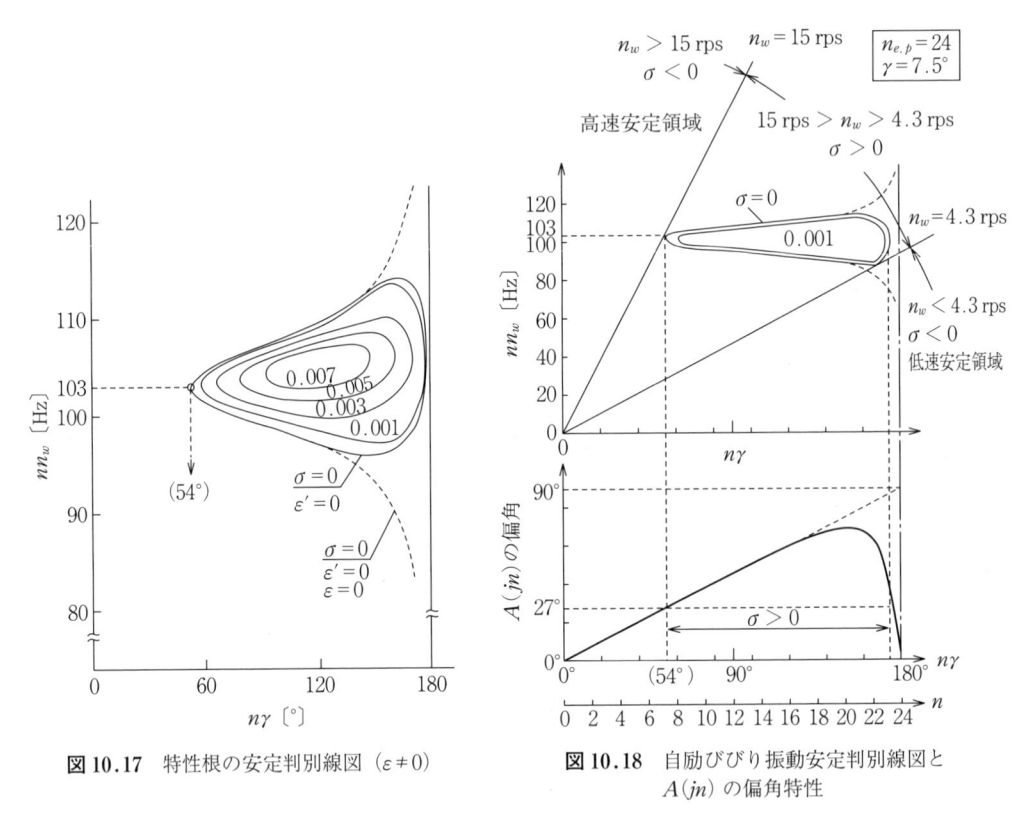

図 10.17 特性根の安定判別線図($\varepsilon\neq0$)

図 10.18 自励びびり振動安定判別線図と $A(jn)$ の偏角特性

示すように図10.3で示した $\sigma=0$ の等 σ 線図(図中で点線)は消滅し,実線の $\sigma=0$ の線図となる.

この関係を,図9.12で示した位相合致法による特性根の安定限界と,図10.17に示す安定判別線図と比較して示すと,**図 10.18** を得る.この図から,$\varDelta(jn)$ の偏角と心なし研削加工系 $g(jn)j$ の偏角の干渉による不安定振動根の,振幅発達率 σ の分布の関係を知ることができる.また,振動根の安定判別パラメータである n_w/γ によって,高速安定領域と低速安

10.5 再生心出し関数 $A(jn)$ の近似条件と等 σ 線図

定領域がそれぞれの共振周波数ごとに存在することが示される。

図 10.19 は，図 10.18 で示した安定判別線図から，これを支配するパラメータ n_w/γ を用いて，γ vs. n_w 座標上の安定判別線図として換算したものである。ここで，$n\gamma=0\sim360°$ の範囲に対応している。

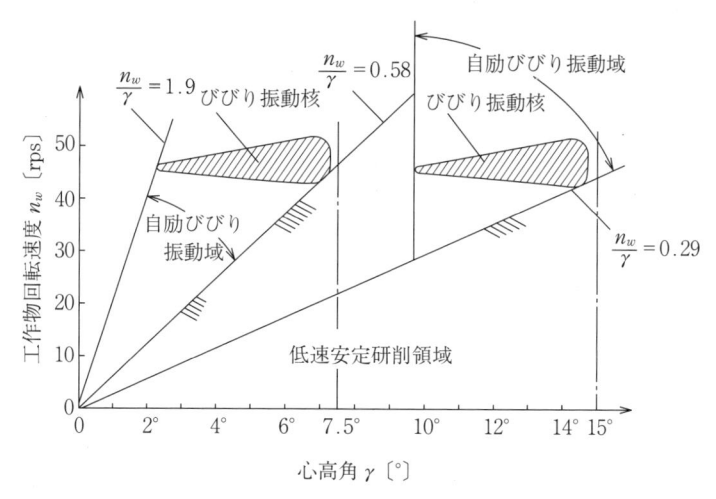

図 10.19 自励びびり振動安定判別線図（100 Hz 近傍の解析結果）

図 10.20 は，$n\gamma=0\sim360°$ の範囲における位相合致法による安定判別手法を，$A(jn)$ の各種近似条件の比較を含めて示した数値計算例である。

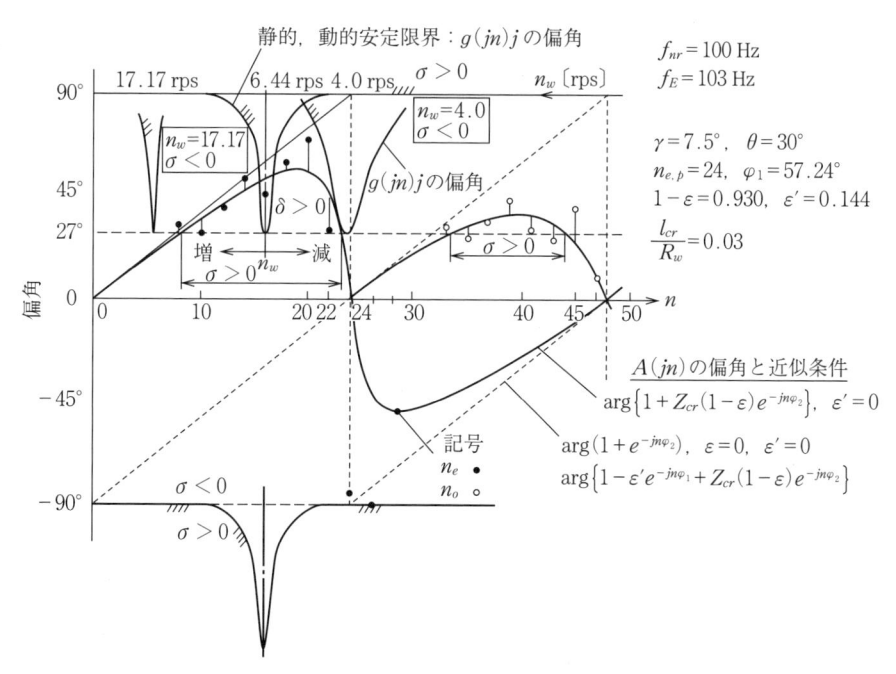

図 10.20 位相合致法による安定判別線図と $A(jn)$ の偏角特性

10.6 位相合致法による安定判別線図上における自励びびり振動の発生機構と抑止対策[10.4]

図10.21 に，位相合致法による安定判別線図上における自励びびり振動の発生機構と自励びびり振動の抑止対策の具体例を，再生心出し関数 $A(jn)=1-\varepsilon' e^{-jn\varphi_1}+(1-\varepsilon)e^{-jn\varphi_2}$ を用いた数値計算例で示す．

具体的には図（a）〜（f）について，以下のことをうねり山数 $n=0$〜50 の範囲について記述している．

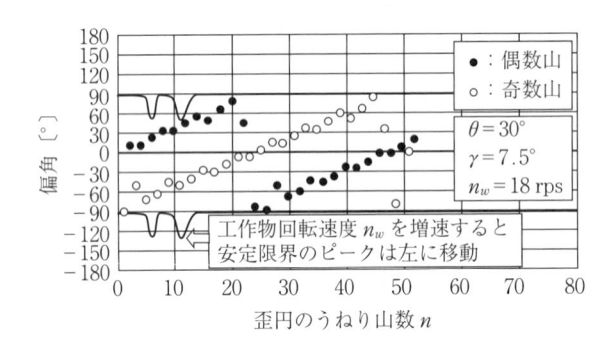

(a) 安定判別線図における高速安定領域の場合

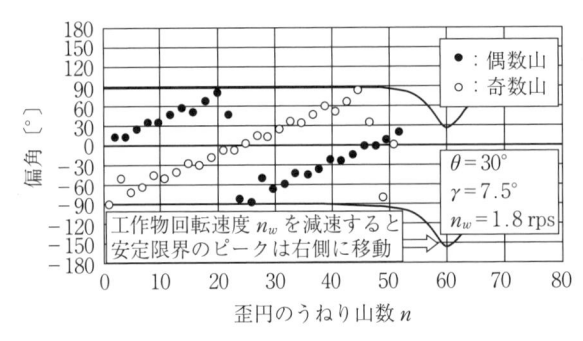

(b) 安定判別線図における低速安定領域の場合

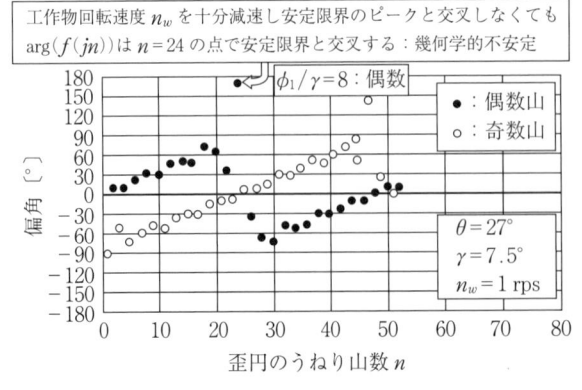

(c) 安定判別線図上の幾何学的不安定振動根の場合

図10.21 安定判別線図における自励びびり振動の発生と抑止対策（表10.3 による）

10.6 位相合致法による安定判別線図上における自励びびり振動の発生機構と抑止対策

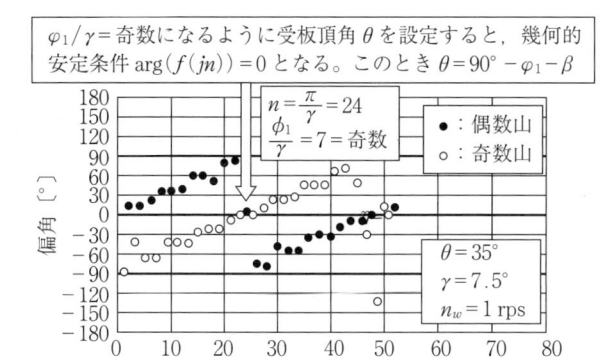

(d) 安定判別線図上の幾何学的不安定振動根の解決策

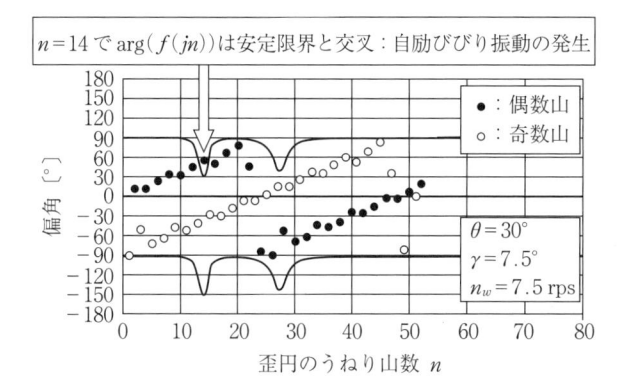

$\varphi_1/\gamma=$ 奇数になるように受板頂角 θ を設定すると，幾何的安定条件 $\arg(f(jn))=0$ となる。このとき $\theta=90°-\varphi_1-\beta$

$n=\dfrac{\pi}{\gamma}=24$
$\dfrac{\phi_1}{\gamma}=7=$ 奇数

$\theta=35°$
$\gamma=7.5°$
$n_w=1$ rps

(e) 安定判別線図における不安定振動根の発生の場合

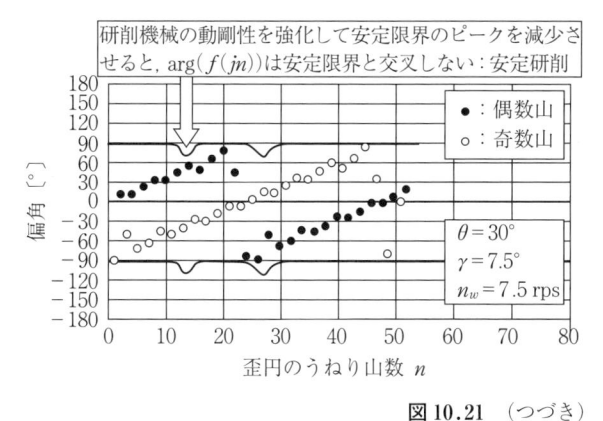

$n=14$ で $\arg(f(jn))$ は安定限界と交叉：自励びびり振動の発生

$\theta=30°$
$\gamma=7.5°$
$n_w=7.5$ rps

(f) 安定判別線図における研削機械の動剛性向上による安定化効果

研削機械の動剛性を強化して安定限界のピークを減少させると，$\arg(f(jn))$ は安定限界と交叉しない：安定研削

$\theta=30°$
$\gamma=7.5°$
$n_w=7.5$ rps

図 10.21 （つづき）

(a) 高速安定領域の場合
(b) 低速安定領域の場合
(c) 幾何学的不安定根の場合
(d) 幾何学的不安定根の解消策
(e) 不安定振動根発生の場合
(f) 研削機械の動剛性向上による安定化効果

11 心なし研削実験による自励びびり振動発生モデルの検証

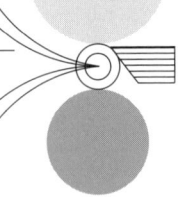

11.1 自励びびり振動実験に必要な心なし研削盤 Hi-Grind1 の改造[7,8]

外乱による研削力の変動やこれによって生ずる工作物の歪円の発生を，自励びびり振動によって生ずる事象と明確に判別するため，図 11.1 に示す実験機械 Hi-Grind1（日進機械製作所製）をつぎに示す項目について改造することとした。

A． 主な強制振動擾乱の除去

(1) 調整砥石の回転駆動系による擾乱の抑制

調整砥石軸に回転を与えるベベルギヤ駆動方式では，約 1.0 μm 程度の周期的回転振れを与える。これを抑制し，調整砥石軸の回転速度を設定値に制御する目的で，先に図 7.19 に示したように電気・油圧サーボモータ直結の駆動方式に改造した。改造前後の回転振れとそのフーリエ係数の比較を図 11.2 に示す。

(2) 調整砥石のツルーイング精度の向上

工作物の支持基準面である調整砥石作業面の回転振れを抑制するための研削ツルーイングを採用する。単石ドレッサによる回転振れとの比較はすでに 7.6.2 項に示した。

B． 研削力の検出精度の向上

(1) 静圧軸受ポケットに圧力センサを内蔵

図 11.3 に示すように，静圧軸受ポケット内に圧力センサを対向する位置に挿入する。圧力センサの差圧から研削力 F_n を検出し，その感度は 0.02 kgf/mV である。

(2) 電力トランスデューサに比例する直流信号出力から接線分力 F_t を検出。検出感度は 5.265 kgf/V。

C． ロータリエンコーダによる研削砥石，調整砥石両軸の回転速度の検出

研削砥石軸： 36 パルス/回転
調整砥石軸：100 パルス/回転

11.1 自励びびり振動実験に必要な心なし研削盤 Hi-Grind1 の改造

〈外観図〉
1 研削砥石前カバー
2 研削砥石
3 調整砥石
4 研削砥石側ドレッサ
5 調整砥石側ドレッサ
6 制御盤
7 操作盤
8 潤滑油タンク
9 ドレッサ用トラバース方向切換バルブおよびスピード調整バルブ
10 インフィードレバー
11 粗送りハンドル
12 微細ハンドル
13 研削台

〈主要構造図〉
1 研削砥石
2 調整砥石
3 静圧ジャーナル軸受
4 V平スライド
5 砥石モータ
6 調整車駆動無段変速機

〈寸法図〉

図 11.1 実験心なし研削盤（日進機械製作所 HI-GRIND1）

(a) ベベルギヤ駆動方式

(b) 電気油圧サーボモータ直結駆動方式

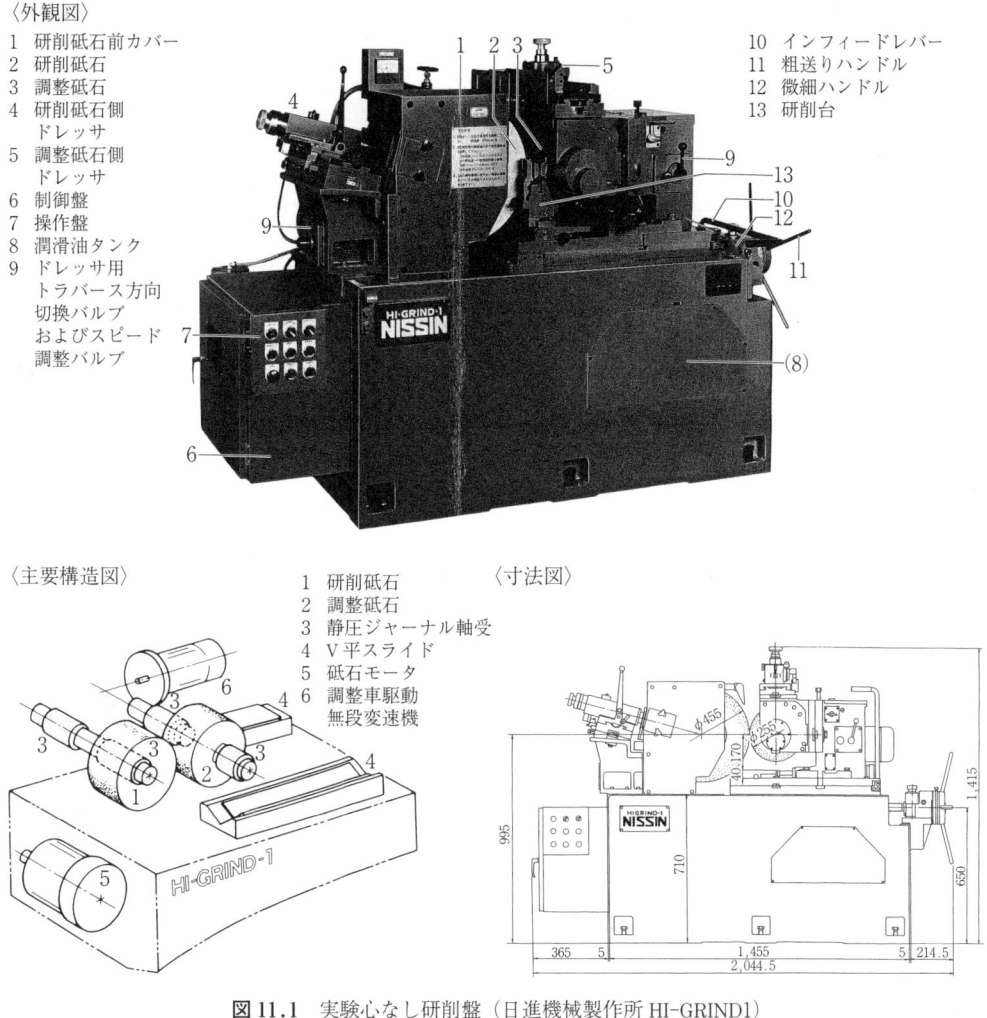

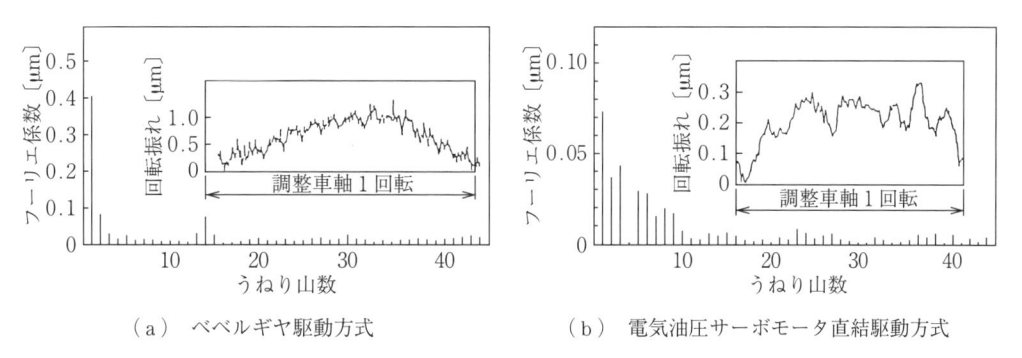

図 11.2 改造前後の調整砥石軸回転振れとフーリエ係数の比較

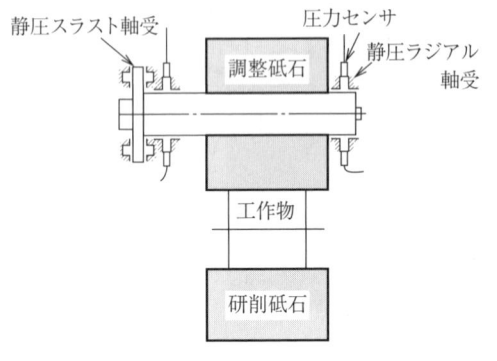

図 11.3 調整砥石軸の構成

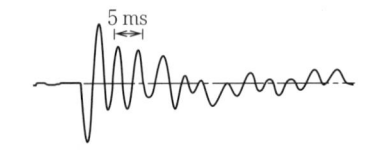

（a）研削砥石軸系のインパルス応答

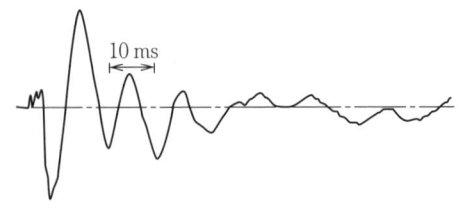

（b）調整砥石台送り系のインパルス応答

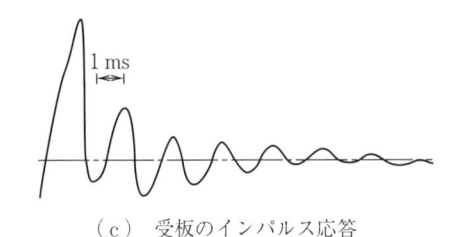

（c）受板のインパルス応答

図 11.4 心なし研削盤構成要素のインパルス応答

D． 調整砥石台のインフィード送り方式

(1) 粗い送りの場合：送りレバーをハイドロチェッカシリンダで駆動
(2) 微細送りの場合：ステッピングモータとハーモニックドライブ経由で駆動
　　ステッピングモータ：200 パルス/回転
　　ハーモニックドライブ減速比：1/120
　　最小微細送り：5 μm/min

E． 心なし研削盤の力学的特性の同定

(1) 調整砥石軸
　　静　剛　性：27.4 kgf/μm
　　固有振動数：400 Hz
　　減　衰　比：$\zeta \cong 0.1$

(2) 調整砥石台送り系
　　静　剛　性：$k_{mr} = 10$ kgf/μm
　　固有振動数：$f_{nr} = 100$ Hz
　　減　衰　比：$\zeta \cong 0.05$

(3) 研削砥石台支持系

　　静　剛　性：$k_{ms} = 15\,\text{kgf}/\mu\text{m}$

　　固有振動数：$f_{ns} = 200\,\text{Hz}$

　　減　衰　比：$\zeta \cong 0.05$

(4) 受板支持系

　　静　剛　性：$27.4\,\text{kgf}/\mu\text{m}$（予荷重 10 kgf）

　　固有振動数：500 Hz

図11.4 に，上記構成要素のインパルス応答を示す．

11.2　ドレッサ送り機構の固有振動数に起因する自励びびり振動の発生

予備的自励びびり振動に関する実験から，ドレッサ送り機構に起因する 150 Hz の共振現象が自励びびり振動の原因となることが明らかになった．このため

　　ドレッサ送り系固有振動数：150 Hz　　減衰比：$\zeta \cong 0.05$

とし，E.(1),(2),(3) で示した振動系にこれを加えたときの研削加工系の無次元化コンプライアンスのベクトル軌跡を求めると，図11.5 となる．また，この軌跡から等 σ 線図の近似解（$\varepsilon = 0$, $\varepsilon' = 0$）を計算すると，図11.6 に示す安定判別線図が求められる．

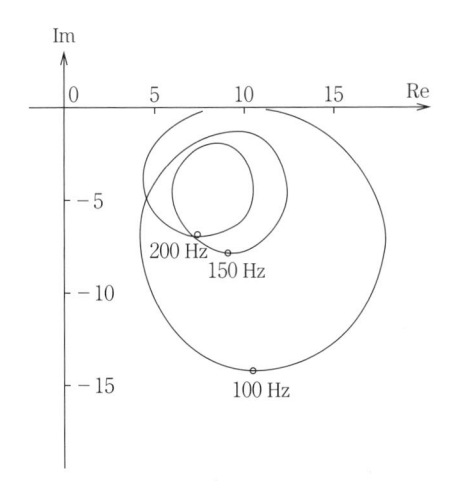

図11.5　図10.1(b)のベクトル軌跡にドレッサ装置の共振周波数 150 Hz の成分を加えたもの（計算値）

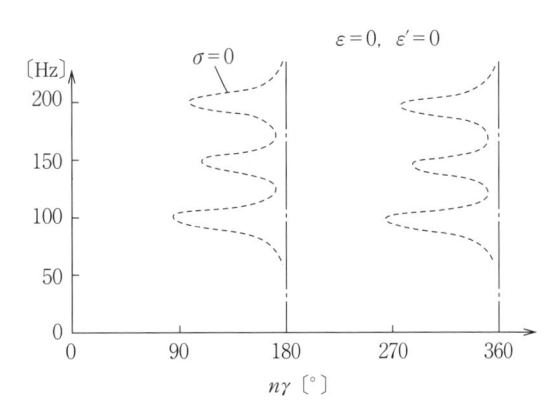

図11.6　図11.5 より求めた安定判別線図（計算値）

11.3 自励びびり振動の発生過程の観測例[10.1]

図 11.7 は，自励びびり振動発生時の研削力の変化過程と，工作物外周面に生ずる真円度の変化の観測例である。ここでは，研削開始後約 8 秒で，振動的研削力による危険のため研削を中止している。

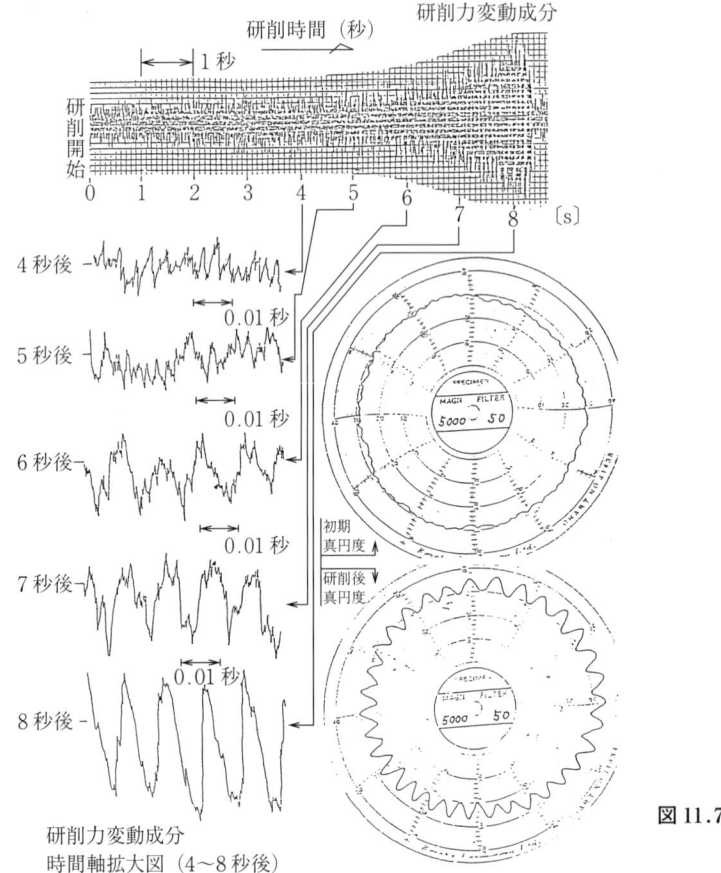

図 11.7 自励びびり振動の発達過程の実験例

図の上部には研削力の時間的変化の記録を示し，左側に時間軸を拡大した研削力の脈動成分の発達過程を示す。当初は多数の振動成分が混在しているが，6～7 秒後には明瞭(りょう)な規則的成分を示し，びびり振動数がほぼ 100 Hz に達する。この過程は工作物の真円度の変化として現れる。図の右側に示すように，工作物の初期真円度に比べ，びびり振動が発達した 8 秒後には 33 山の規則正しい歪円形状を示している。

以下に示す自励びびり振動実験においては，研削力の変動成分が規則的変化を示す段階で研削を中止することとしている。

11.4 自励びびり振動発生条件を示す $n\gamma$ vs. nn_w 線図[10.1] ― 高速安定領域と低速安定領域（解析）

11.1節において実験機械の力学的同定の結果得られた無次元化コンプライアンスを基に求められた $n\gamma$-nn_w 座標における高速安定領域と低速安定領域を**図11.8**（a）に示す。ここで，点線は $\varepsilon=0$，$\varepsilon'=0$ の場合を，斜線部は $\varepsilon\neq0$，$\varepsilon'=0$ の場合を示す。具体例として $\gamma=7.5°$ の場合の安定判別線図を図（b）の γ vs. n_w 座標上に示す。

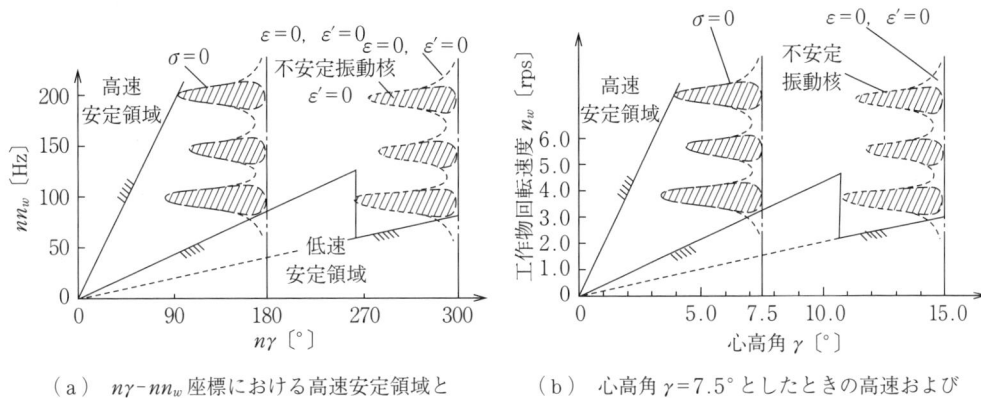

（a） $n\gamma$-nn_w 座標における高速安定領域と低速安定領域

（b） 心高角 $\gamma=7.5°$ としたときの高速および低速安定領域

図11.8 心なし研削における高速安定研削領域と低速安定研削領域（解析）

つぎに，安定判別線図に直接影響を与える要因として，6.2節において調整砥石の弾性接触弧と成円機構の関係を求めている。ここでは，弾性接触弧のフィルタ係数として Z_{cr} を導入している。この解析から明らかになったことは，以下にまとめられる。

(1) 歪円のうねり山数 n が多くなるほどうねり振幅の発達率 σ は減小する。
(2) $n\gamma=180°$，$360°$，…の近傍でその影響は大きくなる。
(3) 工作物直径 D_w が小さくなるほどその影響は大きくなる。

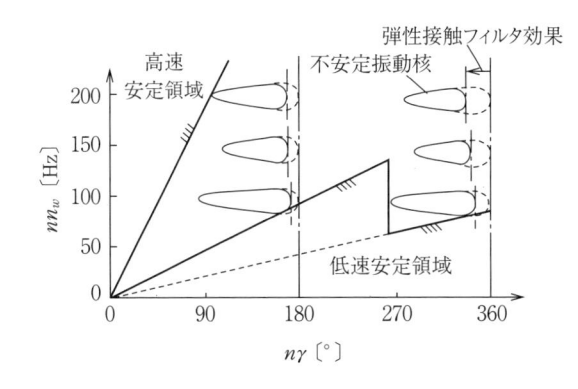

図11.9 調整砥石との弾性接触弧による不安定振動領域の縮小効果

上記 (1), (2) の傾向を安定判別線図 $n\gamma$-nn_w 座標上で示すと**図 11.9** となる。びびり振動数が増加するほど，また偶数山うねり領域より奇数山うねり領域に向かうほど，弾性接触弧フィルタの効果は大きくなる。

11.5　実験によって求めた安定判別線図 ── 低速安定限界線 [10.1), 11.1)]

自励びびり振動の発生を支配するパラメータ (γ, n_w) の組合せによる低速安定限界線を実験的に求めた結果を以下に示す。

工作物寸法 $\phi30\times70$ について，切込み速度が $300\,\mu m/min$ および $1\,000\,\mu m/min$ の場合についての自励びびり振動研削の結果を**図 11.10** に示す。

(a) 切込み速度：$300\,\mu m/min$　　(b) 切込み速度：$1\,000\,\mu m/min$

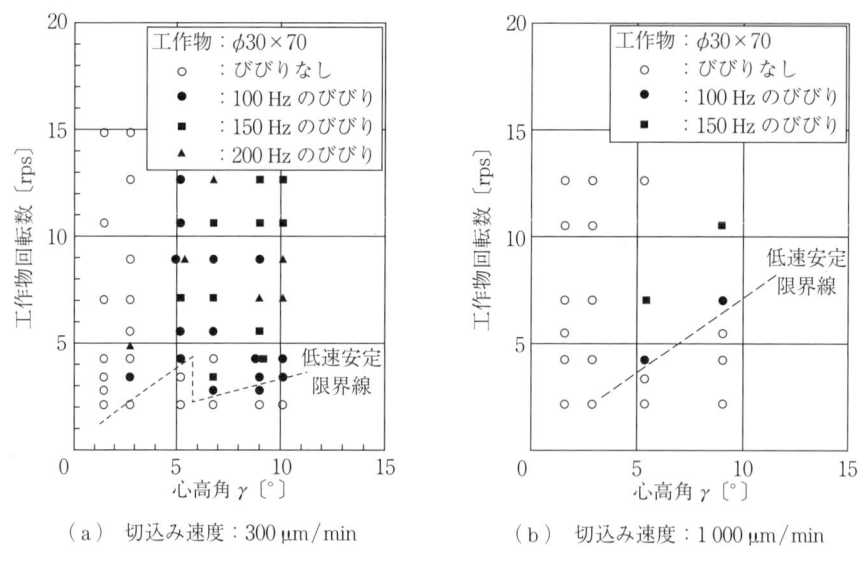

図 11.10　工作物 $\phi30\times70$ の自励びびり振動研削実験

切込み速度 $300\,\mu m/min$ の図 (a) の場合には，偶数山の歪円発生領域と奇数山歪円発生領域でそれぞれの低速安定限界線が存在する。切込み速度が $1\,000\,\mu m/min$ の図 (b) の場合には，偶数山の歪円発生領域の低速安定限界線のみである。

工作物の直径を $\phi30$ から $\phi10$ に変えた場合の低速安定限界線を**図 11.11** に示す。工作物直径が小さくなることにより，同じ切込み速度 $300\,\mu m/min$ でも低速安定限界線は偶数山歪円発生領域のみである。

図 11.12 に，工作物 $\phi40\times70$，切込み速度 $500\,\mu m/min$ の自励びびり振動研削実験の結果を示す。

上述の自励びびり振動研削と同様の実験結果を

11.5 実験によって求めた安定判別線図 — 低速安定限界線

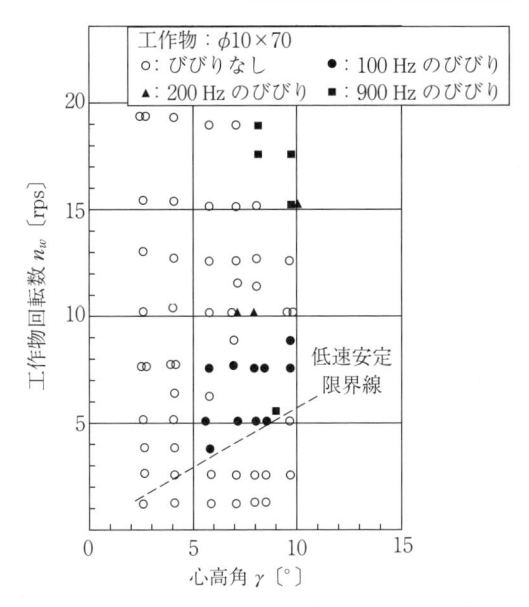

図 11.11 工作物 $\phi 10 \times 70$，切込み速度 $300\,\mu\mathrm{m/min}$ の自励びびり振動研削実験

図 11.12 工作物 $\phi 40 \times 70$，切込み速度 $500\,\mu\mathrm{m/min}$ の自励びびり振動研削実験

工作物直径：$\phi 7 \sim \phi 40$

研　削　幅：$40 \sim 140\,\mathrm{mm}$

切込み速度：$50 \sim 1\,100\,\mu\mathrm{m/min}$

の範囲にわたって γ-n_w 座標上に表示したものが**図 11.13** である。

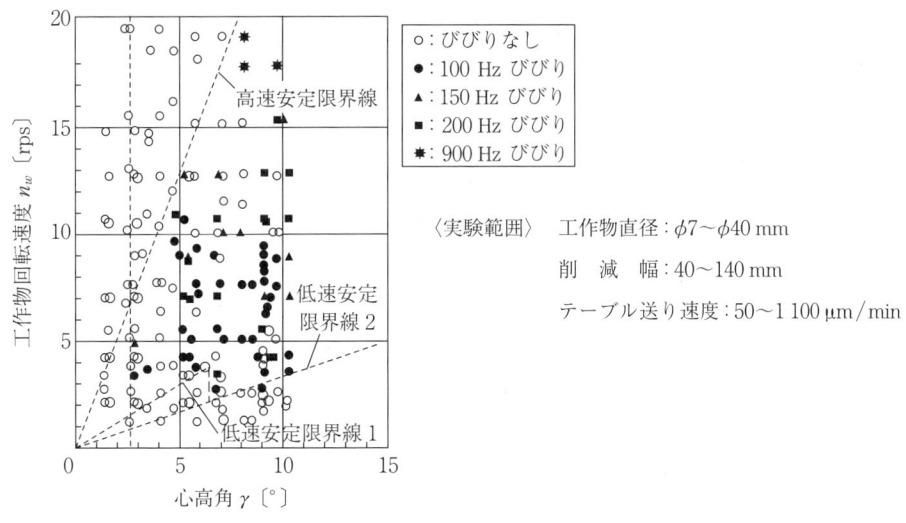

図 11.13 びびり振動研削実験の γ-n_w の線図表示

〈実験範囲〉　工作物直径：$\phi 7 \sim \phi 40\,\mathrm{mm}$

削減幅：$40 \sim 140\,\mathrm{mm}$

テーブル送り速度：$50 \sim 1\,100\,\mu\mathrm{m/min}$

図 11.10，図 11.11 および図 11.12 の結果を，加工系の固有振動数 100 Hz，150 Hz および 200 Hz 近傍に存在する振動核として，偶数山歪円発生領域 $n\gamma = 0 \sim 180°$，および奇数山

歪円発生領域 $n\gamma=180〜360°$ の範囲に分け，以下に $n\gamma$-nn_w 座標上で説明する。

図 11.10（a），（b）に示した工作物 $\phi 30\times 70$，切込み速度 300 μm/min，および 1 000 μm/min の場合の安定判別表示を，それぞれ**図 11.14**（a），（b）に示す。図（a）では，偶数山歪円発生領域と奇数山歪円発生領域それぞれに自励びびり振動核（$n\gamma, nn_w$）が存在するのに対し，研削負荷の大きい図（b）においては，奇数山歪円発生領域に自励びびり振動核は存在しない。また図（a）においても，自励びびり振動数が高くなるほど，また $n\gamma=180°$ および 360° 近傍ほど，自励びびり振動発生領域が縮小する傾向を示す。このことは，うねり山数が多くなるほど調整砥石の弾性接触弧によるフィルタ効果が大きくなることを示す。

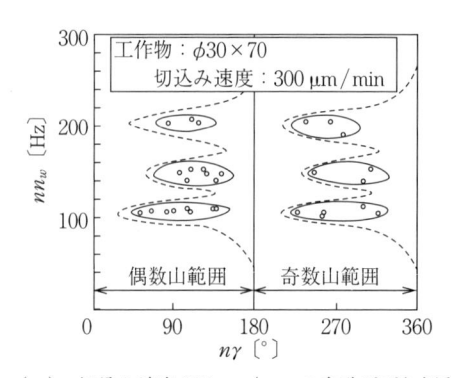

（a）切込み速度 300 μm/min の自励びびり振動研削実験から求めた不安定振動核　　（b）切込み速度 1 000 μm/min の自励びびり振動研削実験から求めた不安定振動核

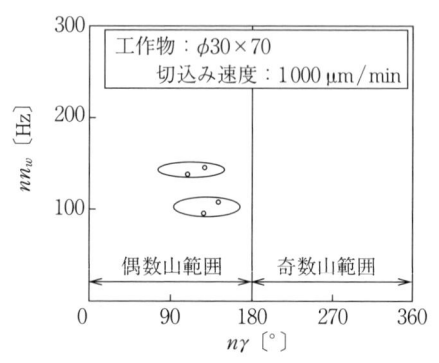

図 11.14　図 11.10 の実験結果を $n\gamma$-nn_w 座標上に表現した不安定振動核

図 11.11 に示した工作物 $\phi 10\times 70$，切込み速度 300 μm/min の自励びびり振動核の発生領域を $n\gamma$-nn_w 座標上に示すと**図 11.15** となる。ここでも，偶数山歪円発生領域にのみ不安定振動核が存在し，うねり山数の多い奇数山歪円発生領域に存在しないのは，前述と同様調整砥石の弾性接触弧によるフィルタ効果のためである。同様の効果が図 11.12 を $n\gamma$-nn_w 座標上に示した**図 11.16** においても見られる。

以上の実験結果をすべて $n\gamma$-nn_w 座標上の振動核として示すと**図 11.17** となる。この図から，安定判別のキーパラメータ n_w/γ による自励びびり振動発生指針として，つぎのように判断することができる。

$$0.3 \leqq \frac{n_w}{\gamma} \leqq 3.0$$

上式の範囲で自励びびり振動が発生する。

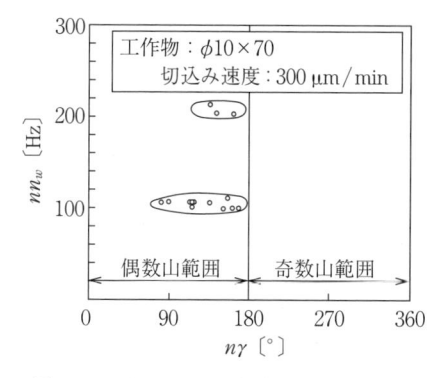

図11.15 図11.11の実験結果を $n\gamma$-nn_w 座標上に表現した不安定振動核

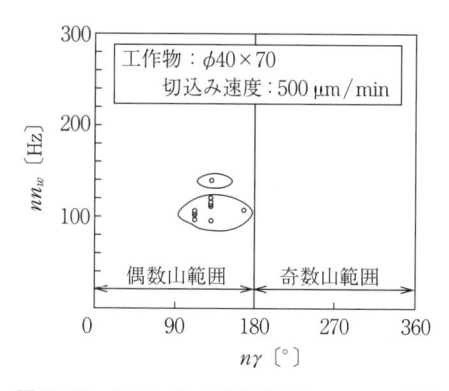

図11.16 図11.12の実験結果を $n\gamma$-nn_w 座標上に表現した不安定振動核

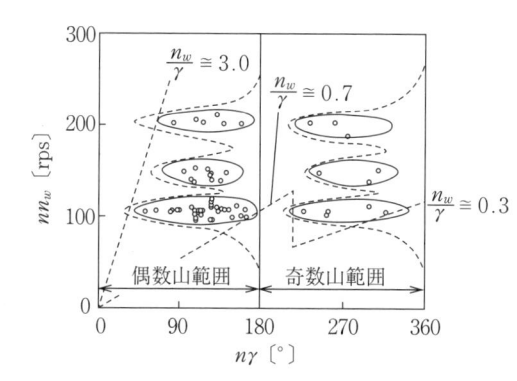

図11.17 研削実験による不安定振動核の分布と n_w/γ 値による安定判別線図

11.6　心なし研削における成円作用を支配するキーパラメータ n_w/γ と自励びびり振動研削現象の観察[10.1),11.1)]

図11.10（a）で示されたように，工作物寸法 $\phi30\times70$，切込み速度 $300\,\mu\mathrm{m/min}$ の場合には，固有振動数が 100 Hz，150 Hz および 200 Hz 近傍で偶数山，奇数山歪円発生領域で自励びびり振動核が存在することに着目し，**表11.1**に示す研削条件の下で，自励びびり振動の発生を支配するパラメータ（安定判別のキーパラメータ）n_w/γ を表11.2に示す範囲で変化させた場合の研削実験を，ケース 1〜8 に分けて行った。

その結果を図11.18から図11.25にわたって以下に示していく。観測された記録は，研削力の振動成分の時間的変化過程とスペクトル分析，および真円度である。

表11.2に示す研削実験ケース（1）の場合の研削現象の記録を**図11.18**に示す。ここでは，自励びびり振動は生じない。研削力の振動成分の周期的変化も，歪円のうねり成分も認められない。

実験のケース（2）の場合の自励びびり研削現象を**図11.19**に示す。100 Hz 近傍の自励び

11. 心なし研削実験による自励びびり振動発生モデルの検証

表 11.1 共通研削条件

| 工　作　物：$\phi 30 \times 70$ |
| 切込み速度：$300\,\mu\text{m}/\text{min}$ |
| 心　高　角：$\gamma = 9.1°$ |

表 11.2 各実験ケースごとの工作物回転速度 n_w と n_w/γ 値

ケース	n_w [rps]	n_w/γ
1	2.8	0.31
2	3.4	0.37
3	4.3	0.47
4	5.5	0.60
5	7.1	0.78
6	8.9	0.98
7	10.6	1.16
8	12.8	1.42

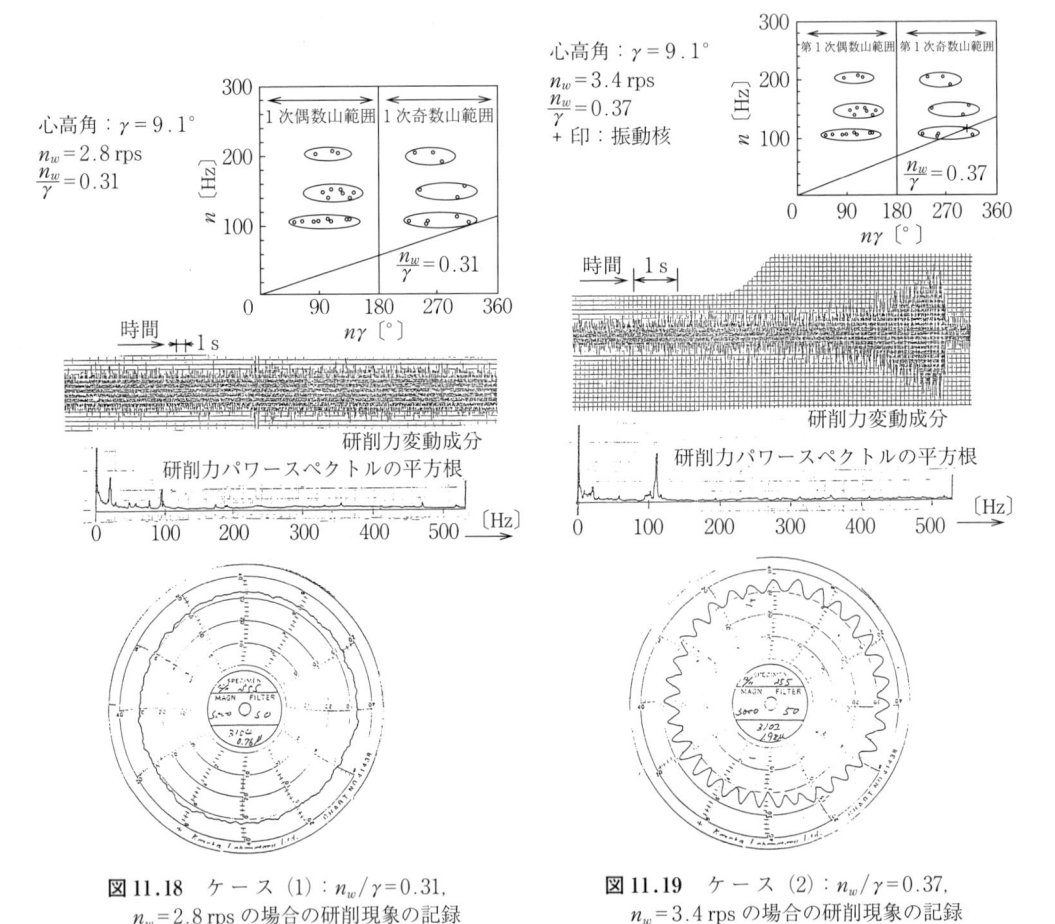

図 11.18 ケース (1)：$n_w/\gamma = 0.31$, $n_w = 2.8\,\text{rps}$ の場合の研削現象の記録

図 11.19 ケース (2)：$n_w/\gamma = 0.37$, $n_w = 3.4\,\text{rps}$ の場合の研削現象の記録

びり振動の発生と，これによる 33 山の歪円が生じている。＋印は振動核の位置を示す。

図 11.20 は実験のケース (3) の場合の自励びびり研削現象を示す。100 Hz 近傍のびびり振動数と 25 山のうねり山数の歪円の発生を示している。

図 11.21 は実験のケース (4) の場合の自励びびり研削現象を示す。150 Hz 近傍のびびり

11.6 心なし研削における成円作用を支配するキーパラメータ n_w/γ と自励びびり振動研削現象の観察

図 11.20 ケース (3): $n_w/\gamma=0.47$, $n_w=4.3$ rps の場合の研削現象の記録

図 11.21 ケース (4): $n_w/\gamma=0.60$, $n_w=5.5$ rps の場合の研削現象の記録

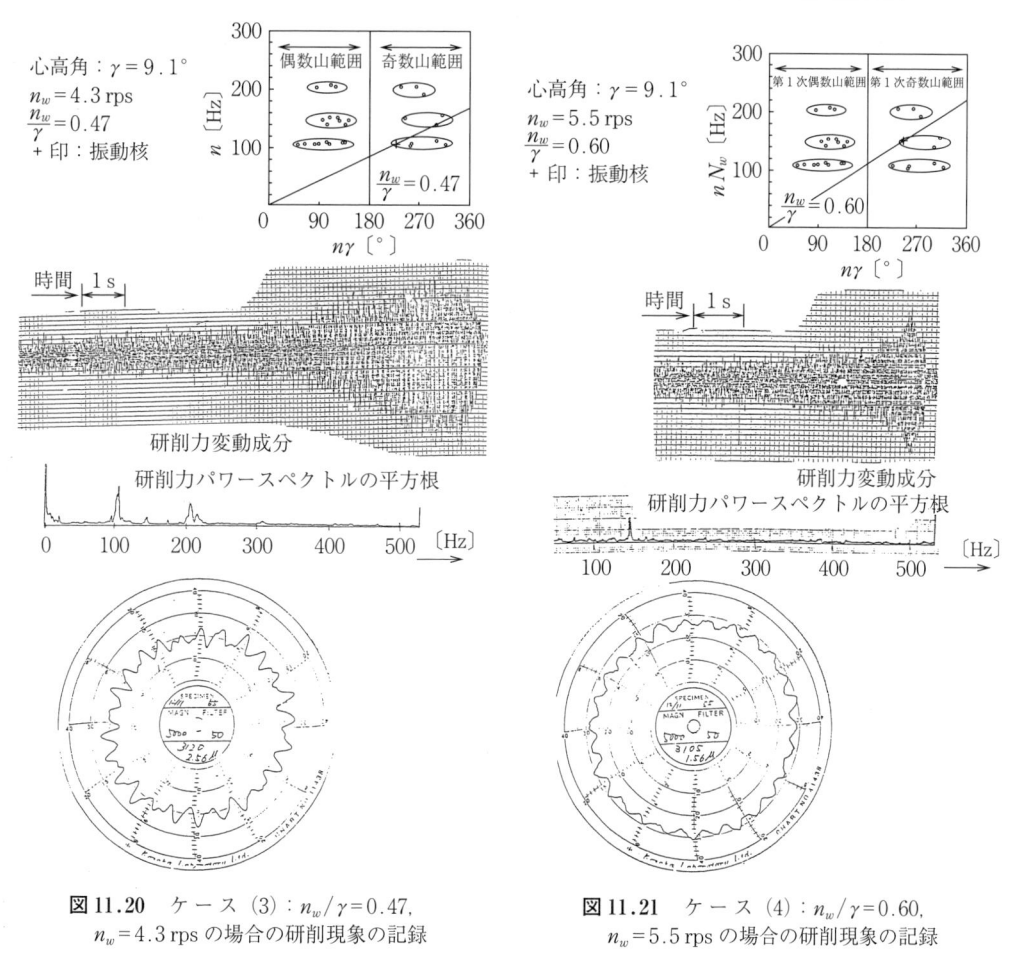

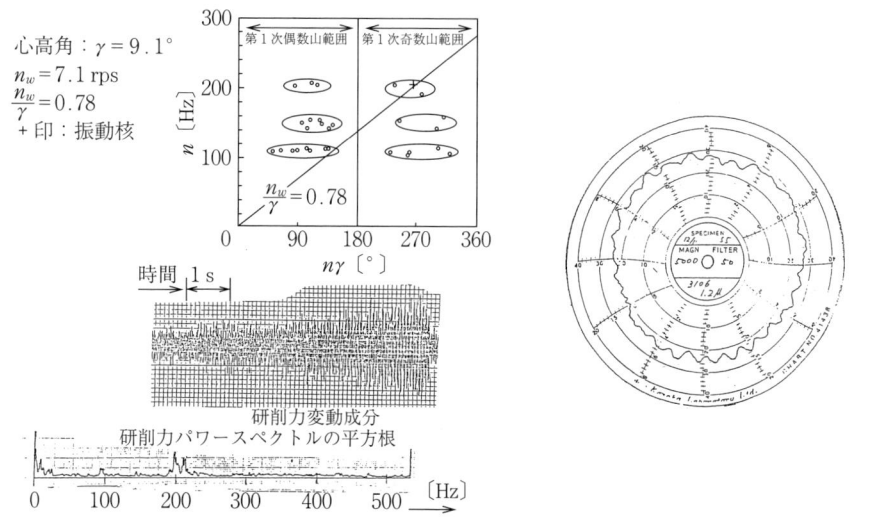

図 11.22 ケース (5): $n_w/\gamma=0.78$, $n_w=7.1$ rps の場合の研削現象の記録

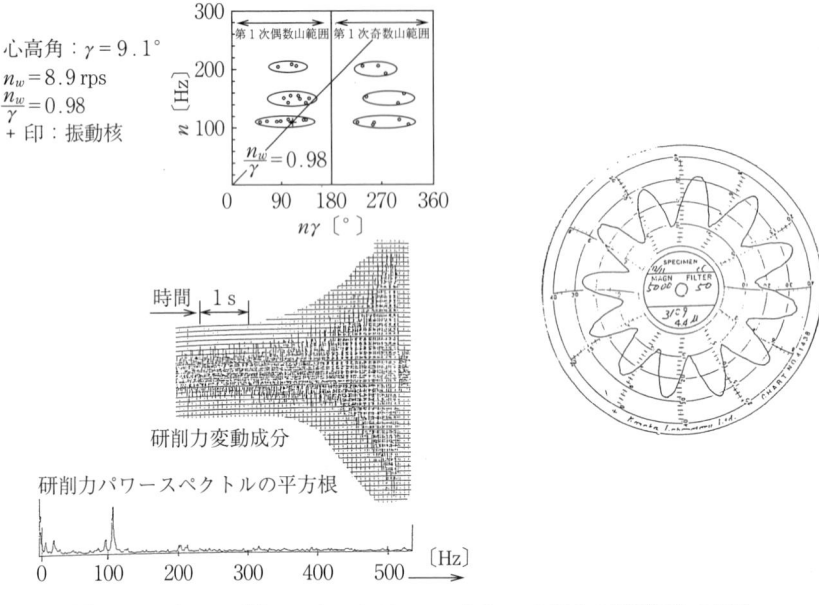

図 11.23 ケース (6)：$n_w/\gamma = 0.98$，$n_w = 8.9$ rps の場合の研削現象の記録

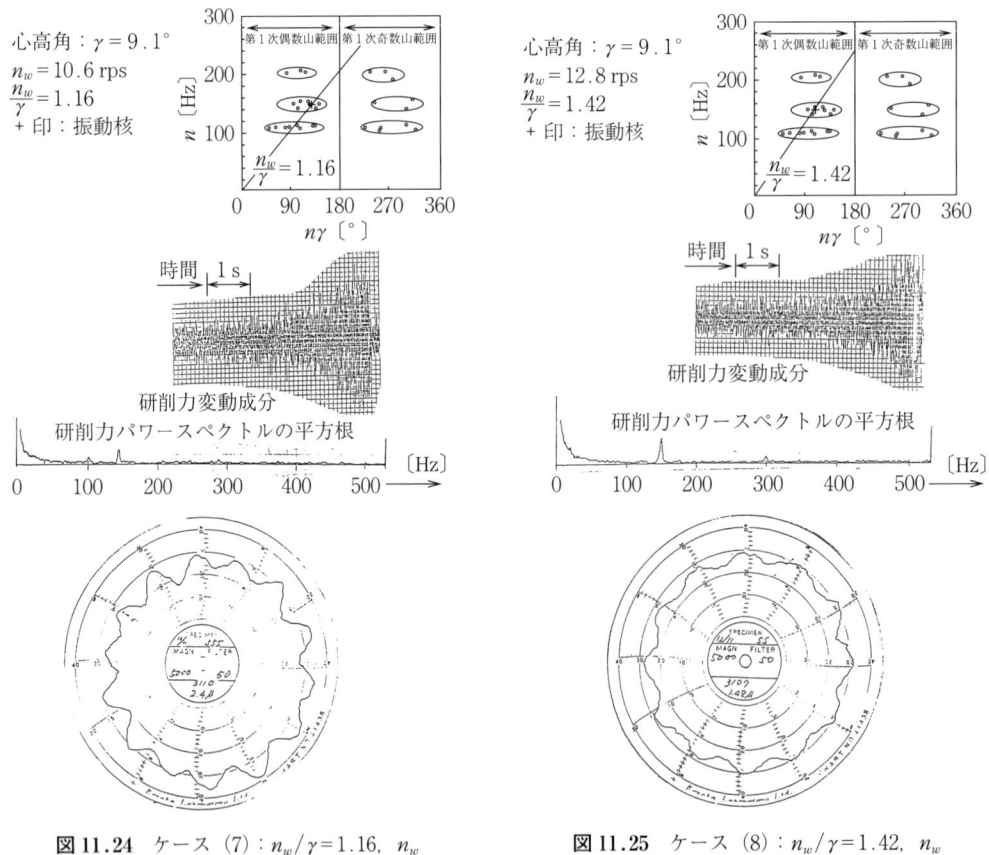

図 11.24 ケース (7)：$n_w/\gamma = 1.16$，$n_w = 10.6$ rps の場合の研削現象の記録

図 11.25 ケース (8)：$n_w/\gamma = 1.42$，$n_w = 12.8$ rps の場合の研削現象の記録

11.6 心なし研削における成円作用を支配するキーパラメータ n_w/γ と自励びびり振動研削現象の観察

振動数と 27 山のうねり山数の歪円の発生を示している。

図 11.22 は実験のケース (5) の場合の自励びびり研削現象を示す。びびり振動数として約 200 Hz と 215 Hz にピークが存在し，このため工作物の真円度のうねり成分が 29 山，31 山の混合の歪円が考えられる。

図 11.23 は実験のケース (6) の場合の自励びびり研削現象を示す。100 Hz 近傍のびびり振動数と 12 山のうねり歪円の発生を示している。

図 11.24 は実験のケース (7) の場合の自励びびり研削現象を示す。150 Hz 近傍のびびり振動数と 14 山のうねり歪円の発生を示している。

図 11.25 は実験のケース (8) の場合の自励びびり研削現象を示す。150 Hz 近傍のびびり振動数と 12 山のうねり歪円の発生を示している。

100 Hz 近傍の偶数山自励びびり振動発生領域内にある振動核の位置によって変化する振幅発達率の測定結果を図 11.26 に示す。

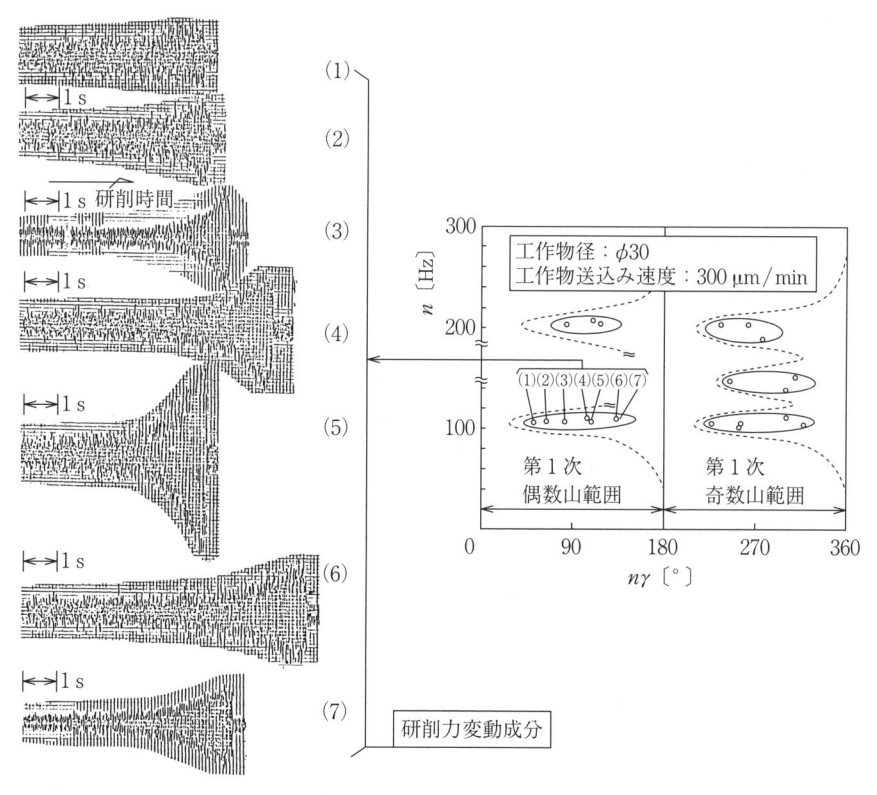

図 11.26 100 Hz 近傍の偶数山自励振動発生核の位置による振幅発達率の測定

図 11.27 はこの測定結果から求めた振動核の振幅発達率特性 $n\gamma$ vs. σ の実験値である。この結果は先に求めた図 10.6 の解析結果と定性的に合致することを示している。

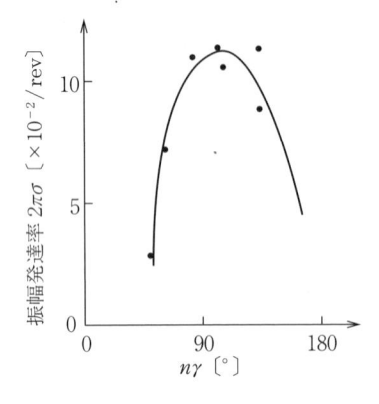

図 11.27 100 Hz 近傍の偶数山自励振動発生核の振幅発達率特性 $n\gamma$ vs. $2\pi\sigma$ [1/rev]

11.7 安定研削条件の求め方 ― 近似解法[10.1]〜[11.3]

不安定振動核の分布領域を **図 11.28** の記号で示すこととする。図に示す点 A および点 B の座標が求まると，高速安定領域と低速安定領域を決める n_w/γ の範囲を決めることができる。

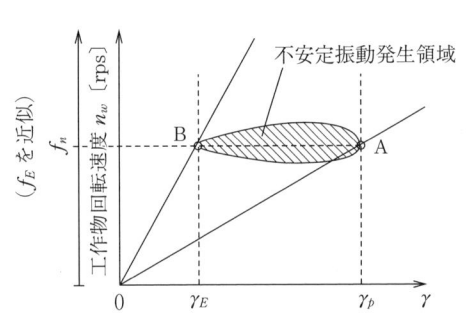

図 11.28 不安定振動核の分布領域の近似表示

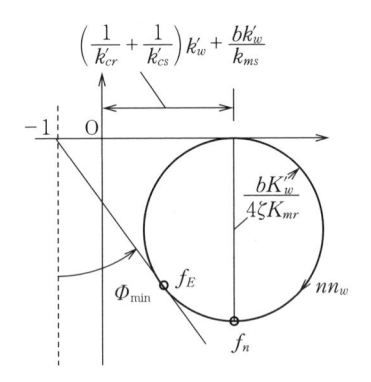

心高角：$\gamma = \gamma_p$　　固有歪円山数：$n_{e,p}\left(=\dfrac{180°}{\gamma_p}\right)$

最小位相角：$\varPhi_{\min}\left(=\dfrac{(n\gamma)_E}{2}\right)$

図 11.29 最小位相角 $\varPhi_{\min}$ の求め方（図 9.12 参照）

（注）砥石支持系の剛性は f_E 近傍まで静剛性 K_{mr}

いま，心高角を $\gamma=\gamma_p$ とおいたときの固有歪円の山数 $n_{e,p}$ は

$$n_{e,p}=\left[\frac{180°}{\gamma_p}\right]_e$$

例えば，$\gamma_p=9°$ としたときは $n_{e,p}=20$ 山となる。また，自励びびり振動数 f_c を近似的に

$$f_c \cong f_n$$

とおき，共振周波数 $f_n=100$ Hz とすると，工作物の回転速度 n_w は

$$n_w=\frac{f_n}{n_{e,p}}=5\ [\text{rps}]$$

となり，点 A の座標は（9°，5 rps）となる。

図 11.29 に示す最小位相角 $\Phi_{\min}$ は点 B の座標を決めるもので，このときの γ の値を γ_E とおくと，点 B の座標は（γ_E，5 rpm）となる。

図に示す関係から

$$\frac{\gamma_E}{\gamma_p} = \frac{\Phi_{\min}}{90°}$$

となる。例えば図 10.2 に示した位相合致法による $\Phi_{\min} = 27°$ の場合を代入すると

$$\gamma_E = 2.7°$$

となり，点 B の座標は（2.7°，5 rps）となる。

したがって，この場合の安定研削条件は**図 11.30** に示す n_w/γ の値により

$$\frac{n_w}{\gamma} > 1.85 \text{ のとき高速安定}$$

$$\frac{n_w}{\gamma} < 0.56 \text{ のとき低速安定}$$

の条件となる。

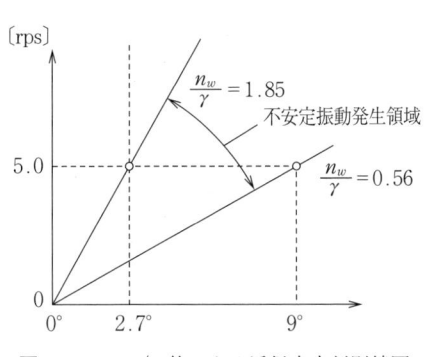

図 11.30 n_w/γ 値による近似安定判別線図

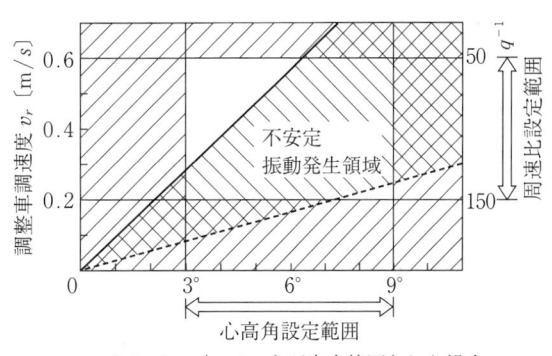

図 11.31 直径 15 mm の工作物に対する安定研削条件の設定領域

安定研削条件の設定は工作物の直径 D_w によって大きく異なる。n_w/γ 値と工作物直径 D_w との関係式は

$$\frac{n_w}{\gamma} = \frac{v_r}{\pi D_w \gamma} \quad (v_r：調整砥石の周速)$$

上式の関係から，工作物直径が小さい場合は高速研削領域が広く，大径になるほど低速研削領域を広くとることができる。これらの中間領域である $D_w = 10 \sim 20$ mm の場合には，調

整砥石の周速 v_r の制約から安定領域が限定され，試行錯誤的経験則では困難である．具体例として，直径 15 mm の工作物に対する安定研削条件の設定領域を**図 11.31** に示す．

11.8　自励びびり振動抑制のための心なし研削機械の設計指針[11.1), 11.3)]

図 11.28 において，点 B (γ_E, f_E) が点 A (γ_p, f_E) に近づくほど不安定振動発生領域は縮小する．自励びびり振動の発生を抑制するには，γ_E の値，すなわち最小位相角 $\Phi_{\min}$ が大きくなるように設計するとよい．

そこで，具体例として表 10.3 に示した研削加工系のパラメータの中で，無次元化コンプライアンスの縮小に関係するパラメータ k_{mr} および ζ の値として

$$k_{mr}=50\,\mathrm{kgf/\mu m},\quad \zeta=0.10$$

としたときの γ_E を求める．静的コンプライアンスは

$$\frac{bk'_w}{k_{mr}}=\frac{12}{50}=0.24$$

共振点におけるコンプライアンスは

$$\frac{bk'_w}{2\zeta k_{mr}}=2.4$$

したがって

$$\Phi_{\min}=77.6°,\quad \gamma_E=7.76°$$

不安定振動の発生する範囲 $\overline{\mathrm{BA}}$ は

$$\gamma=7.76\sim 9.0°$$

表 10.3 の場合は

$$\gamma=2.7\sim 9.0°$$

両者の比較からその範囲は 6.3° から 1.24° となり，約 1/5 に縮小する．

　心なし研削機械のような機械振動系において，広い周波数領域にわたって減衰比を高く保持することは困難であり，従来の経験則から滑り案内面による摩擦力の利用が有効と考えられる．

　しかし，従来の滑り案内系においては，送り分解能を向上させようとするとスティックスリップ（付着滑り），ロストモーション（運動伝達のガタ，不感帯）という滑り案内機構と駆動系の間の非線形な摩擦特性によるトラブルが生ずる．

　したがって，前述の調整砥石ヘッド送り系の静剛性 k_{mr}，および減衰比 ζ を向上させるためには，送り分解能が高く，かつスティックスリップ，ロストモーションの生じない滑り案内系の送り制御機械の開発が不可欠である．

第2部

心なし研削盤の設計

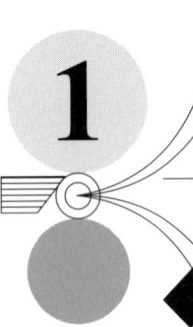

1 滑り軸受案内テーブルの高剛性・高分解能位置決めサーボ系の設計[†]

1.1 スティックスリップ防止対策としての力操作形サーボ系とその構成

工作機械の機能評価は運動転写原理に立っており，1970年代の評価水準として表1.1に示すVUOSOの基準がある[1.1]。研削砥石ヘッドのテーブル送りは滑り軸受案内を前提としている。このため，スティックスリップ現象を避けるための最小ステップ送り，不感帯および位置決め精度のばらつきを評価基準としている。

表1.1 摺動体の手動位置決め制度の許容値（抜粋）〔μm〕

	ばらつき ±3σ	不感帯	最小ステップ送り	
			負荷なし	負荷あり
〈円筒研削盤〉				
研削砥石ヘッド	4	16	1.6	—
テーブル縦送り	10	100	4	10
〈内面研削盤〉				
研削砥石ヘッド	4	16	1.6	
〈平面研削盤〉				
スピンドルヘッド下方送り	4	40	−1.6	—
コラム（テーブル）のクロス送り	10	100	1.6	—

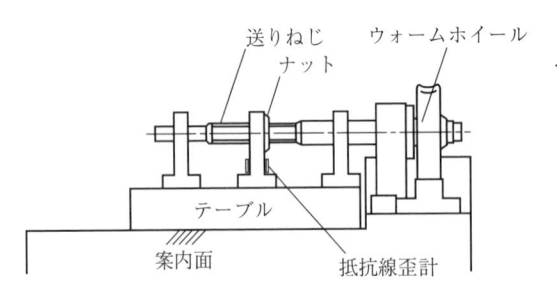

図1.1 滑り軸受案内テーブルのスティックスリップ特性測定実験装置

表1.2 実験装置仕様

```
駆 動 源：速度フィードバック付油圧モータ
ウォームギア・ウォームホイール減速比：39
送りねじ：台形ねじ，外径φ40, P=6 mm
ナットブラケット剛性：1.89 kg/μm
案 内 面：V-平滑り案内方式
受 圧 面 積：700 cm²
テーブル重量：345 kg
面   圧：1.2 kg/μm
```

[†] 本章は，巻末文献（第2部1章1.1）〜1.10））を整理して解説したものである。

1.1 スティックスリップ防止対策としての力操作形サーボ系とその構成

滑り軸受の摺動特性として指令変位入力に対する実際のテーブル変位量と，それに伴う摺動負荷特性を明らかにするための実験装置を，**図1.1**に示す。また，その仕様を**表1.2**に示す。

図1.2は送り速度が30 μm/minのときの摺動抵抗の変化と変位の関係を示す。典型的なスティックスリップ現象を示していることがわかる。初期スティック量は100 μm，初期スティック抵抗は約86 kgfである。送り速度を135 μm/minに増すと，テーブル摺動抵抗が約86 kgfを越えた後は135 μm/minの等速で運動を開始し，その後のスティックスリップ現象は見られない。**図1.3**にこれを示す。

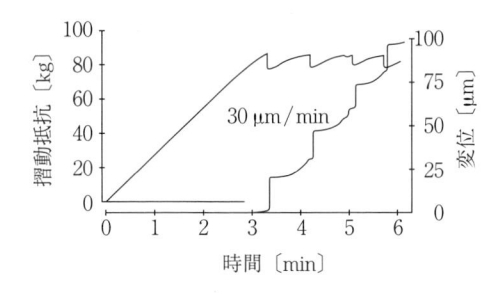

図1.2 送り速度30 μm/minのときのスティックスリップ現象

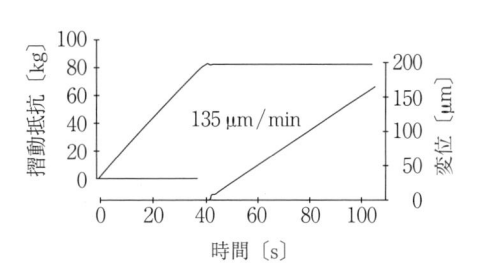

図1.3 送り速度135 μm/minのときのスティックスリップ現象

これに対する対策としては，送り駆動系の駆動剛性の向上の努力がされてきた。上述の現象は，滑り軸受案内の摺動抵抗のいわゆる静摩擦抵抗，動摩擦抵抗といわれる非線形性に原因がある。さらに，図1.1が示すように入力信号は変位入力であり，テーブル駆動力には駆動系の弾性変形がつねに介入する。

従来のテーブル駆動のサーボ系のアクチュエータは，流量制御サーボバルブの出力信号である指令流量に応じて油圧アクチュエータの変位信号に伝達される方式で，いわゆる流量操作形位置決めサーボ系である。そこで，力操作形位置決めサーボ系によるスティックスリップ解消策を以下に提案することにする。

油圧式位置決めサーボ弁には，**図1.4**に示すように流量制御形サーボ弁と差圧制御形サーボ弁の2種類がある。前者は，トルクモータによって生ずるノズルフラッパ部の内圧の差によってスプール弁を開閉し，流量出力Qが生ずる。後者では，ノズルフラッパ弁の内圧P_1，P_2の差圧$\Delta P = P_1 - P_2$を出力するサーボ弁である。サーボ弁の出力によってテーブルを駆動する油圧アクチュエータにも2種類あり，流量制御形サーボ弁の出力流量Qを操作量とする流量操作形油圧アクチュエータと，差圧制御サーボ弁の出力である差圧$\Delta P = P_1 - P_2$を操作量とする差圧操作形油圧アクチュエータである。これらの構造原理を**図1.5**に示す。

前者のアクチュエータにおいては，入力信号Qの時間的積分値がピストンの変位Xに変換されるため，アクチュエータの油洩れはOリングなどで封止する必要がある。これに対

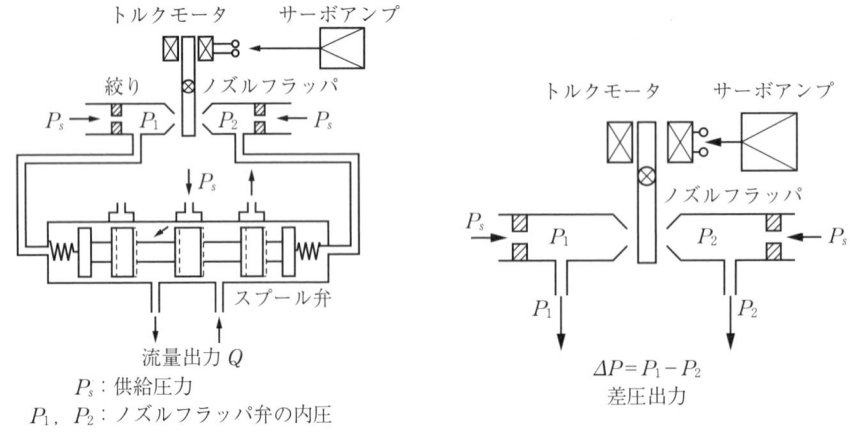

図 1.4 流量制御形サーボ弁と差圧制御形サーボ弁

（a）流量制御形サーボ弁　　　（b）差圧制御形サーボ弁

P_s：供給圧力
P_1, P_2：ノズルフラッパ弁の内圧

$\Delta P = P_1 - P_2$
差圧出力

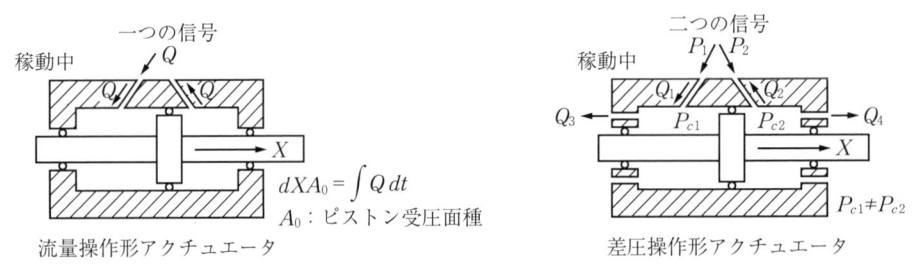

図 1.5 流量操作形アクチュエータと差圧操作形アクチュエータ

流量操作形アクチュエータ
$dXA_0 = \int Q\,dt$
A_0：ピストン受圧面積

差圧操作形アクチュエータ
$P_{c1} \neq P_{c2}$

し，後者ではピストンの左右ポケット部の圧力差が直接テーブル駆動力に変換されるため，ポケット部への流量 Q_1, Q_2 が微少な場合ほどサーボ弁出力 ΔP が左右ポケット部の差圧に等しくなる。

以上の考察からサーボ系の基本構成要素をつぎのように分類することができる。

1. サーボ弁の制御出力

　　　制御量出力 ─┬─ 絶対値出力
　　　　　　　　　└─ 相対値出力

2. アクチュエータの操作量出力

　　　操作量出力 ─┬─ 変位操作出力
　　　　　　　　　└─ 力操作出力

力操作形アクチュエータと差圧制御形サーボ弁からなるサーボ系を力操作形サーボ系と定義する。**図 1.6** は，力操作形油圧サーボ系の構成を示す。

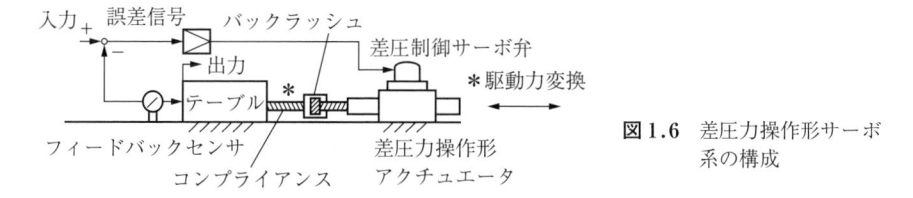

図1.6 差圧力操作形サーボ系の構成

1.2 滑り軸受案内テーブル駆動系への適用

1.2.1 力操作形油圧アクチュエータの駆動特性

図1.7に実験に用いた力操作形油圧アクチュエータの構造とその寸法諸元を示す。シリンダ-ピストン間の隙間10 μmを通して作動油が洩れる。また主な仕様を**表1.3**に示す。差圧制御形サーボ弁の出力ΔPにより力操作形アクチュエータのピストン変位Xを出力とするサーボ位置決め系の構成を**図1.8**に示す。ここで、フィードバック用センサaは容量形ピックアップセンサbは制御系ループから独立した参照用ピックアップで、渦電流形センサである。

図1.9は上記実験装置によって得られたステップ送り入力,（a）5 nm/step,（b）1 nm/step,に対するフィードバックセンサおよび参照センサの出力信号の比較を示す。同

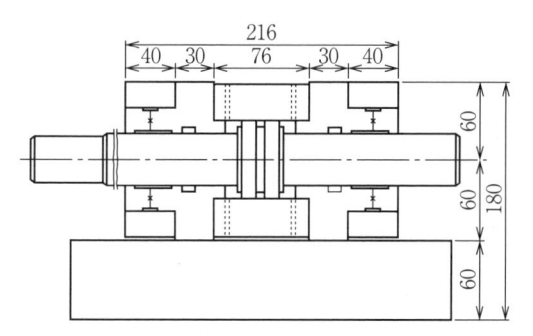

図1.7 力操作形油圧アクチュエータの構造とその寸法諸元

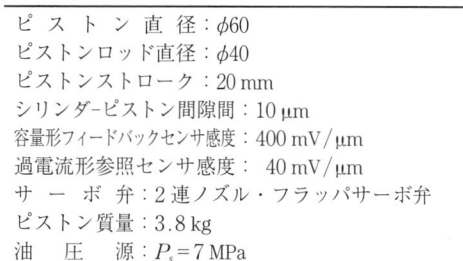

表1.3 力操作形油圧アクチュエータの仕様

ピストン直径	:φ60
ピストンロッド直径	:φ40
ピストンストローク	:20 mm
シリンダ-ピストン間隙間	:10 μm
容量形フィードバックセンサ感度	:400 mV/μm
渦電流形参照センサ感度	:40 mV/μm
サーボ弁	:2連ノズル・フラッパサーボ弁
ピストン質量	:3.8 kg
油圧源	:$P_s=7$ MPa

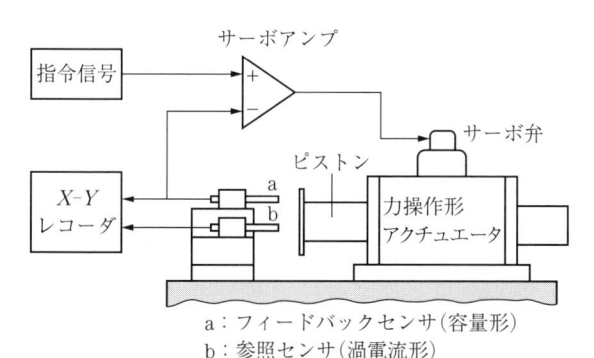

図1.8 力操作形位置決めサーボ系のアクチュエータピストンの駆動特性測定装置

a：フィードバックセンサ(容量形)
b：参照センサ(渦電流形)

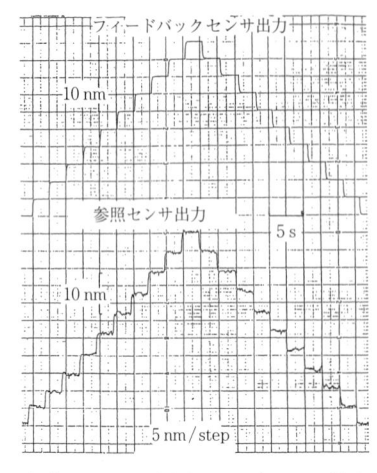

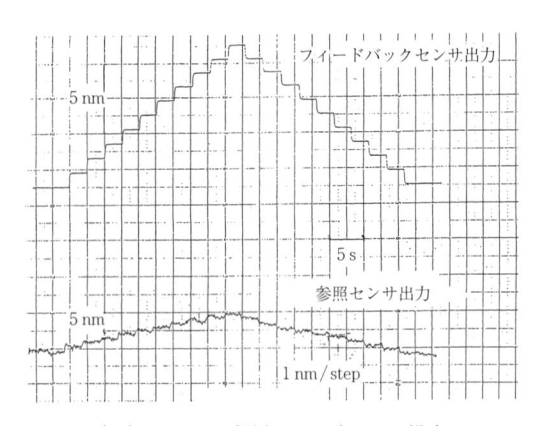

(a) ステップ送り 5 nm/step の場合   (b) ステップ送り 1 nm/step の場合

図 1.9 油圧アクチュエータピストンのステップ送り運動特性

様の一連の実験から，少くとも 1 nm/step を越える送り分解能が得られるものと考えられる。

変位指令入力に対するピストンの周波数応答特性を求める運動解析モデルを**図 1.10** に示す。その解析結果から一巡伝達関数を次式で表現することができる。ここで，s_1, s_2 は系の特性根である。

$$G(s) = \frac{K}{s\left(\dfrac{s}{s_1} - 1\right)\left(\dfrac{s}{s_2} - 1\right)} \quad (K:\text{定数}) \tag{1.1}$$

隙間 $h = 10\ \mu\text{m}$, $L = 20\ \text{mm}$, $K_a = 1\ \text{mA/mV}$ の場合上式は

$$G(s) = \frac{3.29 \times 10^4}{s\left(\dfrac{s}{s_1} - 1\right)\left(\dfrac{s}{s_2} - 1\right)}$$

上式の実験条件の下でピストン変位の周波数応答特性を求めた結果を，**図 1.11**（b）に示

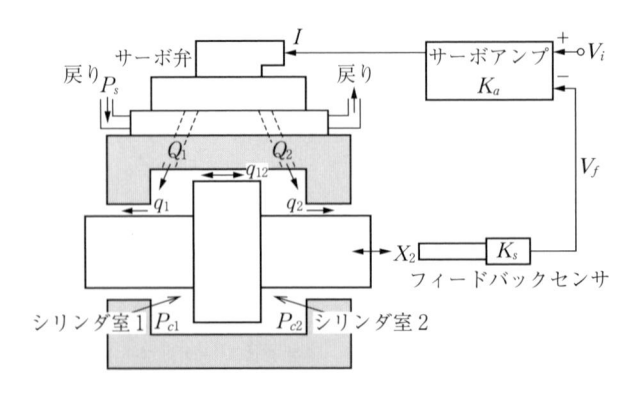

図 1.10 図 12.8 の運動解析モデル

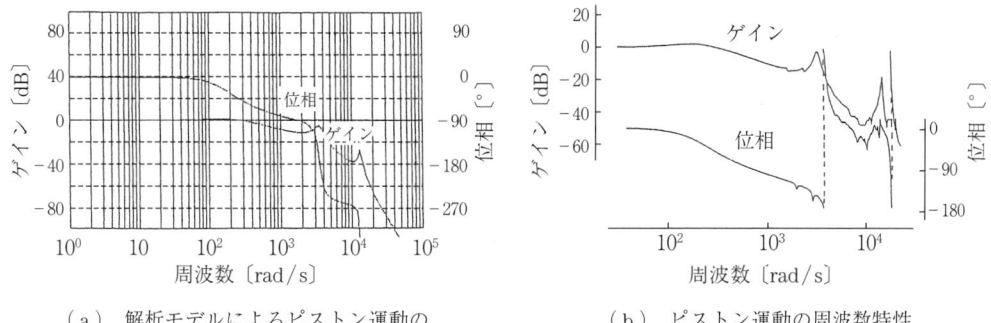

1.2 滑り軸受案内テーブル駆動系への適用

(a) 解析モデルによるピストン運動の周波数特性

(b) ピストン運動の周波数特性の実験値

図 1.11 力操作形油圧アクチュエータピストンの運動特性の解析値と実験値の比較

す。また，上記解析モデルによる解析結果を図(a)に示す。両者はよい一致を示す。

そこで，解析モデルについて隙間 h〔μm〕，ピストンストローク L〔mm〕の変化によって系の特性根 s_1, s_2 が複素平面上でどのように変化するかの計算結果を，**図 1.12** および **図 1.13** に示す。このことから，以下のことがいえる。

(1) 隙間 h〔μm〕が増加すると

　　s_1, s_2 はサーボ弁の根から離れていき，ダンピング効果が増す。

(2) ピストンストローク L〔mm〕が増加すると

　　s_1, s_2 はサーボ弁の根に近づき，系の安定性が減少する。

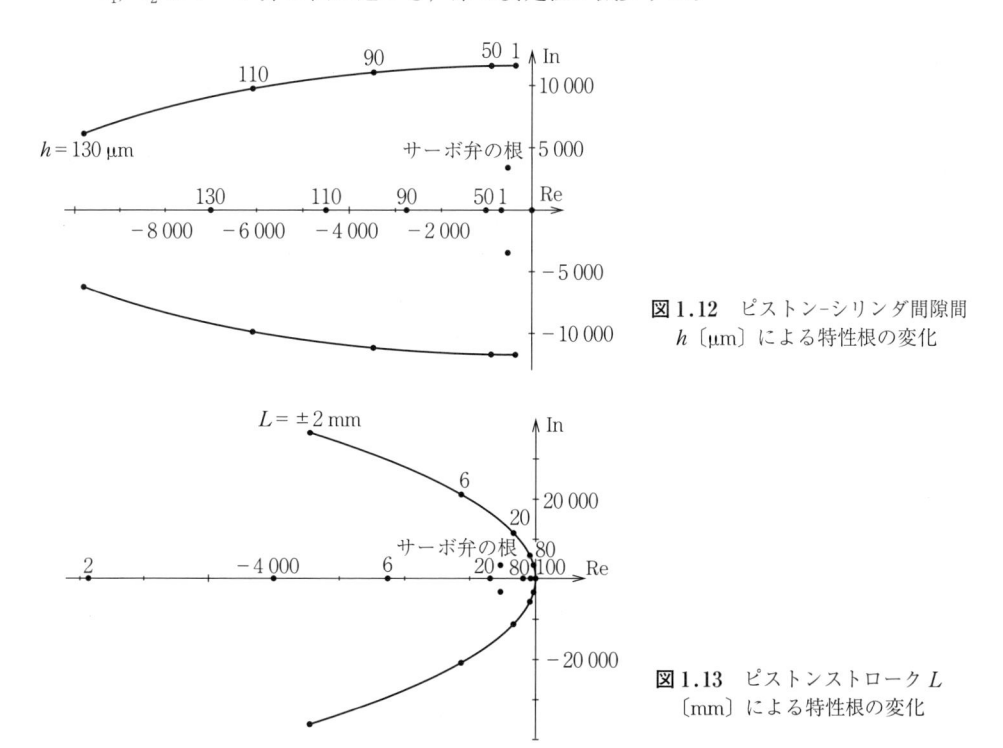

図 1.12 ピストン-シリンダ間隙間 h〔μm〕による特性根の変化

図 1.13 ピストンストローク L〔mm〕による特性根の変化

図 1.14 は，$L=140\,\mathrm{mm}$ とした場合の周波数特性を示す。系の安定性が減少するのがわかる。

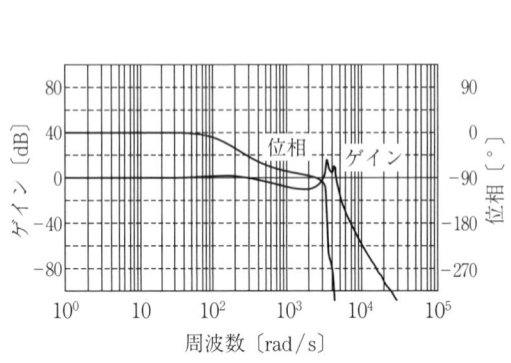

図 1.14 図 1.11（a）の $L=20\,\mathrm{mm}$ を $L=140\,\mathrm{mm}$ としたときのピストン運動の周波数特性の解析値

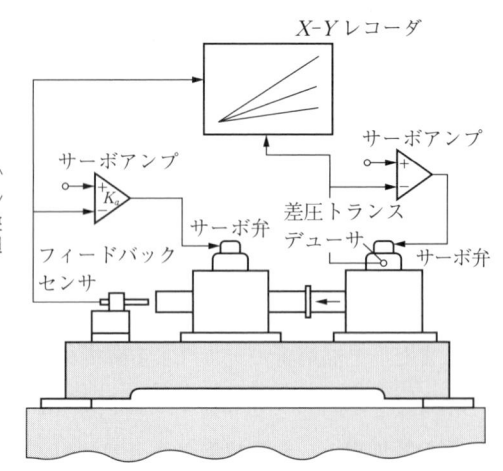

図 1.15 力操作形位置決めサーボ系の油圧アクチュエータの駆動剛性の測定装置の構成

つぎに，図 1.8 に示した力操作形位置決めサーボ系の油圧アクチュエータピストンの駆動剛性の測定実験の構成を **図 1.15** に示す。

図 1.16 は荷重 0〜500 N の変化に対応するピストンの変位量を示すもので，サーボアンプゲイン $K_a=1\,\mathrm{mA/mV}$，$2\,\mathrm{mA/mV}$ および $3\,\mathrm{mA/mV}$ と駆動剛性の関係を示す。サーボアンプゲイン $3\,\mathrm{mA/mV}$ はサーボ系の安定限界に近づく。

解析モデルによる駆動剛性の計算値と実験値との比較を **表 1.4** に示す。

表 1.4 力操作形位置決めサーボ系の油圧アクチュエータピストンの駆動剛性の実験値と計算値の比較

サーボアンプゲイン〔mA/mV〕	実験値〔N/nm〕	計算値〔N/nm〕
1.0	19.4	18.4
2.0	38.9	36.8
3.0	57.6	55.2

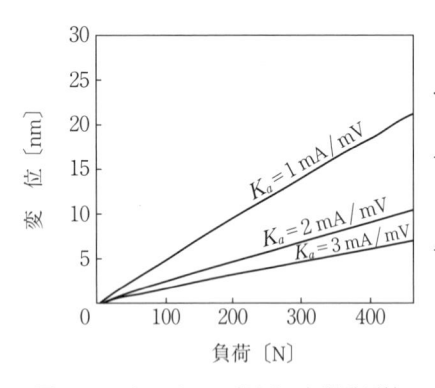

図 1.16 サーボアンプゲインと駆動剛性

1.2.2 滑り軸受案内テーブルの力操作形位置決めサーボ系の特性

実験 — その 1

滑り軸受案内テーブルの力操作形位置決めサーボ系の実験装置—その1を **図 1.17** に示す。

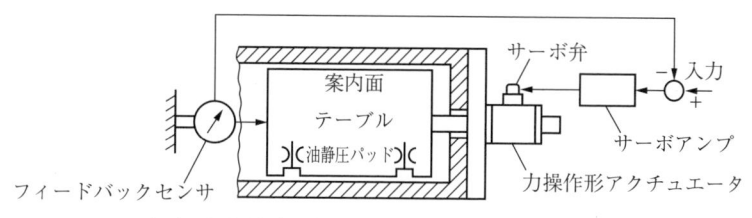

1.2 滑り軸受案内テーブル駆動系への適用

(a) 滑り軸受案内テーブルの力操作形位置決めサーボ系

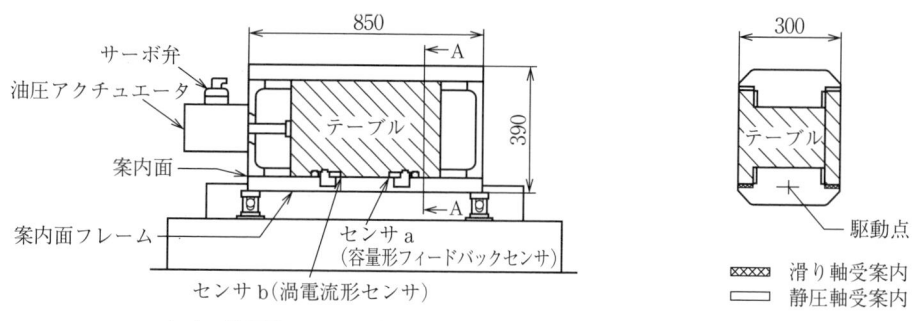

(b) 位置決めサーボ系の寸法仕様
(テーブルストローク 20 mm)

(c) テーブル摺動案内系の A-A 断面
(テーブル質量 200 kg)

図 1.17 滑り軸受案内テーブルの力操作形位置決めサーボ系の実験装置―その1

図 (a) はサーボ系の構成を，図 (b) は寸法諸元と変位センサの取付け位置を示す。センサ a はフィードバックセンサで容量形センサ，センサ b はループ外に設置した参照変位センサで渦電流形センサである。それらの感度は表 1.3 に示したものと同じである。図 (c) はテーブル摺動案内系の A-A 断面で，滑り軸受案内と油静圧案内の配置を示す。

本装置による一定速度往復運動時の摺動面の摩擦力 (a) と，テーブル変位 (b) を**図 1.18**に示す。テーブル変位は指令どおりの定速往復運動を示すが，摩擦力は滑り軸受に固有な非線形特性を示す。

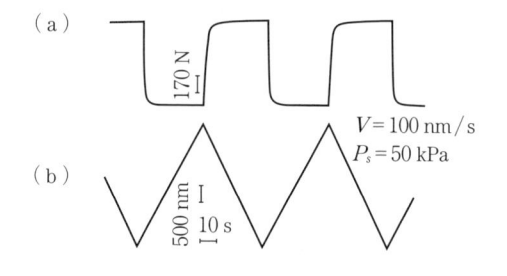

図 1.18 一定送り往復運動時の摩擦力 (a) とスライド変位 (b)

図 1.19 および**図 1.20** は，それぞれ 10 nm/step および 50 nm/step の，ステップ送り往復時の摩擦力 (a) とテーブル変位 (b) の実験結果である。

図 1.21 は，ステップ送りの入力信号とフィードバックセンサの出力との比較を示す。これらの実験から滑り軸受案内の 200 kg テーブルの力操作形位置決めサーボ系の送り分解能は，ほぼ 1 nm/step の条件を満たすものと考えられる。

図1.19 10 nm/step 送り往復運動時の摩擦力（a）とテーブル変位（b）

図1.20 50 nm/step 送り往復運動時の摩擦力（a）とテーブル変位（b）

（a）2 nm/step 送りの指令入力とフィードバックセンサの出力

（b）1 nm/step 送りの指令入力とフィードバックセンサの出力

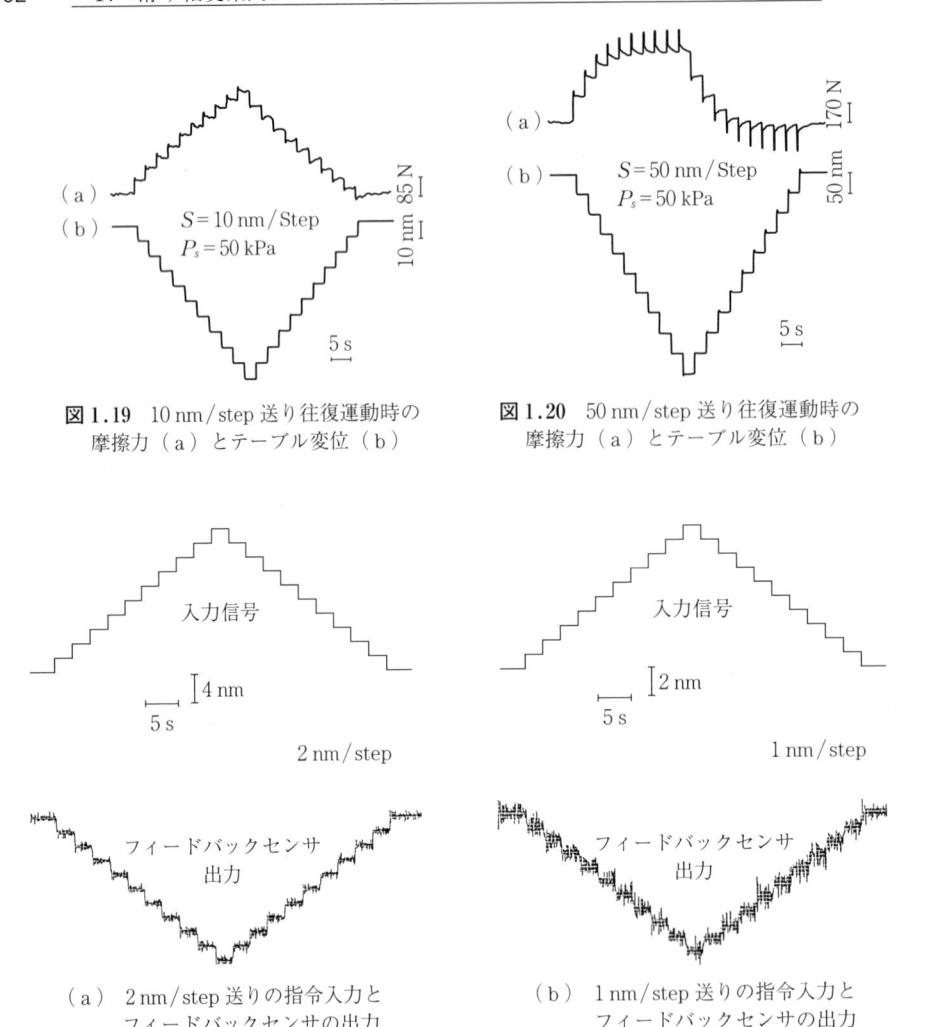

図1.21 ステップ入力信号とフィードバックセンサ出力の比較

実験 — その2

滑り軸受案内テーブルの力操作形位置決めサーボ系の長いストロークの位置決め精度検討のための実験装置—その2を**図1.22**に示す。また，その仕様を**表1.5**に示す。

リニアスケールは，レーザ測定器に比べ環境変化の影響を受け難いが，片側固定の機械構造のため振動擾乱の影響を受けやすく，特に，サーボ弁の発生する振動雑音に注意する必要がある。表1.5に実験装置—その2の仕様を示す。

図1.23は，サーボ弁の発生する振動的雑音によって生じる，テーブル静止時のスケールの出力変動を示す。図（a），（b）に示すように，低ノイズのサーボ弁に交換することにより出力ノイズレベルが約1/10に減少する。リニアスケール出力に500 Hzのローパスフィルタを加えた信号（c）を，テーブル位置の平均値と定義する。

1.2 滑り軸受案内テーブル駆動系への適用

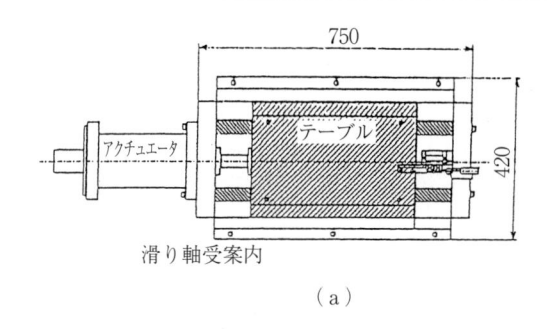

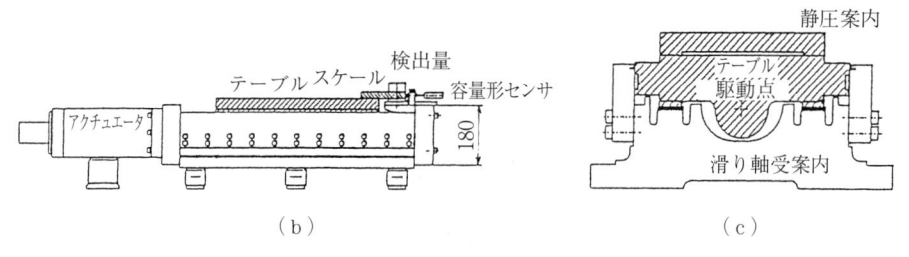

図1.22 力操作形位置決めサーボ系の実験装置—その2

表1.5 滑り軸受案内テーブルの力操作形位置決めサーボ系の実験装置—その2の仕様

テ ー ブ ル：長さ 450 mm×幅 300 mm, 質量 150 kg
滑 り 軸 受：長さ 650 mm×幅 30 mm×2 条
最大テーブルストローク：150 mm
フードバックセンサ：リニヤスケール, 分解能 1 nm/pulse スケール長さ 25 mm
参照センサ：容量形, 感度 400 mV/μm
油 潤 滑：オイルディップ

図1.24 は，10 nm の往復運動における前進，後退位置の位置決め誤差の平均値と，テーブル停止時の 500 個のサンプルデータから算出した 3σ の値を示す。

同様の実験結果のうち，20 mm の往復運動における位置決め誤差と 3σ の例を**図1.25**に示す。また一連の実験結果を往復運動 10～20 mm について平均したものを，**図1.26** に示す。

スケール出力に 500 Hz のローパスフィルタを加えた往復繰返し位置決め実験 (10～20 mm) においてその平均値として

　　位置決め誤差：0.03 nm

　　　　3σ： 0.6 nm

を得た。

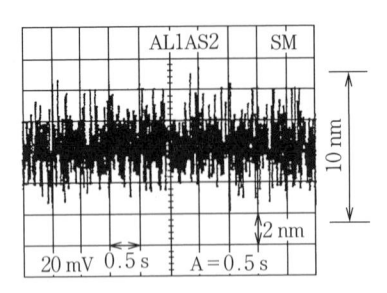

164   1. 滑り軸受案内テーブルの高剛性・高分解能位置決めサーボ系の設計

(a) サーボ弁交換前のスケールの
　　出力変動

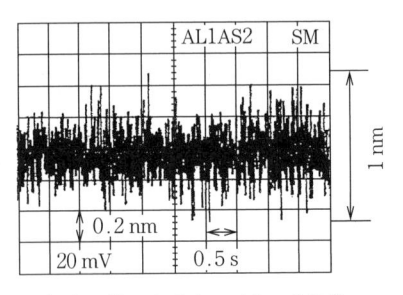

(b) 低ノイズサーボ弁に交換後の
　　スケール出力変動

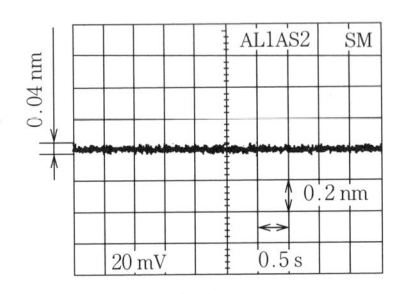

(c) (b)の出力変動に500 Hzのロー
　　パスフィルタを加えた出力

図1.23　スケールの出力変動と500 Hzのローパスフィルタを加えた出力信号

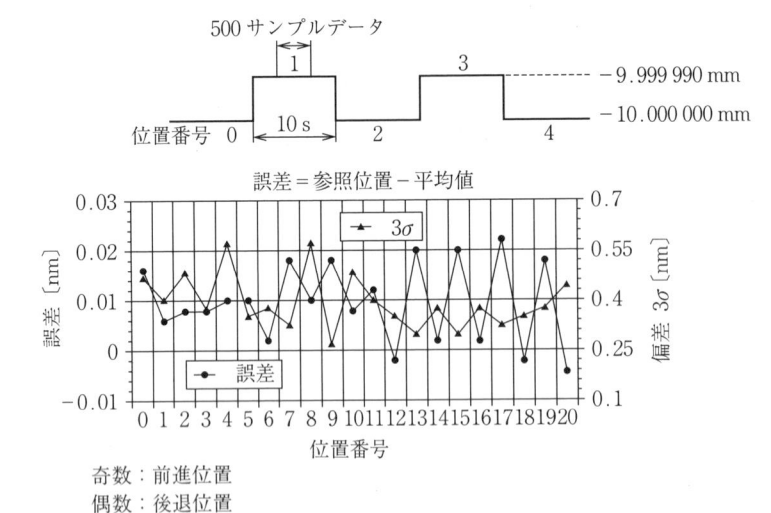

奇数：前進位置
偶数：後退位置

図1.24　移動量10 nmにおける位置決め誤差と3σ

図1.25 移動量 20 mm における位置決め誤差と 3σ

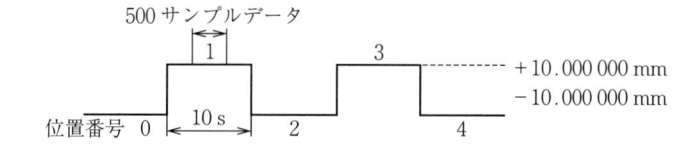

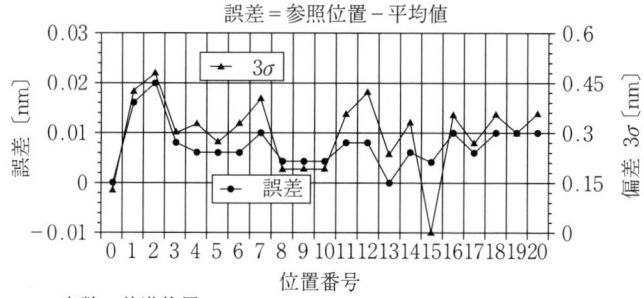

奇数：前進位置
偶数：後退位置

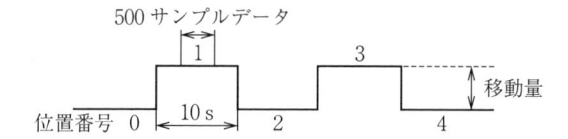

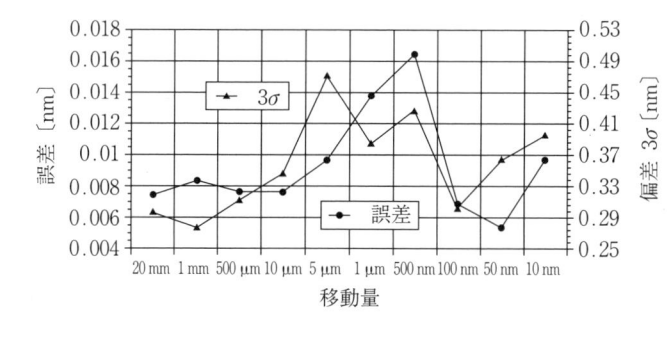

図1.26 各種移動量に対する位置決め誤差と 3σ の平均値

工作機械においては，送り系の軸受案内として滑り軸受が長く用いられている。その理由は，滑り軸受のもつ摩擦力が振動負荷に対してダンピング特性をもつことにある。そこで，本実験装置のテーブルに対し**図1.27**に示すように加振装置を加え，テーブルの静止指令時に加振力 F_{ex} を加え，これに対向するアクチュエータによるテーブル保持力 F_{dr} との関係について，0.5～500 Hz にわたってその動力学的関係を求めた。その結果を**図1.28**に示す。0.5 Hz の加振力に対して滑り軸受の摩擦力が 68％，アクチュエータの保持力が 32％であり，ダンピング効果がきわめて大きいことがわかる。また，50 Hz を越える加振力のほとんどが摩擦力で吸収されることを示している。

実験 — その3

広範囲の周波数成分を含む研削負荷に対する研削砥石ヘッドおよび砥石支持系の周波数特

166　　1．滑り軸受案内テーブルの高剛性・高分解能位置決めサーボ系の設計

加振力 − 滑り摩擦 ＝ アクチュエータ駆動力

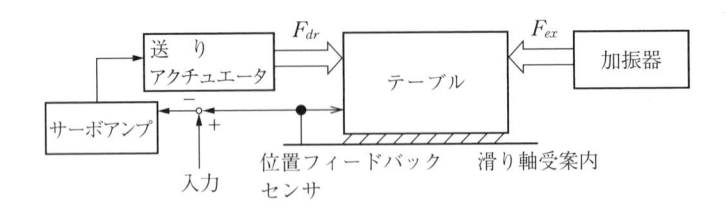

$$\text{伝達特性} = \frac{\text{送りアクチュエータの駆動力}}{\text{加振力}}$$
$$\equiv \frac{F_{dr}}{F_{ex}}$$

図 1.27　滑り軸受案内テーブル送り系の加振テスト装置

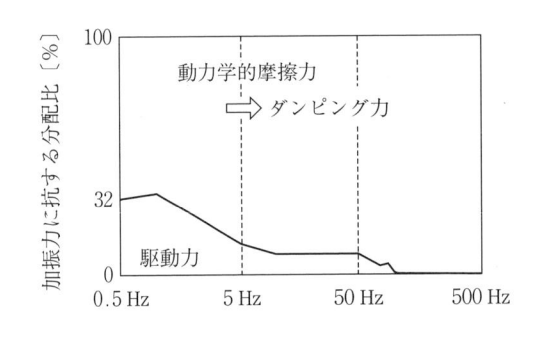

図 1.28　加振力に対する滑り軸受案内面摩擦力と送り系アクチュエータ負荷の分配比

性を測定する目的で，図 1.29 に示す力操作形テーブル位置決めサーボ系を研削砥石ヘッドに採用した小形心なし研削盤について，以下に示す一連の実験を行った。

調整砥石ヘッドの代わりに研削負荷に代わる加振器あるいは負荷荷重を加え，油圧アクチュエータの駆動点と砥石ヘッド前面にそれぞれフィードバックセンサ D とセンサ A を設置し，それぞれの変位量 X_{fb}, X_{wh} を測定する。この関係を図 1.30（a）に示す。図（b）は研削砥石ヘッドに加えた荷重 F_{ex} に対する X_{wh} および X_{bf} を示し，この結果から砥石ヘッドの保持剛性 100 kgf/μm を得る。また，振動的荷重 F_{ex} に対する砥石ヘッドの変位 X_{wh} の周波数応答特性（c）が得られる。約 40 Hz 近傍のピーク値は 6 dB 程度で，砥石ヘッド支持系の減衰比 ζ がほぼ ζ ≅ 0.25 となる。

つぎに，図 1.31（a）に示すように砥石支持系の剛性を測定する目的で砥石軸にセンサ A を取り付け，外力あるいは加振力 F_{ex} に対する砥石軸変位 X_{gw} の応答特性を求める実験を行った。その結果を図（b），（c），（d）に示す。

図（b）から砥石軸の静剛性が 31 kgf/μm，図（c）から滑り軸受の摩擦力が外力の 73%，アクチュエータの抗力が 27% の配分となる。また，振動的加振力 F_{ex} に対する砥石ヘッドのフィードバック点の変位 X_{fb} の関係を示す図（d）から，40 Hz 近傍のピークが約 6 dB で，

1.2 滑り軸受案内テーブル駆動系への適用

寸　　法：900 L × 460 W × 450 H
研削砥石：φ150 × 50 W
調整砥石：φ150 × 50 W

（a）実験に用いた小形心なし研削盤
（日進機械製作所製）

砥石を含む研削砥石ヘッド質量：100 kg

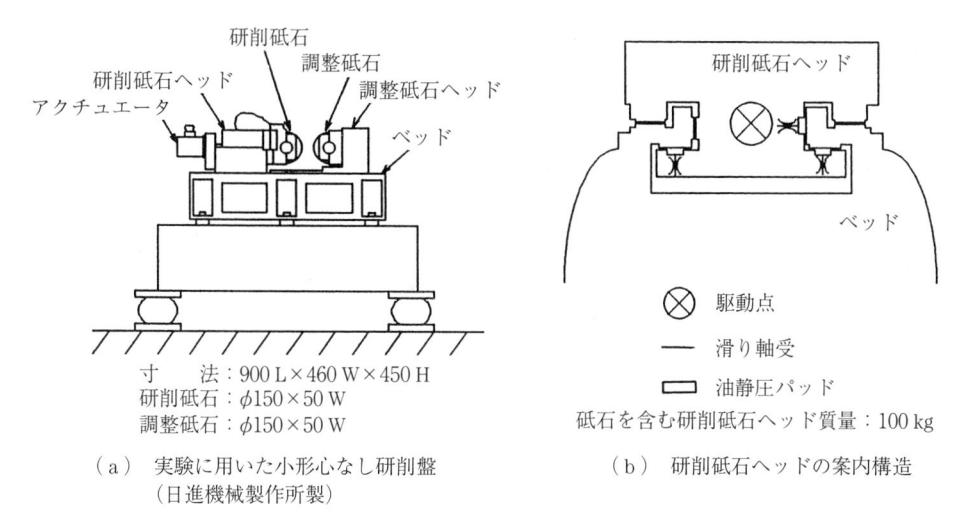

（b）研削砥石ヘッドの案内構造

図1.29 小形心なし研削盤の仕様と滑り案内面の構成

（a）研削砥石ヘッド送り機構の剛性測定セットアップ

F_{ex}：変動荷重
X_{wh}：センサAの変位出力
X_{fb}：フィードバックセンサDの変位出力

（b）研削砥石ヘッド送り系の支持剛性

（c）研削砥石ヘッド送り系の動特性

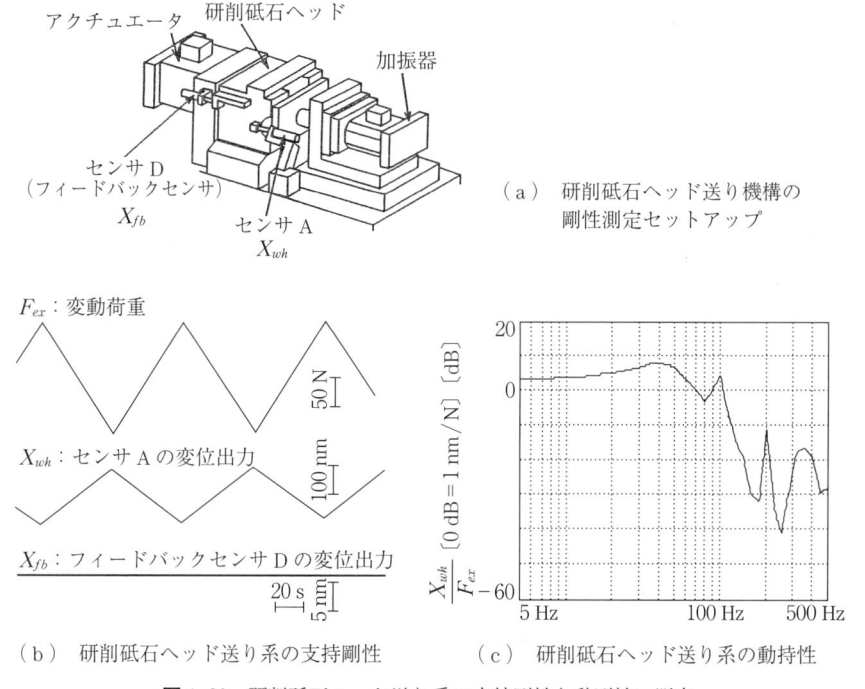

図1.30 研削砥石ヘッド送り系の支持剛性と動剛性の測定

系の減衰比 ζ がほぼ $\zeta \cong 0.25$ となる。

これは，従来の超精密旋盤の静圧軸受案内系で $\zeta \cong 0.04$，あるいは従来の工作機械の送り系の $\zeta \cong 0.05 \sim 0.07$ に比べ著しい値であり，特に自励びびり振動対策として有効であることが期待される。

168   1. 滑り軸受案内テーブルの高剛性・高分解能位置決めサーボ系の設計

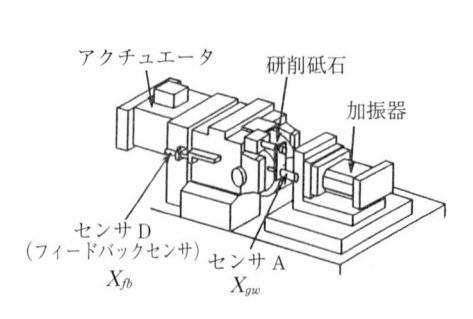

（a）砥石支持系の剛性測定

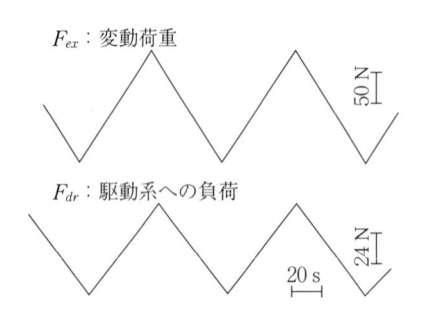

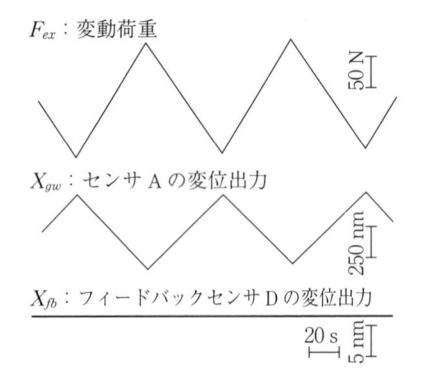

（b）加振力に対する砥石軸のコンプライアンス

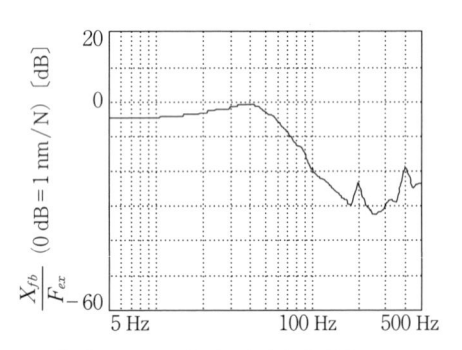

（c）外部負荷に対するループ系のアクチュエータにかかる負荷の伝達特性

（d）フィードバック点におけるコンプライアンスの周波数特性

図 1.31　研削砥石ヘッド送り系の外力に対する静剛性と動剛性

1.3　滑り軸受案内テーブルの力操作形サーボ系の特長

力操作形油圧アクチュエータの特性をまとめると，以下のようになる。

(1)　高い駆動剛性

　　表 1.4 に示す最大 5 kgf/nm の駆動剛性に見られる高い駆動剛性が得られる。

(2)　高い位置決め分解能

　　図 1.9 に示す 1 nm/step に見られる高い位置決め分解能が得られる。

(3)　高い送り分解能

　　図 1.21 に示す 200 kg テーブルの送り分解能 1 nm/step の例のように，高い送り分解能が得られる。

(4)　高い位置決め精度

　　図 1.26 の 10〜20 mm の広範囲の平均位置決め誤差がサブナノメータとなることが示すように，高い位置決め精度が得られる。

(5) 広範囲の周波数成分を含む高い研削剛性の負荷に対するテーブル支持系の送り方向の高い静剛性，動剛性

　　図 1.30 (b) の示す 100 kgf/μm のテーブル支持剛性が示すように，高い静剛性が得られる。また，図 1.30 (a) に示す減衰比 $\zeta \cong 0.25$ のように，滑り軸受案内面の摩擦力による高いダンピング効果が得られる。

(6) 力操作形油圧アクチュエータによる多点駆動能力

　　一つのテーブルを個々の軸受案内ごとに独立したアクチュエータで駆動する場合，流量操作形アクチュエータと異なり，力操作形アクチュエータではテーブルのヨーイング精度を落とす恐れが小さい。

2 新たな心なし研削盤の開発

2.1 新たな心なし研削盤の構成と成果

　心なし研削盤は1920年代に発明され，量産加工設備として産業界に導入された。以来その地歩を高め続け，研削加工における重要な役割を担っている。この分野においても，さらなる精度および能率の向上が継続的に要請される。これらに対応するため，著者らの提案した新たな構想[2.1]に基づく一群の心なし研削盤を開発した（日進機械/浜松市）。これらは，

(1) 砥石台位置決め機構および砥石修正装置に，滑り案内と負荷補償機構の組合せを適用し，位置決め方向の高剛性高精度化を図る。

(2) 両砥石は，静止軸形スピンドル上に両持支持し，動特性の向上を期する。

(3) 砥石修正に精密研削方式を適用し，砥石の長寿命化を図る。

これらの研削盤を生産工程に適用し，従来の水準を凌駕する研削性能が得られた。この章においては，心なし研削における代表的な精度項目，すなわち真円度，表面粗さと砥石寿命，寸法精度との関連について以下の5項目について述べる。

(1) 総形心なし研削におけるびびり振動の抑制
(2) 高精度砥石修正による砥石の長寿命化
(3) 心なしスルフィード研削における寸法精度の高度化
(4) 心なし研削盤の基本構成
(5) 生産研削における寸法精度

　なお，ここに引用した試験データ，加工データは，（株）日進機械製作所，または三和ニードルベアリング（株）によるものである。

2.2　総形心なし研削におけるびびり振動の抑制

　この節では著者らの論文（大東聖昌，長谷部隆司，金井　彰，宮下政和：高剛性総形心な

し研削盤開発に関する研究，機械学会論文集，**C-69**，580（2003））を紹介する。

大形工作物の総形研削においては，第一に自励びびり振動の発生が精度能率向上の障害となる。びびり振動は加工系の動特性に起因する。第二の課題は高い精度の母線輪郭形状を得ることである。この節では開発機を大形工作物の総形研削に適用し，これらの精度に及ぼす影響を検証する。すなわち，開発機の基本設計・諸特性の実験的検証について述べ，びびり振動に関する解析的見地からびびりの抑制効果について検討する。

2.2.1 基本設計

図2.1はこの心なし研削盤の正面図を示し，主要仕様は以下のとおりである。

(1) 研削砥石：$\phi 450 \times 205T$，駆動モータ 15 kW
(2) 調整車：$\phi 330 \times 205T$
(3) 重量：5 500 kg
(4) 砥石スライドテーブル：$0.1\,\mu m/step$

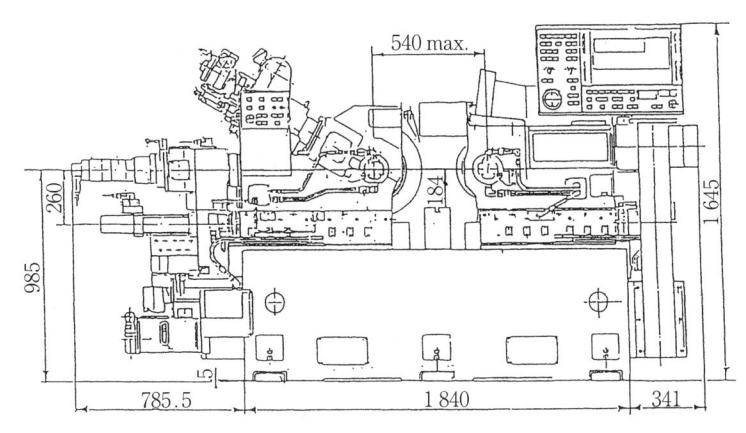

図2.1 新たな構想に基づく心なし研削盤

設計上の特徴を以下に述べる。

〔1〕**滑り案内** 砥石テーブルに静圧パッドにより予圧した角平滑り案内を採用する。案内方向に沿って均一な予圧を得ることができる。滑り案内面の摩擦により送り方向の高い剛性が期待できる。このため高精度研削盤の設計に際しては，びびり振動発生に対する懸念などから，多くは滑り案内が採用されてきた。

〔2〕**負荷補償機構** 他方，滑り案内テーブルにおいては，高精度位置決めが困難となる。これに対処するため，力操作形サーボ系に基づく負荷補償機構を適用する。位置決め機構に作用する負荷推力を検出し，これに比例した補償推力をテーブルに加える。残留推力が零となるように，すなわち，位置決め機構の残留弾性変形量が零となるように制御する。

〔3〕 **静止軸形スピンドル**　軸の両端部を砥石台ハウジングに固定し，砥石を装着した外筒を回転駆動する。静止軸形スピンドルと呼ぶ。両砥石軸とも油静圧軸受により支持する。図2.2はハウジングに載せた状態の静止軸形スピンドルの構造を示す。一般的設計に基づく砥石軸との差異を図2.3に模式的に示す。軸長が短く省空間設計となる。支持ハウジングの開口部を閉鎖した構造となり，剛性向上に寄与する。

〔4〕 **高精度母線形状**　プランジ研削における砥石形状はNC輪郭制御またはマスタカ

1	研削砥石	2	回転スリーブ
3	静止スピンドル	4	支持構造体
5	静圧軸受	6	圧油源

図2.2　静止軸形スピンドルの構造

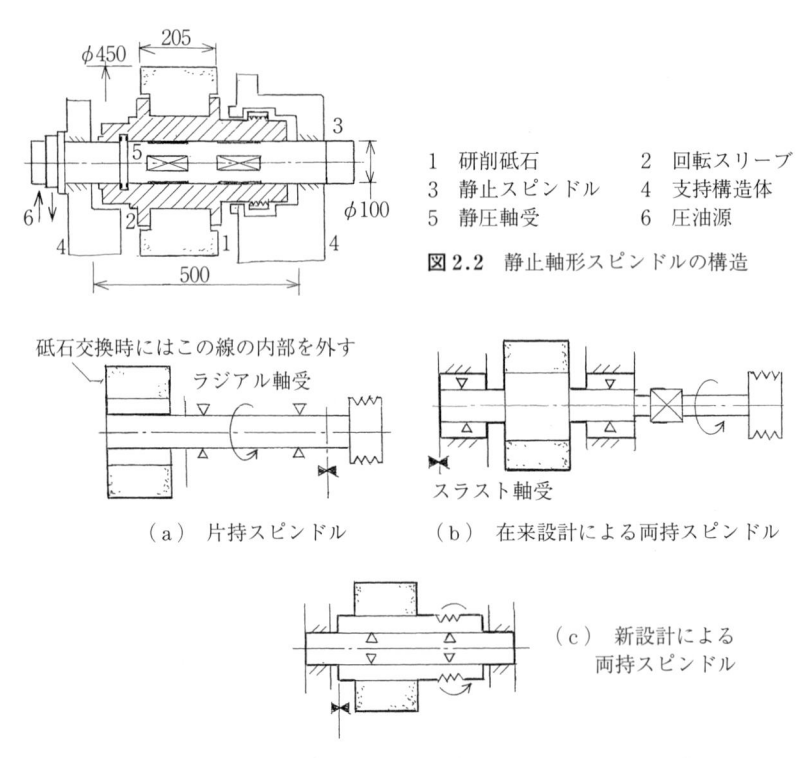

（a）片持スピンドル
（b）在来設計による両持スピンドル
（c）新設計による両持スピンドル

図2.3　静止軸形スピンドルの特徴（一般的な砥石軸との比較）

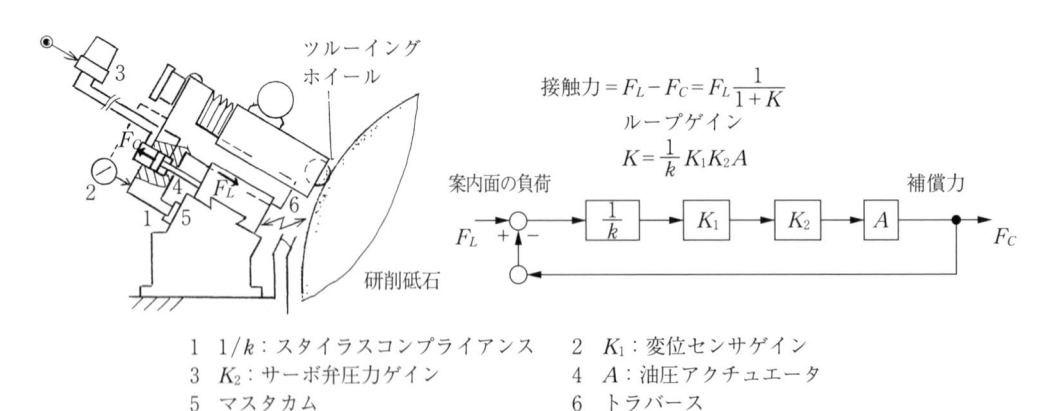

$$接触力 = F_L - F_C = F_L \frac{1}{1+K}$$

ループゲイン
$$K = \frac{1}{k} K_1 K_2 A$$

1　$1/k$：スタイラスコンプライアンス　　2　K_1：変位センサゲイン
3　K_2：サーボ弁圧力ゲイン　　　　　　4　A：油圧アクチュエータ
5　マスタカム　　　　　　　　　　　　　6　トラバース

図2.4　マスタカムならいによる砥石修正機構

ムならいにより創成するが，ここでは後者の場合を取り扱う。**図2.4**はマスタカム（サーボ）ならい，すなわち，マスタカムに沿って修正ホイールを位置決めする方式の砥石修正機構である。ダブテール滑り案内に負荷補償機構を適用することにより，修正ホイールの高精度位置決めを試みる。ならいスタイラスに作用する力を，その弾性変形量として検出し，接触力が一定となるように制御する。これはならい機構の弾性変形量が変化しないことを意味し，転写精度の向上が期待される。

2.2.2 諸特性の実験的検証

〔1〕 **砥石スピンドル**　**図2.5**は給油状態におけるスピンドルのラジアル剛性である。点A，Bにおける静剛性の平均値は，0.39，0.74 kN/μm である。この値は，両軸端が単純，あるいは固定支持されたと想定して求めた二つの設計値の中間に位置する。軸端においてはモーメント荷重も支持され，軸の変形が抑制されていることを意味する。6本のスピンドルに関する測定結果も併記するが，ばらつきが小さく，製造工程の再現性が高いことを示唆している。

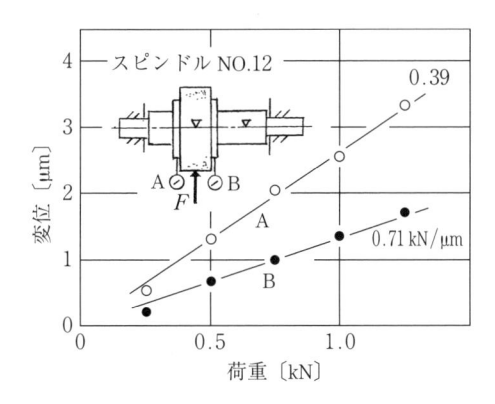

6本のスピンドルの静剛性〔kN/μm〕
$K_A = 0.26 \sim 0.42$, $K_B = 0.61 \sim 0.83$
$K_{A\,mean} = 0.39$, $K_{B\,mean} = 0.74$
設計値〔kN/μm〕
単純支持：$K_A = 0.23$, $K_B = 0.41$
固定支持：$K_A = 0.50$, $K_B = 1.26$
固有振動数：390 Hz

図2.5 給油状態におけるスピンドルラジアル剛性

〔2〕 **固有振動数**　砥石を装着した回転外筒の，ラジアル方向の固有振動数を設計諸元から求めると 390 Hz となる。**図2.6（a）**に示すように，故意にびびり振動の発生しやすい加工条件を設定し，φ30×50L 工作物をプランジ研削する。

工作物回転数を $n_w = 19.2$ rps とするとき，明瞭な $n = 20$ 山うねりが発生する。固有振動数は 20×19.2＝384 Hz と推定される。研削中のベッド部振動を測定する。図（b）のパワースペクトラムが示すように，386 Hz に顕著なピークが存在する。これらの測定値は設計値とよく一致する。この値は在来機において見られる 100 Hz 程度の値と比較して，きわめて高い値であるということができる。

〔3〕 **プロファイルプランジ研削**　**図2.7**に研削レイアウトを示す。φ50×300L ストレート素材から幅 200 mm にわたり，R12 m 中低円弧プロファイルを削り出す。両端の幅

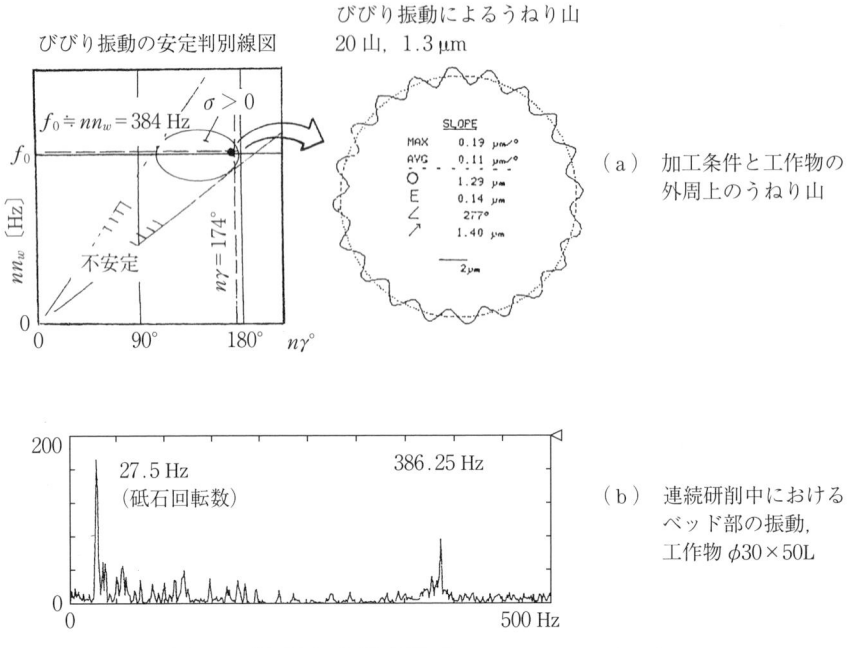

2. 新たな心なし研削盤の開発

図2.6 意図的なびびり振動（$\gamma = 8.7°$，$n_w = 19.2$ rps）

(a) 加工条件と工作物の外周上のうねり山
(b) 連続研削中におけるベッド部の振動，工作物 $\phi 30 \times 50L$

図2.7 心なし支持総形円筒研削の研削レイアウト

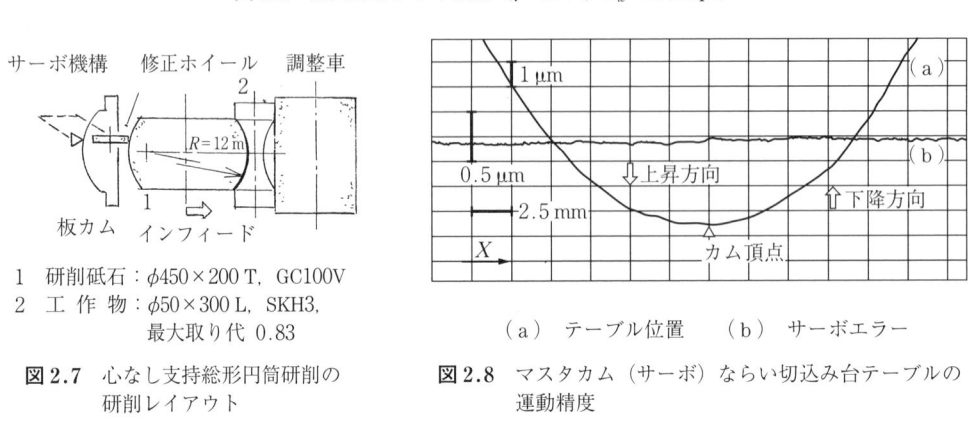

1 研削砥石：$\phi 450 \times 200$ T，GC100V
2 工 作 物：$\phi 50 \times 300$ L，SKH3，最大取り代 0.83

図2.8 マスタカム（サーボ）ならい切込み台テーブルの運動精度

(a) テーブル位置　(b) サーボエラー

50 mm 部が支持基準面であり，調整車およびブレードにより支持する．研削方式は心なし支持円筒研削となる．

（a）母線形状　図2.8に砥石修正装置におけるマスタカム（サーボ）ならい切込み台テーブルの運動精度を，中央部の長さ28 mm について示す．運動方向の反転するカム頂点においても，ロストモーション（不感帯）の発生がなくなめらかな軌跡を描く．なお，図中に併記するように，サーボエラーは $0.1~\mu m$ 以下となっている．

マスタカム形状の工作物母線への転写精度を図2.9に示す．円弧中央部の長さ60 mm，深さ38 μm における記録図である．中高カムの形状（a）を SD ホイールを介して砥石形状に転写し，中高母線（b）を得る．さらに，この砥石により工作物を研削し，中低工作物形

図2.9 マスタカム形状の工作物母線への転写精度

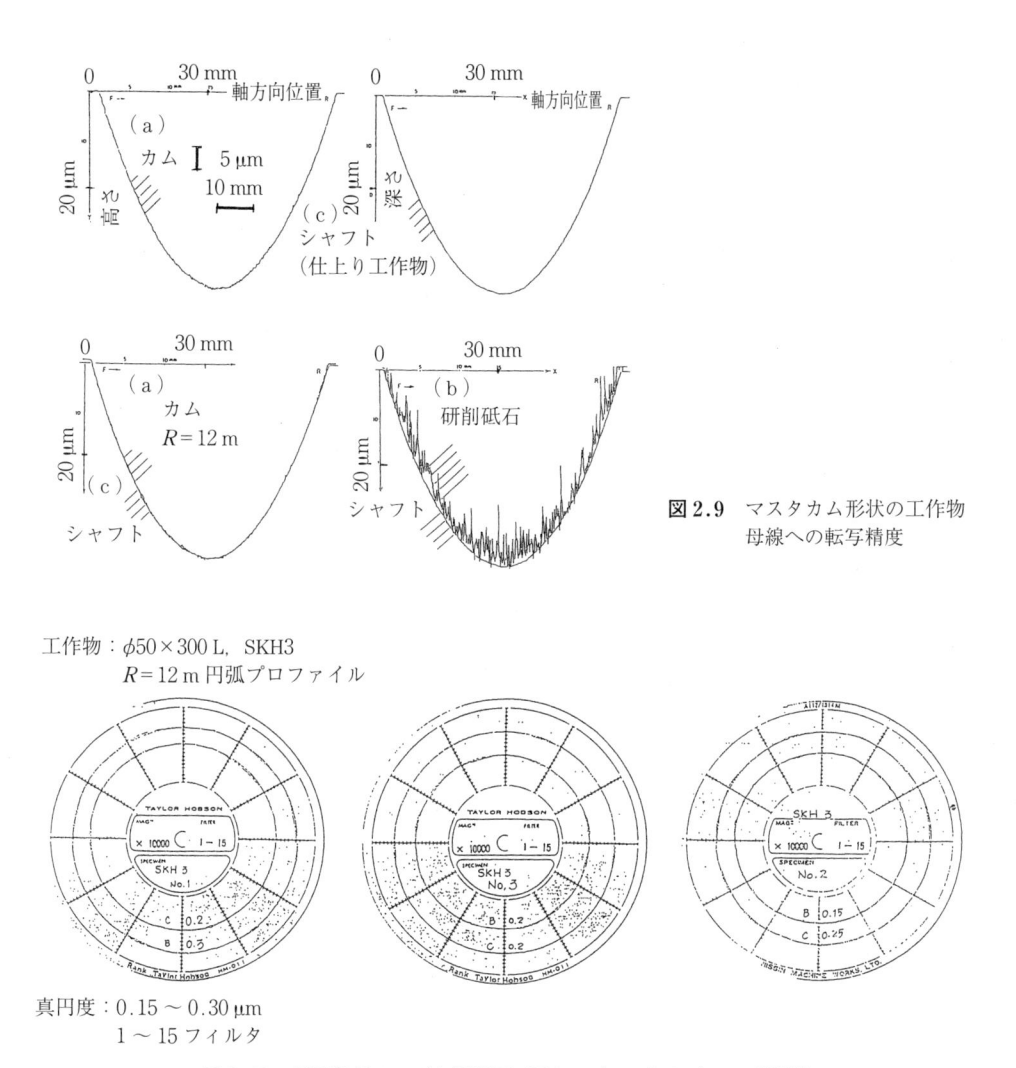

工作物：$\phi 50 \times 300\,\text{L}$, SKH3
$R = 12\,\text{m}$ 円弧プロファイル

真円度：$0.15 \sim 0.30\,\mu\text{m}$
$1 \sim 15$ フィルタ

図2.10 真円度グラフ（広幅砥石（200 mm）によるプランジ研削）

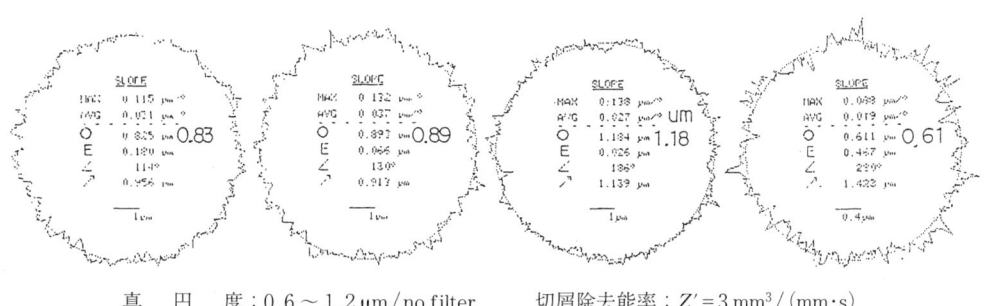

真　円　度：$0.6 \sim 1.2\,\mu\text{m}/\text{no filter}$　　切屑除去能率：$Z' = 3\,\text{mm}^3/(\text{mm}\cdot\text{s})$
工　作　物：$\phi 30 \times 50\,\text{L}$, SUJ2, HRc62　　セットアップ：$\gamma = 6.3°$, $n_w = 8.3\,\text{rps}$

図2.11 高能率プランジ研削における真円度グラフ

状（c）を得る。（a）と（c）を重ね合わせるとき，両者は得られた表面粗さ $0.2\sim0.4\,\mu\mathrm{mRz}$ の範囲内で一致する。

（b）**真　円　度**　図2.10は3本の工作物の真円度グラフであり，$0.15\sim0.3\,\mu\mathrm{m}$ なる値が得られている。これは支持基準面のそれと同等の値である。研削幅は $200\,\mathrm{mm}$ に達するが，研削途上においてびびり振動の発生は見られない。

〔4〕**高能率プランジ研削**　図2.11は $\phi30\times50\mathrm{L}$ なる軸受円筒ころの重研削例である。切屑除去能率 $Z'=3\,\mathrm{mm}^3/(\mathrm{mm\cdot s})$ なる条件でプランジ研削する。真円度は $0.6\sim1.2\,\mu\mathrm{m}/\mathrm{no\ filter}$ であり，びびり振動に基づくうねり山は認められない。研削途上においてびびり振動は発生しない。

2.2.3　びびり振動の抑制に及ぼす影響

実削結果および開発機の長期生産稼働においてびびり振動の発生が認められない。宮下，橋本らによる安定判別に関する研究結果[2.2),2.3)]を適用し，開発機におけるびびり振動の抑制について検討する。

本節で使用する記号は，本書巻頭に掲げられている記号表に準じるが，念のため以下に改めて記す。

k_w：研削剛性 $=bk'_w$　　b：研削幅，接触幅　　k_{cs}：砥石接触剛性 $=bk'_{cs}$

k_{cr}：調整車接触剛性 $=bk'_{cr},\ b'k'_{cr}$　　$G_m(s)$：工作物支持系のコンプライアンス

$$G_m(s) \equiv \frac{\omega_n^2}{s^2+2\zeta\omega_n s+\omega_n^2}$$

f_n：支持系の固有振動数（$=\omega_n/2\pi$）　　ζ：減衰比　　s：ラプラス演算子（$=\sigma+jn$）

σ：振幅発達率　　n：工作物外周のうねり山数　　n_w：工作物回転速度

γ：工作物心高角（心なし研削，$\psi_2=\pi-\gamma$）　　u：切込み送り　　F_n：研削力法線分力

〔1〕**円筒研削におけるびびり振動**

（a）**安定判別の概要**　図2.12は円筒プランジ研削における工作物再生びびり振動のブロック線図である。びびり振動の発生し得ない動的安定限界，特に研削幅 b に依存しない絶対安定領域に関しては，以下のように求められる。接触剛性 k_{cs} を含む研削系の無次元コンプライアンス $g(s)=k_m/k_{cs}+G_m(s)$ の S 平面上におけるベクトル軌跡，および無次元再生関数 $-1/f(s)=-(k_m/k_w)\{1/(1-e^{-2\pi s})\}$ の軌跡を図2.13に示す。再生関数 $-1/f(s)$ に関しては，安定限界，すなわち振幅発達率 $\sigma=0$ における軌跡 $-1/f(jn)$ を図示した。なお，心なし支持円筒研削の場合，等価接触剛性を k_{ct} として，$1/k_{ct}\equiv1/(bk'_{cs})+1/(b'k'_{cr})$ を用いる。

この研削系の力学的特性に基づき，自励びびり振動の発生し得ない安定限界は，二つのベクトル軌跡 $-1/f(s)$，$g(s)$ が交わらないことである。すなわち

2.2 総形心なし研削におけるびびり振動の抑制

スライド送り　再生関数　研削剛性　法線力

研削盤コンプライアンス　$\dfrac{1}{k_m}G_m(S)$

砥石接触コンプライアンス　$\dfrac{1}{bk'_{cs}}$ （a）

調整車接触コンプライアンス　$\dfrac{1}{b'k'_{cr}}$ （b）

1　研削砥石　2　工作物
3　支持センタ　4　調整車

（a）センタ支持　　（b）心なし支持

研削系の特性方程式

$$-\dfrac{k_m}{k_w}\dfrac{1}{1-e^{-2\pi s}}=\dfrac{k_m}{k_{ct}}+G_m(s)$$

$$k_w=bk'_w,\quad \dfrac{1}{k_{ct}}=\dfrac{1}{b'k'_{cr}}+\dfrac{1}{bk'_{cs}}$$

s：ラプラス演算子　$s=\sigma+jn$
σ：振幅発達率　　n：うねり山数

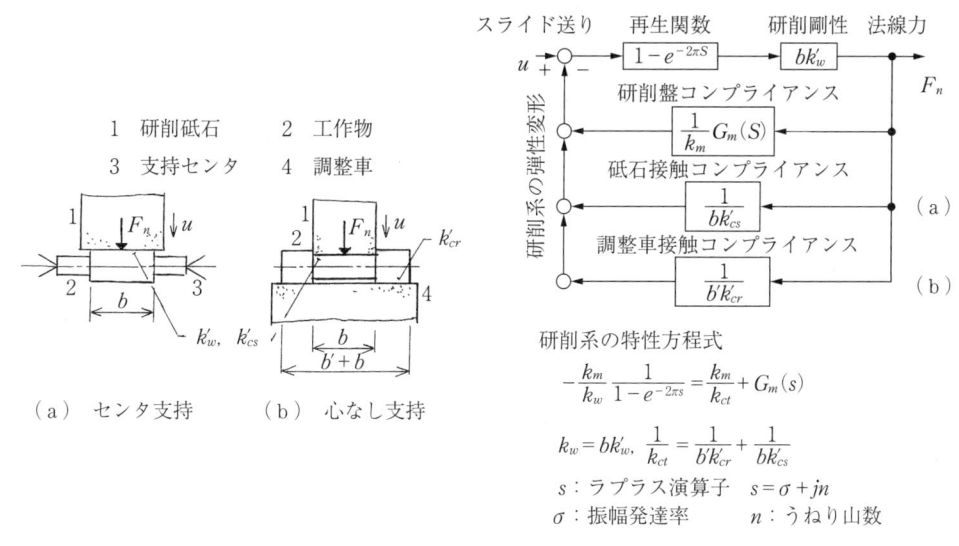

図 2.12　2種類の円筒プランジ研削における工作物再生びびり振動のブロック線図

（a）センタ支持
　　$k_m=30\,\mathrm{N/\mu m}$,　$b=1\,\mathrm{cm}$

（b）心なし支持
　　$k_m=300\,\mathrm{N/\mu m}$,
　　$b=20\,\mathrm{cm}$,　$b'=10\,\mathrm{cm}$

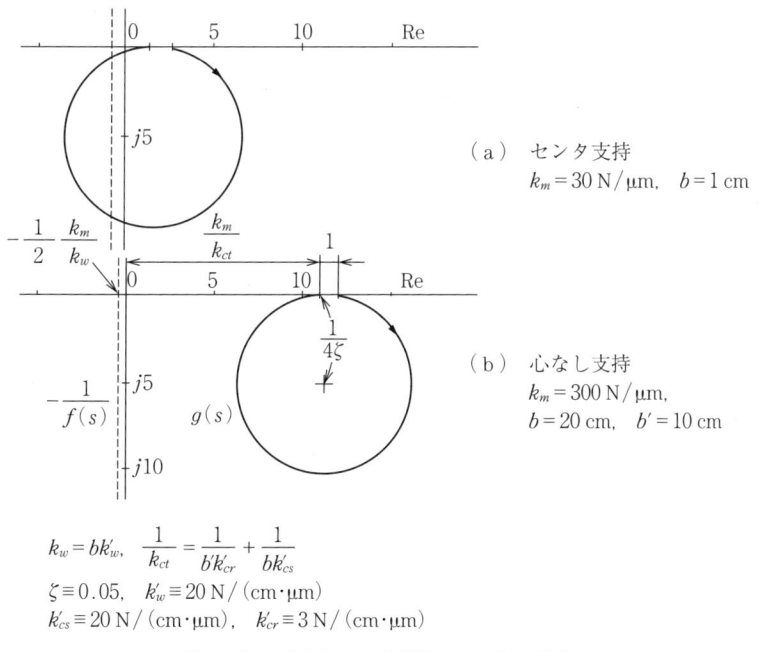

$k_w=bk'_w,\quad \dfrac{1}{k_{ct}}=\dfrac{1}{b'k'_{cr}}+\dfrac{1}{bk'_{cs}}$

$\zeta\equiv 0.05,\quad k'_w\equiv 20\,\mathrm{N/(cm\cdot\mu m)}$
$k'_{cs}\equiv 20\,\mathrm{N/(cm\cdot\mu m)},\quad k'_{cr}\equiv 3\,\mathrm{N/(cm\cdot\mu m)}$

図 2.13　円筒プランジ研削のベクトル軌跡

$$\mathrm{Re}\left\{\dfrac{k_m}{k_w}\dfrac{1}{1-e^{-2\pi s}}\right\}\leqq \mathrm{Re}\left\{\dfrac{k_m}{k_{ct}}+G_m(s)\right\} \tag{2.1}$$

である。ベクトル軌跡 $g(s)$ が S 平面上の第4象限のみに存在するとき，すなわち

$$\mathrm{Re}\left\{\dfrac{k_m}{k_{ct}}+G_m(s)\right\}\geqq 0 \tag{2.2}$$

なるとき，研削剛性 k_w の値，あるいは研削幅 b の大きさにかかわらず，絶対安定となる。

式 (1.1), (1.2) は, それぞれ式 (1.3), (1.4) のように整理できる。

$$k_m \geqq \frac{1}{4\xi} \frac{2k_{ct}k_w}{k_{ct}+2k_w} \tag{2.3}$$

$$k_m \geqq \frac{1}{4\xi} k_{ct} \tag{2.4}$$

ここに, $G_m(s)$ は減衰率 ζ を有する2次振動モードが支配的であるとする。

(b) 事例の比較検討

[ケース1] 一般的両センタ支持方式の典型的な例として, 工作物支持剛性 50 N/μm, 砥石軸剛性 100 N/μm と仮定する。研削系静剛性は $k_m = 30$ N/μm となる。その他のパラメータの値に関しては, 従来の研究に基づく推定値を図中に併記する。図 2.13 (a) によれば, 研削幅 1 cm という小さな値にもかかわらず, 研削系は不安定となる。

[ケース2] 図 2.7 に示した心なし支持円筒研削を検討する。研削系の静剛性は 600 N/μm なるスピンドルの並列結合から構成され, $k_m = 300$ N/μm とする。研削幅 20 cm である。これに基づき図 2.13 (b) なるベクトル軌跡を得る。研削系は安定であり, びびり振動は発生しない。k_m の値が大きくなったこと, および調整車支持のため柔らかい接触コンプライアンスの付加されたことが寄与し, $g(s)$ 軌跡が実軸プラス方向に大幅に移動したためである。この検討は前述の実削結果を解析的に裏づけている。

〔2〕 心なし研削におけるびびり振動

(a) 安定判別の概要　図 2.14 は心なしプランジ研削における工作物再生びびり振動のブロック線図である。前向きループの中に, 調整車接点からの再生関数 $1/(1+e^{-\psi s})$ が追加されているのが円筒研削との相違点である。無次元再生関数 $-1/f(s)$ は

研削系の特性方程式

$$-\frac{k_m}{k_w} \frac{1+e^{-\psi_2 s}}{1-e^{-2\pi s}} = \frac{k_m}{k_{ct}} + G_m(s)$$

$$k_w = bk'_w, \quad \frac{1}{k_{ct}} = \frac{1}{bk'_{cr}} + \frac{1}{bk'_{cs}}$$

$1-\varepsilon \approx 1, \quad \varepsilon' \approx 0$
s : ラプラス演算子 $s = \sigma + jn$
σ : 振幅発達率　　n : うねり山数

1 研削砥石
2 工作物
3 調整車
4 支持ブレード
γ : 心高　$(\psi_2 = \pi - \gamma)$
n_w : 工作物回転数

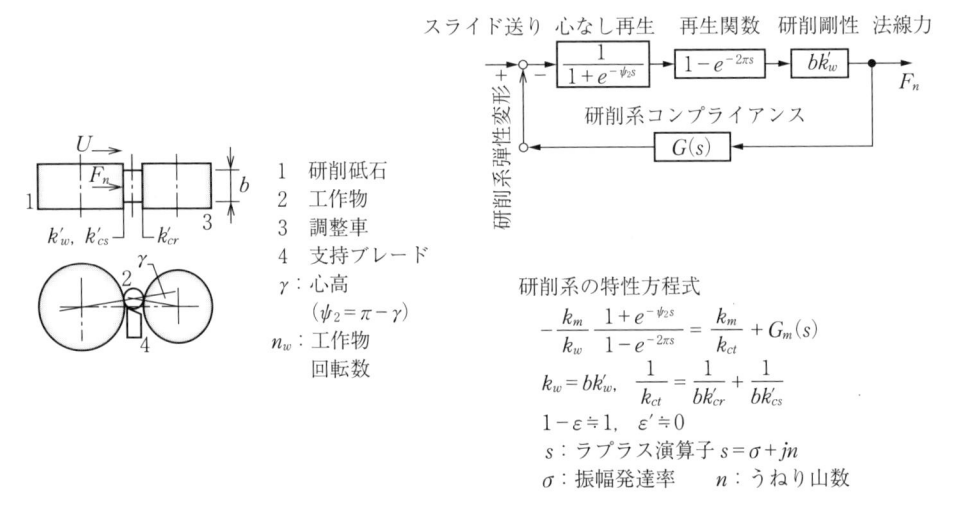

図 2.14　心なしプランジ研削における工作物再生びびり振動のブロック線図

$$-\frac{1}{f(s)} = -\frac{k_m}{k_w}\frac{1+e^{-\psi_2 s}}{1-e^{-2\pi s}} \tag{2.5}$$

と整理される．安定限界，すなわち $\sigma=0$ におけるこの関数のベクトル軌跡は点 $(-k_m/k_w,\ j0)$ を起点とする2組の直線群である．

これを**図2.15**に例示する．一方はうねり山数 n が偶数の場合の直線群であり，他方は n が奇数の場合である．群を構成する直線は，n の値が2だけ増加するごとに，点 $(-k_m/k_w,\ j0)$ を中心として傾き $3\pi/2$，または $\pi+\gamma/2$ から始まり，各 $\gamma°$ ずつ反時計方向に回転していく．設定心高角 γ に応じてうねり山数 n に対応したベクトル軌跡が存在する．したがって，安定限界は γ と n に依存する．

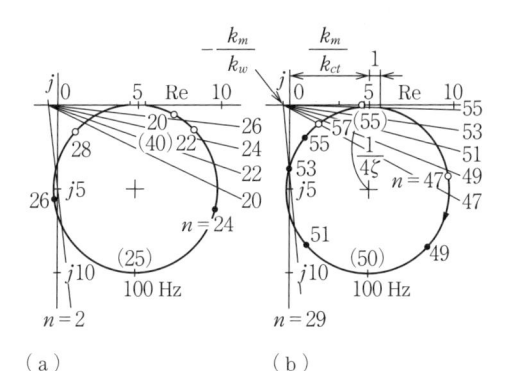

(a) 偶数山うねり，$n_w=4(2)$ rps
24, 26 山: 不安定(安定)

(b) 奇数山うねり，$n_w=2(4)$ rps
49～55 山: 不安定(安定)

$k_m=60$ N/μm, $f_0=100$ Hz, $\zeta\equiv0.05$
$\gamma=6.5°$, $b=5$ cm
$k'_w\equiv20$ N/(cm·μm)
$k'_{cs}\equiv20$ N/(cm·μm), $k'_{cr}\equiv3$ N/(cm·μm)

図 2.15 心なし研削系のベクトル軌跡
（在来の典型的心なし研削盤）

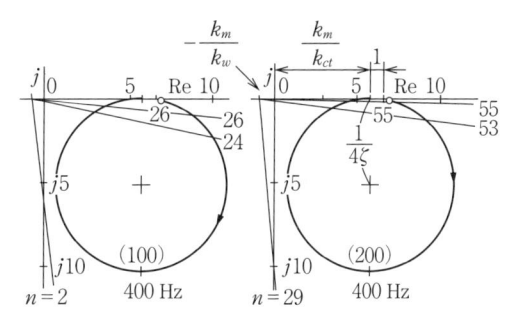

(a) 偶数山うねり，$n_w=4(2)$ rps
…26 山: 安定(安定)

(b) 奇数山うねり，$n_w=2(4)$ rps
…55 山: 安定(安定)

$k_m=300$ N/μm, $f_0=400$ Hz, $\zeta\equiv0.05$
$\gamma=6.5°$, $b=20$ cm
$k'_w\equiv20$ N/(cm·μm)
$k'_{cs}\equiv20$ N/(cm·μm), $k'_{cr}\equiv3$ N/(cm·μm)

図 2.16 心なし研削系のベクトル軌跡
（新たに開発した心なし研削盤）

びびり振動発生の安定判別基準はつぎのとおりである．ある工作物回転数 n_w を設定する．$G_m(s)$ 軌跡上に nn_w 点をプロットする．ある心高角 γ を設定しベクトル軌跡 $-1/f(jn)$ を描く．点 nn_w が $-1/f(jn)$ の反時計回り領域に位置するとき $\sigma>0$ となり，研削系は不安定である．nn_w〔Hz〕の振動，すなわち n 山うねりが成長していく．

(b) 事例の比較検討

［ケース1］ 在来の典型的心なし研削盤 100 N/μm および 150 N/μm なるスピンドルの並列結合から構成され，研削系静剛性 $k_m=60$ N/μm とする．$G_m(s)$ は $f_0=100$ Hz, $\zeta=0.05$ とする．初期真円度修正の観点から，$\gamma=6.5°$ に設定する．研削幅5 cm なる工作物を $n_w=4$ rps としてプランジ研削する．

図2.15(a), (b)はこの条件の下に求めたベクトル軌跡である．24山および26山の偶

数山が不安定領域に入る。$n_w=2$ rps と回転数を低くすれば安定となる。しかしながら，49〜55 なる奇数山が安定から不安定領域へと移動してしまう。

[ケース2] **開発機の場合** 600 N/μm なる両スピンドルから構成される研削系静剛性を $k_m=300$ N/μm とする。$f_0=400$ Hz，$\zeta=0.05$ とする。研削幅 20 cm なる工作物を $n_w=4$ rps としてプランジ研削する。ベクトル軌跡を**図 2.16**（a），（b）に示す。偶数山うねり，奇数山うねりとも安定である。心なし支持円筒研削における結果のみならず，同一条件下の心なし研削においてもびびり振動は発生しないことを予測している。k_m および f_n の値が大きくなったことに起因して安定領域が拡大され，実用的な工作物回転速範囲においてすべての山数に対してびびり振動は発生しない。

スルフィード研削においては，砥石全幅 20 cm が研削幅に相当する。生産稼働によれば，スルフィード研削においてもびびり振動の発生は見られない。上述の予測がこの工程にも適用できることを示唆している。

2.2.4 真円度の高精度化

びびり振動の発生しない場合，研削条件を整えることにより，従来にない真円度の形状，真円度の値を得ることができる。この事例について述べる。

〔1〕 **異径ひずみ円加工** 奇数山うねり，すなわち異径ひずみ円を有するスピンドルと真円穴の組合せにより動圧軸受を構成することができる。$\phi 14\times 80$L なる工作物外周に3山うねりを連続加工した結果を**図 2.17**に示す。所要精度は，うねり振幅の大きさ，直径寸法共に ± 1 μm である。$\gamma=0$ なる条件の下に，砥石回転数 n_s を $n_s=3n_w+\Delta n$ と設定し，Δn を調整することにより二つの精度を同時に満たすことができる。

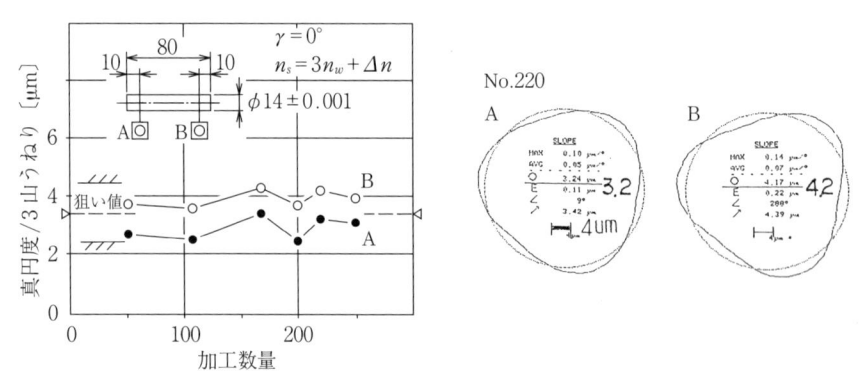

図 2.17 3山うねり形状への研削

〔2〕 **高真円度加工** 加工系に擾乱がなく，両砥石表面間隔が一定に保たれる場合，研削の継続とともに工作物は真円（幾何学的な円）に近づいていく。**図 2.18**は $\phi 2.5\times 10$L ジ

(1) (2) (3)

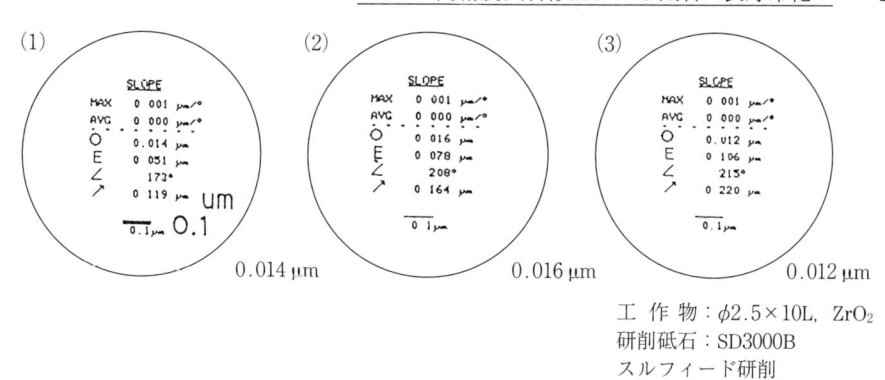

0.014 μm   0.016 μm   0.012 μm

工 作 物：φ2.5×10L, ZrO₂
研削砥石：SD3000B
スルフィード研削

図 2.18 高い精度の真円度

ルコニア工作物を，ダイヤモンドホイールにより心なしスルフィード研削した結果である。20 nm 以下の真円度が得られている。

以上に述べた主な結果をまとめると以下のとおりである。
(1) 負荷補償ならい機構によれば，マスタカムの工作物母線への転写精度は，0.2 μm/200 mm である。
(2) φ50×200L 工作物のプランジ研削において真円度 0.2～0.3 μm が得られた。広幅砥石にもかかわらず，びびり振動は発生しない。
(3) 解析的検討によれば，$k_m = 300$ N/μm, $f_n = 400$ Hz と高剛性化された心なし研削盤において，実用的な条件の下にびびり振動は発生しない。
(4) びびり振動の発生しない場合，従来にない高い精度の真円度が得られることを示した。

2.3 高精度砥石修正による砥石の長寿命化

この節では，著者による技術解説記事（大東聖昌著「機械と工具」2003 年 11 月，12 月号）を一部加筆のうえ紹介する。

研削加工の分野においては，今日に至っても，なお生産分野に寄与し得るデータブックはまれである。研削条件を入力とし，研削性能および研削の継続に伴うその変化を出力とするとき，両者の間の因果関係が不明であり再現性に乏しい。

研削砥石はフライス工具とともに回転多刃工具であるが，加工機内で砥石作用面にツルーイング/ドレッシング（砥石修正）を施し，切刃を整える点が後者の場合と大きく異なる。これは研削性能を左右するキーポイントであるにもかかわらず，研削条件としては軽視されている。これが，上述の状況をもたらした一因となっている。

2. 新たな心なし研削盤の開発

図 2.19 に研削工程を構成するチェインを示す。研削条件とはこれらの各リンクを意味し，各リンクの相乗効果として研削性能が定まる。最も弱いリンクが結果を大きく左右する。例えば，「取付け治具」のリンクについては，工作物の取付け精度および剛性を考慮することなく加工結果を論じても，実用的な意義は損なわれる。

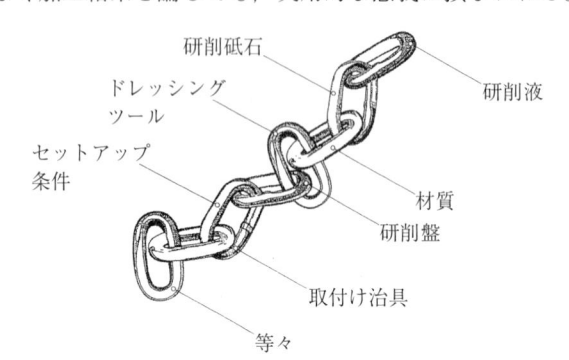

図 2.19 研削工程を構成するチェイン
(Winterthur 社による)

この節においては，まずチェインに沿って，特に砥石修正との関連において各リンクについて検討する。次いで，これらに配慮して開発した高精度研削盤における砥石寿命について事例を紹介する。研削の継続につれて砥石作用面の性状は劣化していく。工作物の加工精度を維持するため定期的に砥石に再修正を施す。この砥石再修正寿命は研削性能を総合的に評価する指標と考えられる。

2.3.1 研削条件のチェイン

〔1〕 リンク：ドレッシングおよびドレッシングツール　　図 2.20 は単石ドレッシングツールを用いたドレッシングプロセスの模式図である。砥粒の粒内切削加工が行われ，砥粒にツール先端形状が転写されている。図 2.21 はいわゆる「自生発刃作用」の概念図である。刃先鈍化に伴い砥粒の負荷（研削抵抗）が増大し刃先が破砕する。鋭利な刃先が再生されるとのことである。

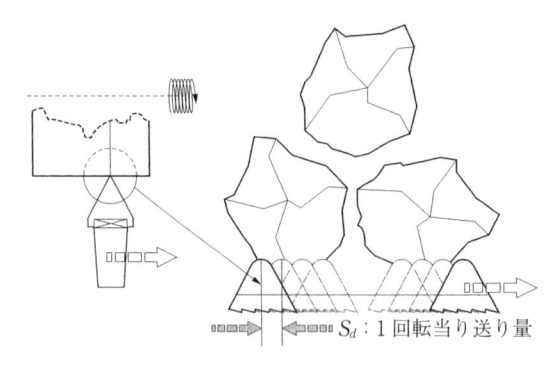

図 2.20 ドレッシングプロセス
(Winterthur 社による)

S_d：1 回転当り送り量

ドレッシングに際し，砥粒に作用する負荷と除去形態との関連はどのよになっているのだろうか。高精度研削盤による精密ドレッシングの場合，図 2.20 のような粒内切削加工の可

2.3 高精度砥石修正による砥石の長寿命化

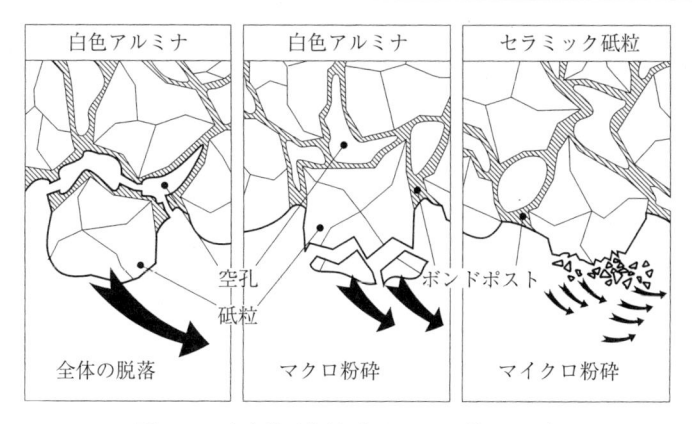

図 2.21 自生発刃作用（Winterthur 社による）

能性はあるものの，一般的には図 2.21 のような脱落・破砕加工となっているものと考えられる。脱落・破砕加工においては，切れ刃高さのばらつきが大きくなり，細かな表面粗さを得ることは困難となる。連続研削における砥石減耗量も増大する。

砥石作用面を精度高く仕上げるためには，ツール切込み量を小さくすることが肝要である。しかしながら，単石ツールを用いるかぎり，砥石修正における精度と能率を両立させることは困難である。このため，単石から多石，さらにはロータリダイヤモンドツールという具合に，ツールが多様化してきた。

ツールの減耗という観点からも，ツール切込み量は小さくしたい。**図 2.22** は，開発心なし研削盤上で GC800MV 砥石を SD200PV ホイールにより砥石修正するときの，ホイール減耗特性の測定結果である。ホイール切込み量およびトラバース速度を小さくするにつれ，ホイール減耗量は小さくなる。ダイヤモンド粒の脱落が少なくなるためと考えられる。研削比 G に相当する指標（ドレス比 G_d）は $G_d = 3 \times 10^4$ にも達している。ダイヤモンド粒の脱落がない場合，さらに大きな値となる可能性がある。

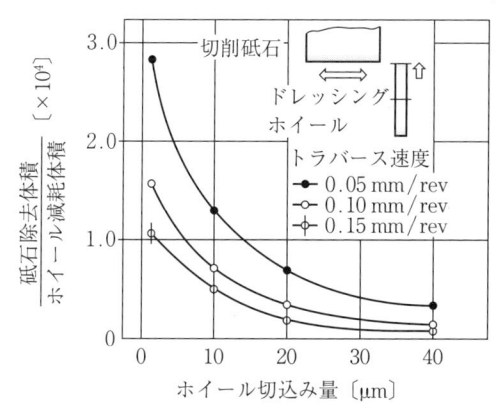

図 2.22 ドレッシングホイールの砥石に対する減耗比率

〔2〕 リンク：セットアップ条件

図2.23は幾何学的な切屑厚さを示す。ダイヤモンドバイトによる超精密切削の場合，工作物表面粗さはバイト形状の運動転写軌跡として定まる。

v_s：砥石周速度
v_w：工作物周速度
d_w：砥石切込み量〔1/rev, pass〕
a：連続切れ刃間隔
O：砥石中心
G：砥粒〔切れ刃〕

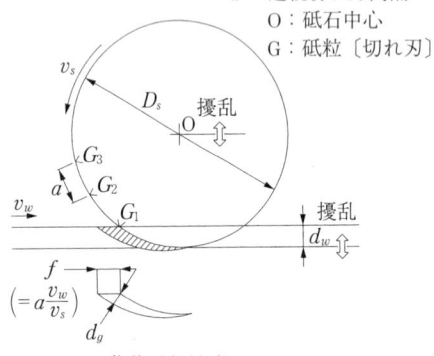

f：工作物送り量/切れ刃
$$f = a\frac{v_w}{v_s}$$

d_g：砥粒切込み深さ（≡切屑厚さ）
$$d_g = 2a\frac{v_w}{v_s}\sqrt{\frac{d_w}{D_e}}$$

$2\left(\dfrac{d_w}{D_e}\right)^{1/2}$：送り量 $a\times\dfrac{v_w}{v_s}$ を厚さ方向に変換する傾きの係数

D_e：等価砥石直径，$D_e = D_s$ … 平面研削
$\dfrac{1}{D_e} = \dfrac{1}{D_s} + \dfrac{1}{D_w}$ … 円筒研削，D_w 工作物直径

（a） 研削加工

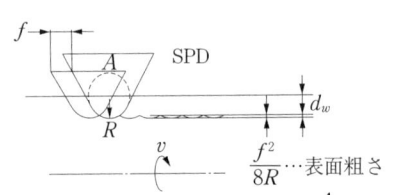

SPD：単石ダイヤモンド
f：工作物送り量/rev
R：バイトのノーズ半径

切屑厚さ $= f\cos\dfrac{A}{2}$
（A：バイトノーズ角）

表面粗さ $\cdots \dfrac{f^2}{8R}$

（b） 超精密 SPD 切削

図2.23 幾何学的な切屑厚さ

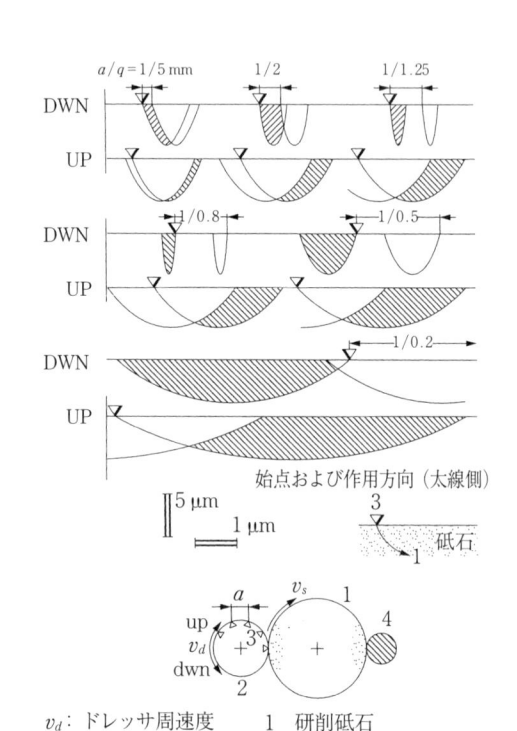

v_d：ドレッサ周速度
v_s：砥石周速度
a：ドレッサ連続切れ刃間隔
q：周速度比（≡v_d/v_s）
δ：ドレス切込み量（≡5μm）

1 研削砥石
2 ドレッサホイール φ100
3 ダイヤモンド砥粒
4 工作物

図2.24 ロータリダイヤモンドドレッサによる切込み軌跡（$a \equiv 1$mm，$\delta \equiv 5$μm，$q \equiv 5 \sim 0.2$）

研削加工においては，表面粗さは切屑厚さに依存する。幾何学的な砥粒切込み量 d_g，すなわち想定される切屑厚さは

$$d_g = 2a\frac{v_w}{v_s}\sqrt{\frac{d_w}{D_e}}$$

と表される。

　WA80V による平面仕上げ研削を想定し，周速度比 $v_w/v_s=1/100$，砥石切込み量 $d_w=0.005$ mm，砥石直径 $D_s=350$ mm とする。連続切れ刃間隔は不明であるが，a = 1 mm，すなわち平均砥粒径（≒0.18）×5 とおいてみる。砥粒切込み量は $d_g=0.15$ μm となり，この条件下で得られる表面粗さ経験値より1けた以上小さい。これは，実際に切屑生成に関与した砥粒の数（有効砥粒数）が少ないことを意味している。

　この例においては，表面粗さ $R_z=0.15$ μm を実現するためには，砥石／ドレッサ間の擾乱振動，砥石回転中心から見た切れ刃高さのばらつきを 0.15 μm 以下に制御しなくてはならない。

　実用的には，切屑生成に関与した砥粒切れ刃高さのばらつきを測定することはできない。周知のように，$d_w=0$ とするスパークアウト研削を継続しても表面粗さはさほど向上しない。この際の表面粗さが切れ刃高さのばらつきの目安の値となる。

　図 2.24 は，ロータリダイヤモンドドレッサにより研削砥石を修正する際，すなわち，砥石作用面を工作物とする研削加工工程において，刃具であるドレッサ周上のダイヤモンド砥粒の軌跡（砥石切屑）を示す。ホイールの周速度 v_d と砥石の周速度 v_s の比 $q(\equiv v_d/v_s)$ を $q=5 \sim 0.2$ と変えるとき，切屑形状を比較する。図から

　　$q \gg (\pm)1$：切屑厚さ小，研削加工に近い
　　$q \fallingdotseq (+)1$：転がり転写（相対周速度 0），クラッシングドレス（圧砕転写，ホイールが砥石表面を圧砕）
　　$q \ll (\pm)1$：切屑厚さ≒切込み量

ということができる。砥石修正精度向上のためには，ホイール周速度を上げる（$q \gg (\pm)1$），あるいは機械仕様の制約によりこれができない場合には，ホイール切込み量を小さくすることである。

　〔3〕**リンク：研削砥石**　　研削砥石中の砥粒分布の様子を検討する。**図 2.25**（a）に示すように，球状砥粒が立方体状に等間隔に配置されているとする。砥粒率を v_g，砥粒直径を d とする。稜線に平行な方向における砥粒間隔 a は，$a=(\pi/6v_g)^{1/3}d$ となる。集中度 $C=50(v_g=0.125)$，$C=100(v_g=0.25)$ の場合ついてこの値を試算すれば，$a=1.61d$，$1.28d$ を得る。

　図（b）に示すように，球状砥粒が深さ方向に均一に分布するとき，ドレッサによる断面図を作図する。球状砥粒断面の平均直径 d' は，$d'=0.79d$ となる。

　この検討結果から，擾乱のない状態でドレッサツール運動軌跡の転写により砥石作用面が生成されるものと仮定すれば，砥粒切れ刃間隔は粒径のたかだか数倍以下の値となる。この値は経験値と著しく異なり，前提条件が成立していないことを意味している。逆にいえば，

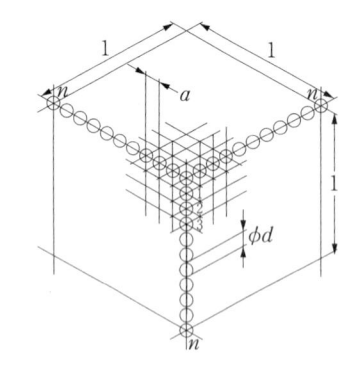

186   2. 新たな心なし研削盤の開発

v_g：砥粒率
d：球状砥粒直径
V：砥粒総体積 $\left(=\dfrac{N\pi d^3}{6}=1\,\text{mm}^3\times v_g\right)$
N：砥粒総数 $(=n^3)$
n：一辺の砥粒数 $\left(=N^{1/3}=\dfrac{\left(\dfrac{6v_g}{\pi}\right)^{1/3}}{d}\right)$
a：砥粒間隔 $\left(\equiv\dfrac{1\,\text{mm}}{n}=\left(\dfrac{\pi}{6v_g}\right)^{1/3}d\right)$

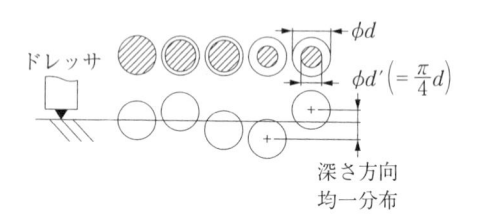

例：$v_g\equiv 0.125$（集中度＝50）　　例：$v_g\equiv 0.25$（集中度＝100）
　　→ $a=\underline{1.62d}$　　　　　　　　→ $a=\underline{1.28d}$

（a）立 方 体 配 置

（b）砥 粒 作 用 面

図 2.25　研削砥石中の砥粒分布

砥石修正プロセスの改善により切れ刃間隔を小さくすること，すなわち有効砥粒数増大の可能性を示唆している。

〔4〕 **リンク：研削盤**　　研削盤とは工作物の加工とともに，研削砥石の加工（砥石修正）を目的とした設備である。研削盤は，ドレッシングツールと砥石間，および砥石と工作物間の相対運動精度，および剛性を支配する。高い精度とその前提としての高い剛性が要求される。高剛性高精度回転スピンドル，工作物支持駆動装置，力の伝達ループ，擾乱（変位，発熱）の抑制の検討などが設計の要となる。これらの要請に対処すため，前節に述べた開発機はつぎの設計上の特徴を有する。

（1）　砥石台位置決め機構および砥石修正装置に，滑り案内と負荷補償機構の組合せを適用し，位置決め方向の高剛性・高精度化を図る。

（2）　両砥石中心と，位置決め指令器およびその誤差検出器としての送りねじとは，アッベの原理に基づき一直線上に配置されている。またスライド中心と補償推力発生器の配置も同様である。

（3）　両砥石は，静圧軸受で支持した静止軸形スピンドル上に両持支持し，動特性の向上とともに回転精度の向上を期する。

（4）　砥石修正に精密研削方式を適用し，砥石の長寿命化を図る。

2.3 高精度砥石修正による砥石の長寿命化

精度,能率に関する所要条件を満たしながら,いかに長く研削を継続できるか。いわゆる砥石再修正寿命が研削工程総合評価の指標となる。有効砥粒数の増大は砥石減耗量の減少,ひいては砥石の長寿命化に結び付くが,各リンクのこれに及ぼす影響のうち研削盤が最も直接的な影響を与える。

〔5〕 **リンクの結合:自生発刃から延性摩耗へ**　自生発刃作用を活用しながら所要精度能率を満足することは困難である。**図2.26**[2.4]は単石ドレッサのトラバース速度を変えるとき,研削の継続による表面粗さの推移を示す。

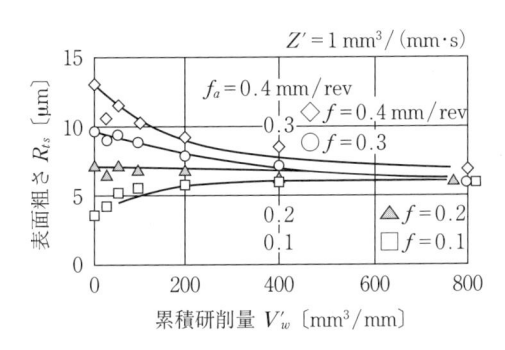

図2.26　研削の継続による表面粗さの推移（J. Verkerk による）

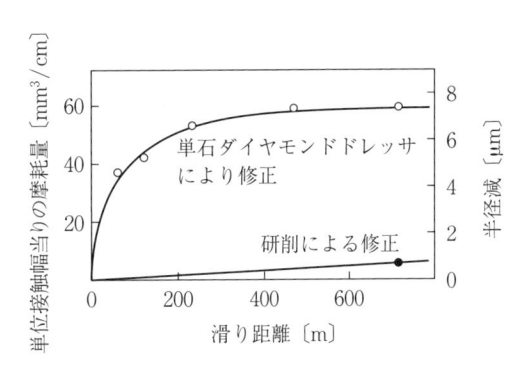

図2.27　マイクロドレッシング（ツルーイング）の砥石摩耗特性に及ぼす影響（橋元福雄 他）

$\phi 20$ 工作物,取り代 0.2 とすれば,60 サイクルまで粗さが変化していく。以降は定常値となる。その値は切屑除去能率 Z' により定まる。砥粒の自生発刃作用に起因すると説明されている。

図2.27[2.5]は高精度心なし研削盤における調整砥石 A150RR の摩耗特性を示す。一方は従来の単石ドレッサによる砥石修正であり,加工面は粗さが大きく初期摩耗が顕著である。

他方研削砥石を用いて調整砥石を研削修正した場合,特性は劇的に変化し,摩耗量は微少となる。加工面は鏡面であり初期磨耗は発生せず,わずかな定常延性摩耗のみである。砥石修正という加工工程において加工精度が向上し,加工面に多数の砥粒が出現した結果である。

研削砥石の加工方法として研削方式を採用した一連の高精度研削盤において,どのような結果が得られるか。生産研削における代表的な結果をつぎに述べる。

2.3.2　高精度心なし研削盤における砥石寿命 ── 一般砥石の場合

〔1〕 **VTR シャフトの精密研削**　$\phi 6 \times 42L$, SUS420 シャフトを $\phi 510 \times 250T$, GC100KV 砥石を用いてスルフィード研削する。研削条件を**図2.28**に示し,表面粗さの推移を**図2.29**に示す。砥石再修正寿命（ドレスインターバル）は「12時間以上（工作物 40 000 本）」であり,この間表面粗さは $0.02 \sim 0.03\ \mu mRa$ に維持されている。当然のことながら,

1	高精度心なし研削盤 （日進機械）
2	研削砥石　GC100KV φ510×250T，2 700 m/min
3	調整車　A150RR φ250×205T
4	ドレッサホイール　SD200M φ100×5T，800 m/min， 切込み 2 μm/pass
5	V-V 滑り案内
6	寸法補正(±)0.05 μm/push
7	工作物　VTR シャフト φ6×42L，SUS420-J2，HV500
8	スルフィード 取り代 30 μm/pass， 送り 2.4 m/min

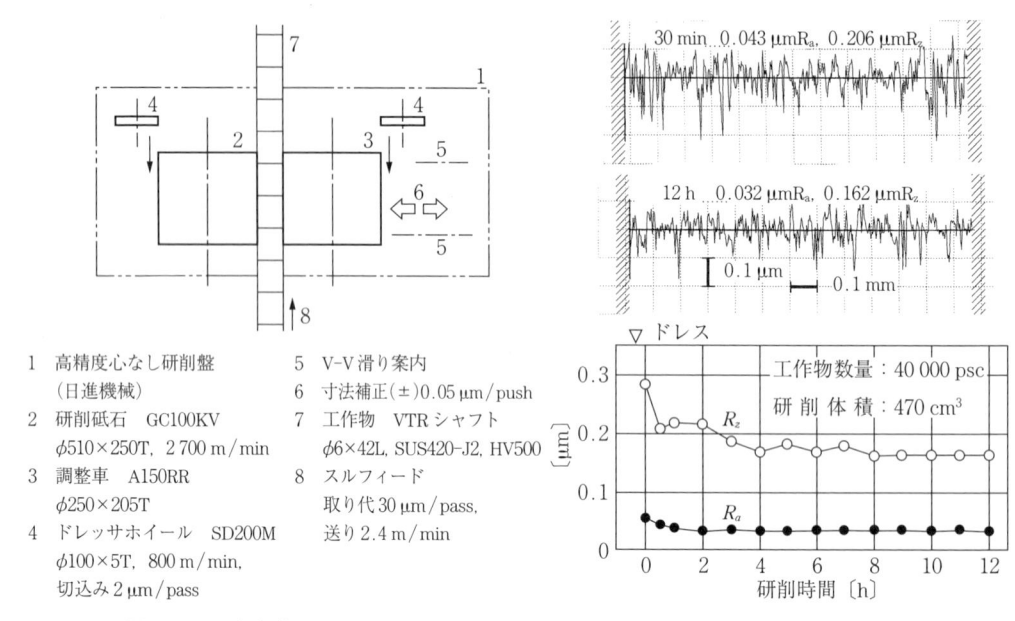

図 2.28　研削条件—VTR シャフト

図 2.29　表面粗さの推移—VTR シャフト

真円度をはじめとして所要諸精度を満足している。

図 2.30 は類似例における研削砥石表面の外観写真である。静圧軸受により両持支持された砥石は鏡面仕上げされ，各砥粒も研削仕上げされたように見える。平滑な砥粒のエッジ部が切れ刃となる。なお，低倍率で砥石表面を顕微鏡観察するとき，粒径の数倍以内の視野に多数の平坦砥粒が観察される。**図 2.31** は類似例における砥石母線形状である（真直度：2 μm/200 mm）。なお，砥石外周振れは 0.5 μm 以下である。

〔2〕**円すいころ軸受，内輪軌道面のプランジ研削**　　φ70×19L，SUJ 工作物を φ510×21T，GC800MV 砥石を用いてシュー支持心なしプランジ研削する。軌道面はクラウンプロファイルを有する。研削条件を**図 2.32** に示す。砥石周速度は 45 m/s であるが，砥石オートバランサ，高圧研削液装置（7 MPa）を備えている。**図 2.33** は X-Y 滑りテーブル上の砥石修正装置（0.1 μm/step）である。鏡面加工された工作物および設備外観を**図 2.34** に示す。

4 時間（工作物 960 個）にわたる連続研削における表面粗さ，真円度の推移を**図 2.35** に示す。この間表面粗さは 0.08 μmRa 以下に維持されている。また，プロファイル精度をはじめとしてその他の諸精度も満足している。「砥石再修正寿命は 900 サイクル以上」である。砥石摩耗の様子を**図 2.36** に示すが，研削比（切屑除去量に対する砥石減耗量の割合い）G は「$G > 450$」となっている。なお，φ25 工作物の場合「砥石再修正寿命は 2 500 サイクル以上」であった。

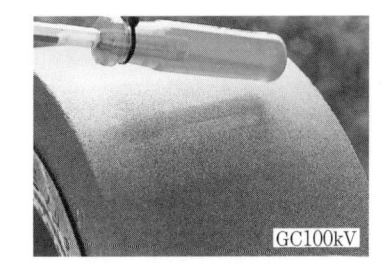

2.3 高精度砥石修正による砥石の長寿命化

(a) 鏡面状の砥石表面，反射像が見られる

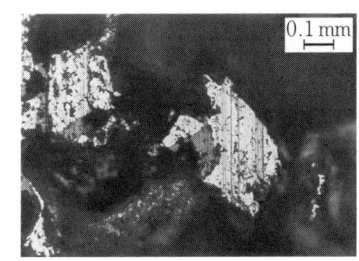

(b) 砥粒の顕微鏡写真

砥石：GC100KV，$\phi 455 \times 205T$
ドレッサ：$\phi 100$ ダイヤモンドホイール

図 2.30 研削砥石表面の外観写真

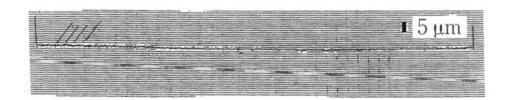

(a) ドレッシング直後

(b) 13 000 本連続加工後

砥石：GC100KV，$\phi 455 \times 205T$
工作物：$\phi 10 \times 10L$，SUJ2，HRC62
ドレッサ：$\phi 100$ ダイヤモンドホイール

図 2.31 研削砥石の母線形状

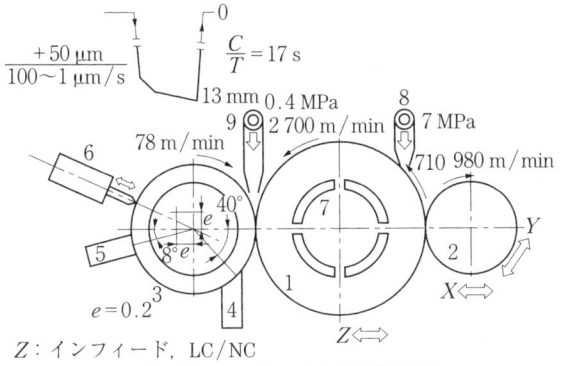

Z：インフィード，LC/NC
X-Y：ツルーイング，2NC/LC（負荷補償機構）

1　研削砥石　　　　　$\phi 510 \times 21$, GC800MV
2　ツルーイングホイール　$\phi 150 \times 2T$, SDC200P100B
3　工作物　　　　　　$\phi 70 \times 19W \times 11°$，クラウンプロファイル
　　　　　　　　　　 SUJ2, HRC62, $C/T=17\,s$
4　フロントシュー　　 $\phi_1=40°$
5　リアシュー　　　　$\gamma=8°$
6　インプロセスゲージ
7　砥石自動バランサ
8　高圧クーラント　　7 MPa
9　メインクーラント W-3　0.4 MPa

図 2.32 研削レイアウト―内輪プロファイル研削

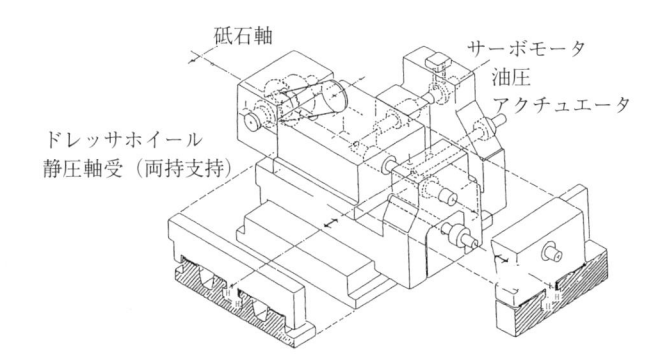

図 2.33 ダイヤモンドホイールを備えた砥石修正装置（X-Y 滑りテーブル位置決め分解能 $0.1\,\mu m$）

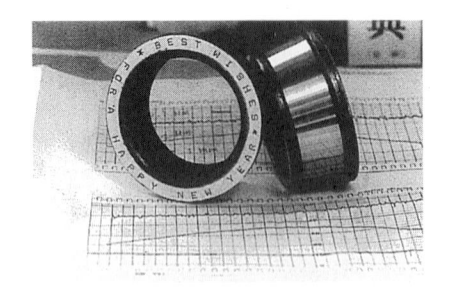

(a) 鏡面加工された内輪軌道面

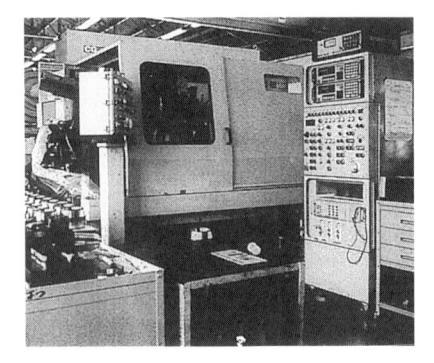

(b) 設備正面図

図 2.34 シューセンタレス外面研削盤

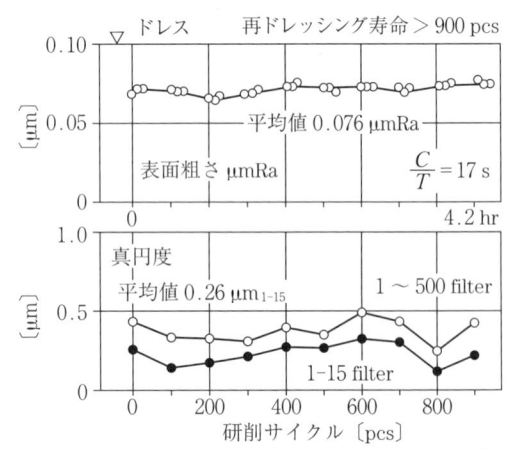

図 2.35 連続研削における表面粗さ・真円度の推移

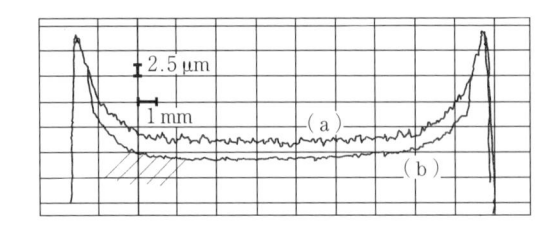

加工機：シューセンタレス外径研削盤（日進機械）　工作物：円すいころ軸受内輪軌道面　プロファイル研削，$\phi 70 \times 20$ W

〔注〕 工作物直径 $\phi 70$，取り代 $30\,\mu m$；砥石直径 $\phi 510$ から研削比 G は $G > 450$ となる

図 2.36 砥石減耗，(a) ドレッシング直後の砥石母線形状 (b) 960 個研削後，摩耗深さ $4\,\mu m$

2.3.3 高精度心なし研削盤の超砥粒ホイールへの適用

〔1〕 **cBN ホイールによる高能率研削**　回転センタにより工作物を支持する方式の cBN ホイール用円筒研削盤を試作した。工作物支持装置の汎用化，工作物ランダム流動対応などを目的としている。加工条件設定のため cBN ホイールの摩耗特性を調査する。

$\phi 30 \times 200$ L，SUJ 工作物を $\phi 350 \times 6$ T，CB80MV，$60\,m/s$ ホイールによりトラバース研削する。工作物は支持の高剛性・高精度化のため静圧軸受を備えた主軸，心押し軸のセンタ間にクランプする。両軸はサーボモータにより同期回転駆動される。設備は高圧研削液装置 7 MPa を備えている。研削ホイールは主軸上に装着した $\phi 95 \times 2$ T，SD40M ホイールを用いて研削修正する。

研削ホイールの送り側には 0.125（研削取り代）/2.0 なるテーパを付ける。ホイールエッ

ジ部による研削を避け,研削ホイールの外周のみによる研削を実現するためである。工作物取り代 0.25(切込み 0.125),送り 150 mm/min とすれば,テーパ部における切屑除去能率は $Z'=15\,\mathrm{mm}^3/(\mathrm{mm\cdot s})$ となる。**図 2.37** に設備外観,研削レイアウトを示す。

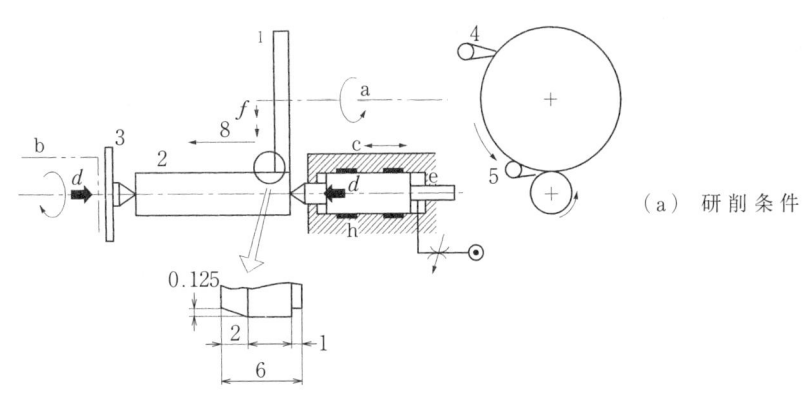

(a) 研削条件

(b) 設備姿写真

1 cBN ホイール $\phi350\times6\,\mathrm{T}$, CB80M200V, 60 m/s
2 工作物:$\phi30(\to22)\times200\mathrm{L}$, SUJ2, HRC60, 500 rpm
3 修正ホイール:$\phi95\times2\mathrm{T}$, SD40M, ~200 rpm
4 高圧クーラント,7 MPa, W1×20
5 メインクーラント,巻付きノズル

a 砥石スピンドル,静圧軸受支持
b 主軸,静圧軸受支持,サーボモータ
c 心押し軸,静圧軸受支持,サーボモータ同期駆動
d クランプ推力 0.4~1.5 kN
e クランプシリンダ
f 砥石台切込み(0.125/pass, 19 μm/rev)
g 砥石台トラバース (150 mm/min, 0.3 mm/rev)
h 油静圧軸受

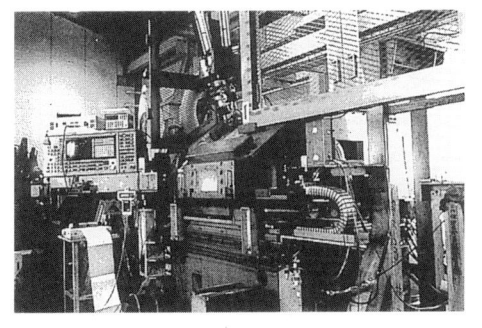

図 2.37 回転センタ形円筒研削盤

図 2.38 は砥石修正後,累積研削量 V_w が $V_w=670\,\mathrm{cm}^3$(砥石幅 5 mm として $V'_w=1.3\times10^5\,\mathrm{mm}^3/\mathrm{mm}$)に達するまでの表面粗さ,真円度の推移である。

粗さは 0.3~0.2 μmRa に保たれている。真円度は 1 μm 以下であり,円筒研削に固有な砥石偏摩耗に基づくびびり振動の発生は見られない。**図 2.39** は研削継続に伴う砥石母線形状の変化である。左端の段部は比較のための基準面である。研削比 G を推定すれば,「$G>2\times10^4$」となる。

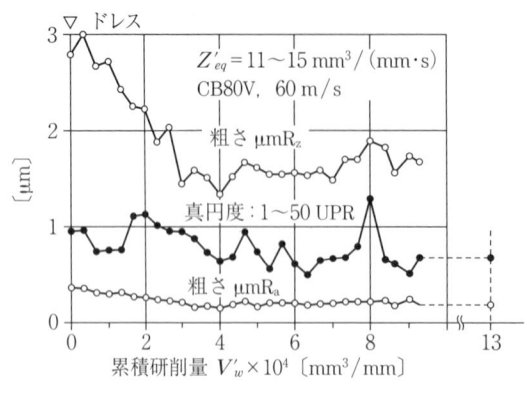

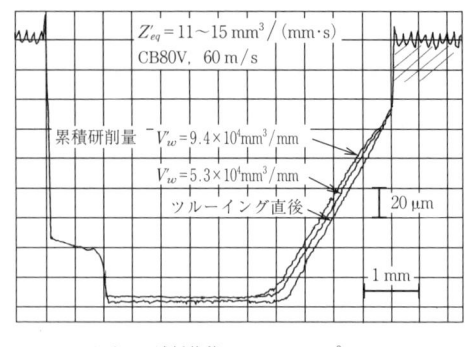

図 2.38 連続研削における表面粗さ・真円度の推移

図 2.39 ホイール母線形状の変化

図 2.40（a）は $v_s=40\sim200$ m/s なる超高速 cBN 研削盤による実験例[2.6]である。砥石周速度の増大につれ表面粗さが減少し高速研削の有用性を示している。ここに使用ホイールは CB80V，切屑除去率は $Z'_w=20$ mm^3/(mm・s) であり，図 2.38 の場合と類似している。

図 2.40 ホイール周速度の表面粗さに及ぼす影響（大下秀男 他，条件（a））

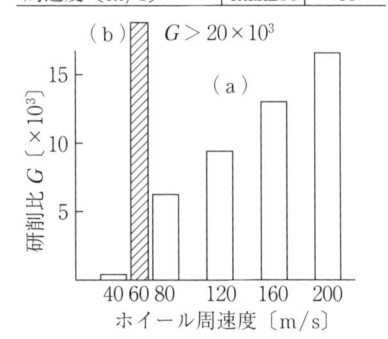

図 2.41 ホイール周速度の研削比に及ぼす影響（大下秀男 他，条件（a））

図 2.38 を条件（b）としてこれに書き加える。（b）の値は 60 m/s にもかかわらず，最もグラフの下方に位置している。

図 2.41（a）はこの実験における研削比の比較である。砥石周速度の増大につれ研削比 G が著しく増大し，200 m/s においては $G=2\times10^4$ にも達している。前図と同様に条件（b）の場合を書き加えた。

一見類似した研削条件にもかかわらず，結果が著しく異なる。研削工程を構成するチェインにおいて，すべてのリンクを精査しなければ結果を比較することはできない。

2.3 高精度砥石修正による砥石の長寿命化

〔2〕ダイヤモンドホイールによる超精密研削　前述の心なし研削盤と同様な新たな要素を適用し，縦形，横形のロータリ平面研削盤を試作した。このうち横形機を**図2.42**に示す。脆性材料の延性モード研削の実現を目的としている。脆性材料においても，加工に際しての除去単位を，脆性/延性遷移点と呼ばれる限界値以下に保てば，材料の破砕をすることなく延性的に除去される。シリコンの場合この値は約 $0.1\,\mu m$ である。

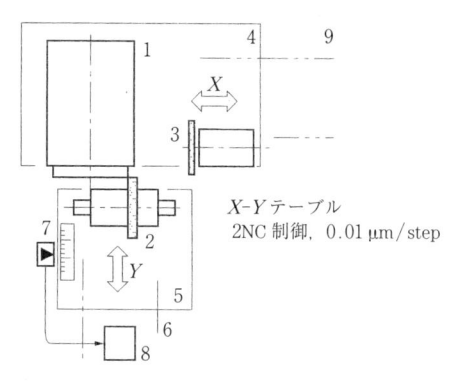

1 主軸（静圧）	4 Xテーブル	8 位置決め機構
真空チャック，$\phi 160$	5 Yテーブル	9 ベッド他
2 砥石軸（静圧）	6 V-V滑り案内	低膨張鋳鉄
$\phi 175 \times (10T)$, 3.7 kW	7 FBスケール	
3 ツルア軸（静圧）	分解能 $0.01\,\mu m$	
ホイール $\phi 175$		

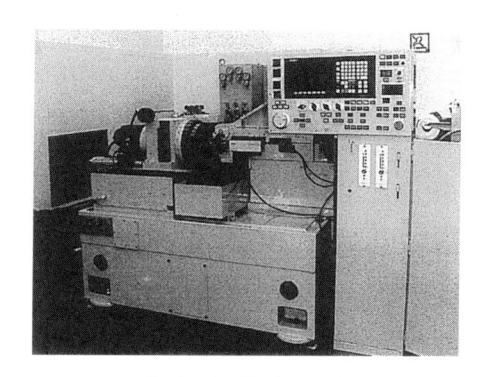

（a）主　要　仕　様　　　　　　　　　　　　（b）設　備　姿　写　真

図 2.42　横形ロータリ平面研削盤（日進機械）

図2.42において，X-Yテーブル上に主軸，修正ツルア軸，砥石軸ヘッドが搭載されている。テーブルはダブルV滑り案内と負荷補償機構により構成されている。Y軸のフィードバックセンサは，分解能を $0.01\,\mu m$ とするリニアスケールである。主軸にはセラミック製吸着プレートが装着され，吸着面は X 軸上のダイヤモンドホイールによりセルフ研削する。修正，研削両ホイールは，共に直径 $\phi 175$ を有し，広範なツルーイング条件を選択することができる。研削ホイールとしては V, M ボンドホイールを用いた。

シリコンウェーハ，メモリ基板に代表されるの試研削を継続し，

（＊）　形　状　精　度　…　平面度：$0.3\,\mu m/\phi 150$，表面粗さ：$0.01\,\mu m_{p-v}$
（＊）　加 工 変 質 層　…　許容値以下
（＊）　能率の見通し　…　実工程に適用できる

などの結果が得られた。しかしながら，加工全面を精査するとき，深さ $0.1\,\mu m$ 程度のスクラッチの発生を避けることができない。

ホイール作用面に突出したダイヤモンド粒が残留するためである。研削ホイールの修正

(ツルーイング/ドレッシング) とは，ダイヤモンドを用いてダイヤモンドを加工することであり，困難を極める作業である。このため，脆性材料の仕上げ工程を研削方式化するという当初の目的は実現できなかった。ちなみに，現状ではこの工程にはポリシング（定圧加工）が適用されている。

開発機は高剛性・高精度研削盤により砥石を精度高く修正し，実際に研削に関与する有効砥粒数を増大させることを一つの目的としている。これにより表面粗さの向上，砥石減耗量の減少（研削比の増大），その結果砥石の長寿命化が期待される。

以上に述べたように，数々の試研削および生産稼働結果により，従来の水準から抜きん出た砥石の長寿命化が確認された。

有効砥粒数の増大のためには，砥石周速の高速化が一つの手段であるが，これに伴う危険性の増加，擾乱の増大が危惧されるため，あえて高速化は試みなかった。

2.4 心なしスルフィードにおける寸法精度の高精度化

この節では筆者による技術解説記事（大東聖昌著「機械と工具」2004年1月，2月，3月号）を一部加筆のうえ，抜粋して紹介する。

心なし研削盤は図2.43に示すように，主に研削砥石，調整車，ブレードから構成される。主として円筒状工作物外周のスルフィード（通し送り）研削盤として使用する。調整車を垂直面内で傾けることにより，工作物は軸方向に送られ，連続研削が可能となる。この工程における最も重要な精度項目は直径寸法（以下寸法という）精度である。寸法は両砥石表面の

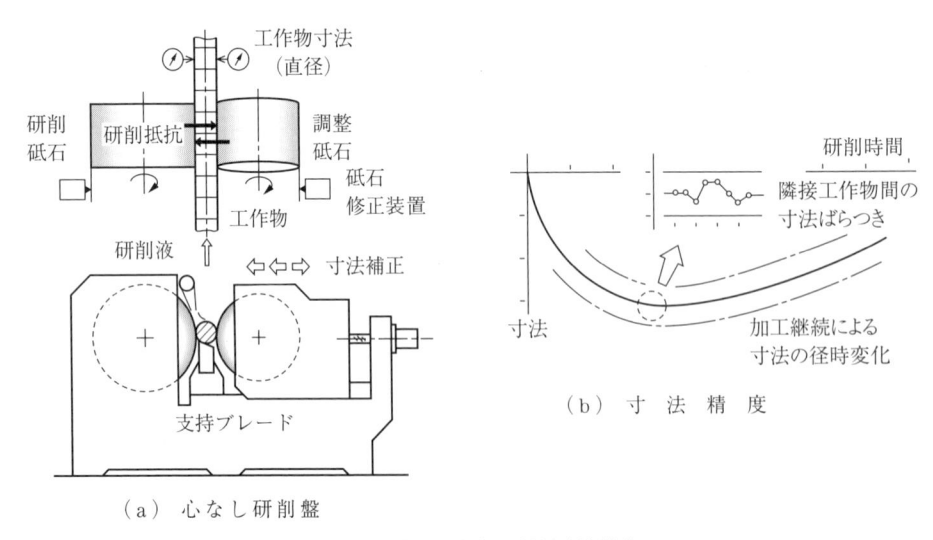

図2.43 心なし研削工程と寸法精度

2.4.1 寸法精度に関する諸課題

　スルフィード研削は，長時間にわたる工作物の連続研削を特徴としている。長時間にわたる寸法の安定性が要求される。図2.43（b）に寸法変化の傾向を例示する。研削盤の熱変形などに起因して，設備の起動後「数時間」にわたり「数10μm」経時的に変化する。

　目標寸法から偏差の生じた場合，砥石台の位置を修正（以下寸法補正という）する。量産工程においては，加工後の工作物寸法を検測するポストプロセスゲージを併用し自動修正する。補正精度は，（a）偏差の検出精度，（b）位置の修正精度，に依存する。

　寸法変化が急激な場合，頻繁な補正が必要となるが，小さな値の補正は困難となる。寸法補正シーケンスには，ある時間を要するからである。この場合，連続研削に先立ち，「ならし運転（暖気運転）」が必要となる。精度のみならず，経済的観点からも寸法変化の安定化，すなわち補正頻度自体を少なくすることが課題となる。

　偏差の検出に関しては隣接工作物間の寸法ばらつき（隣接誤差）という問題がある。同一砥石間隔を通過した工作物寸法は同一と見なされやすいが，実際には，調整車の外周振れ，研削負荷変化などに起因し，短時間内においても砥石間隔が変化する。隣接誤差は補正精度とともにスルフィード研削工程における寸法精度の限界を支配している。したがって，隣接誤差を小さくすることも寸法精度向上のための課題となる。

2.4.2 寸法の経時変化

〔1〕**コールドスタート特性**　暖気運転を省き，起動直後から研削を開始するとき，両砥石間隔の変化を**図2.44**に示す。補正を施すことなく研削を継続するとき，間隔の変化は工作物の寸法変化として観察される。供試機（a）は$\phi510\times250T$砥石を備えた典型的な生産用研削盤である。なお，研削液および作動油の供給口における温度は±0.2℃以下に制御されている。

　起動後の1時間については，約（−）30μm/hと寸法が急激に変化する。暖気運転なしには生産研削ができない。その後の1時間については変化の割合が減少し（−）1μmの変化に10分間を要する。±0.25μmの寸法公差を想定するとき，変化の割合が1μm/10 mim程度の値であれば，ポストプロセスゲージを併用して±0.25μmを維持することは可能である。

　図中の条件下において砥石減耗に基づく寸法変化量を推定する。研削比Gを$G=70$とし

2. 新たな心なし研削盤の開発

図2.44 起動時からの工作物寸法（砥石間隔）の経時変化

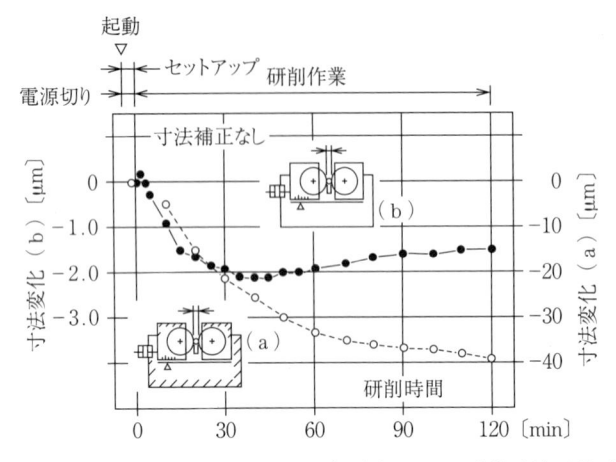

(a) 生産用研削盤，砥石：φ510×250 T
　　主要材料：鋳鉄 FC-30
(b) 精密研削盤，砥石：φ350×150 T
　　主要材料：低膨張材料

(a) 工作物：φ2×18 L
　　取り代 0.05/pass,
　　通し速度 3 m/min
(b) 間欠研削
　　5本/10分ごと

ても，寸法変化量は（＋）2 μm/2 h と僅少であり，経時変化は研削盤の熱変形に起因することを示している。

砥石間隔とは，研削砥石からベッドを経由して調整車に至るC字形ループの開口部の間隔である。図の供試機において，ループの全長は水平方向成分で1 m以上に達する。すなわち，ループの平均温度が1℃変化すれば砥石間隔は10 μm変化することとなり，熱変形対策の困難さを示唆している。

供試機（b）はφ350×150T砥石を備え，熱変形からの解放を目的とした精密研削盤である。主要部品の材料として低膨張鋳鉄（線膨張係数 $\alpha=1\sim2\times10^{-6}$/℃）を採用した。（a）機においてはミーハナイト鋳鉄を用いている。経時変化量は激減し，（−）2 μm/30 minである。供試機（b）は特に精度を要する特殊工作物を対象としている。経済的制約から一般工作物用の設備にこの材料を適用することは困難である。

〔2〕**暖気運転を経た連続研削**　暖気運転とは研削液をも供給した「全運転」状態である。2時間の暖気運転を経た後連続研削を開始し，寸法の経時変化を測定する。

砥石寸法 φ350×150T なる研削盤における寸法変化を**図2.45**に示す。20 000本のφ2×18L工作物を連続研削する。（a）はFC30材を用いた標準機の場合，（b）は低膨張鋳鉄機の場合，（c）は同機においてフィードバックセンサの位置を変更し，両砥石軸中心間隔を検出し，これが一定となるよう制御する場合である。

（a）においては（＋）7 μm/120 min と変化する。設備は暖気運転を経た定常状態にあったものの，研削負荷による発熱，研削の流れの変化など，熱的条件が変化し新たな熱変形が生じたためと考えられる。寸法公差，ポストプロセスゲージのサイクルタイムによっては，いわゆる「捨て研削」が必要となる。すなわち，研削系が熱的に平衡するまでダミー工作物を連続加工する。（b）機においても，なお，（＋）2〜3 μm/120 min と変化する。（c）機

工作物：φ2×18L　　共通仕様
0.05/pass, 3 m/min　研削砥石：φ350×150T, 2 700 m/min
暖気運転 ―連続研削　位置決め装置：レーザスケール, FOPM

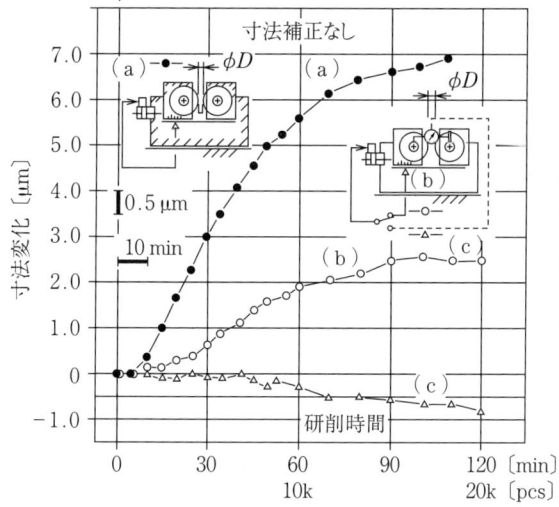

（a）標準機，材質 FC-30
（b）精密研削盤，低膨張材料
　　（線膨張係数：1〜2×10⁻⁶/℃）
（c）同上機によるテスト，両砥石中心間隔によりテーブル位置を制御する

図 2.45　寸法の経時変化―暖気運転を経た場合

における変化量は（−）0.7 μm/120 min へと減少し，センサ配置箇所の重要性を指摘するとともに，高精度化への設計指針を示している。

2.4.3　寸法の隣接誤差

〔1〕調整車外周振れの影響　心なし研削においては調整車は工作物を位置決めする支持基準面となっている。調整車を回転するとき，調整車表面の位置は，調整車の回転精度，形状誤差に起因して回転とともに変化する。その結果工作物寸法が変化する。

図 2.46[2.7] は調整砥石の外周振れを示す。図（a）は単石ダイヤモンドツールにより修正（ツルーイング）した場合であり，12 μm_{p-v} なる振れを有する。図（b）は対向する研削砥石を用いて調整車をプランジ研削した場合である。加工精度が高く，振れの値は 0.6 μm_{p-v} と小さくなる。図（c）は専用修正装置に装着されたダイヤモンドホイールによりトラバース研削した場合である。振れの値は 0.2 μm_{p-v} 以下となっている。なお，いずれの供試機においても調整車は静圧軸受により両持支持されている。

「隣接する工作物の寸法はどこまで揃っているか」，図（c）の方式による高精度調整車を用いて連続研削するとき，連続した 100 本の工作物を抜き取り，寸法を精密測定する。結果を**図 2.47** に示す。2 種類の調整車を使用した。図（a）においてはラバーボンド調整車であり，図（b）においては，エポキシボンド調整車である。図（a）における隣接誤差 $D_{n+1} - D_n$ は

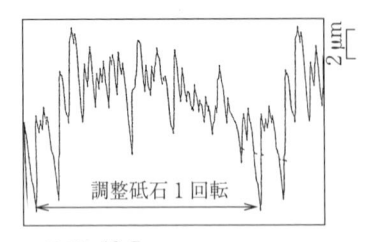

2. 新たな心なし研削盤の開発

図2.46 調整砥石の外周振れと修正方式

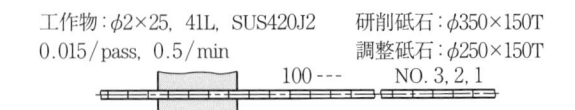

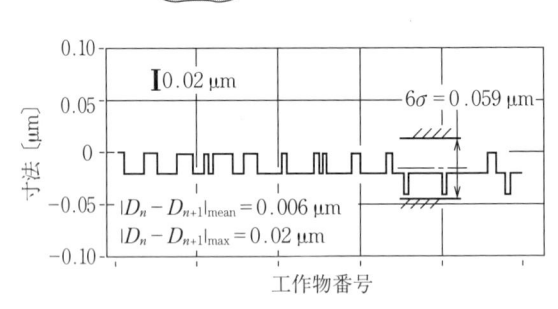

(a) 単石ダイヤモンドツールによる修正 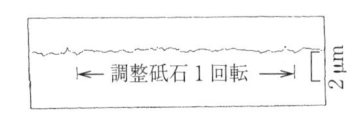
P-V＝12.7μm
調整砥石：A150RR
φ250×150T

(b) 研削砥石によるプランジ研削（橋本 他） 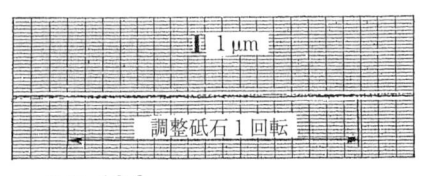
P-V＝0.6μm

(c) ダイヤモンドホイールによるトラバース研削
P-V＜0.2μm
調整砥石：A150RR　修正ホイール：SD200B
φ150×50T　φ100×5T

図2.47 連続研削における隣接工作物間の寸法ばらつき

工作物：φ2×25, 41L, SUS420J2　研削砥石：φ350×150T
0.015/pass, 0.5/min　調整砥石：φ250×150T

(a) 工作物 φ2×25L，調整砥石 A150RR
$|D_n - D_{n+1}|_{mean} = 0.006\ \mu m$
$|D_n - D_{n+1}|_{max} = 0.02\ \mu m$
$6\sigma = 0.059\ \mu m$

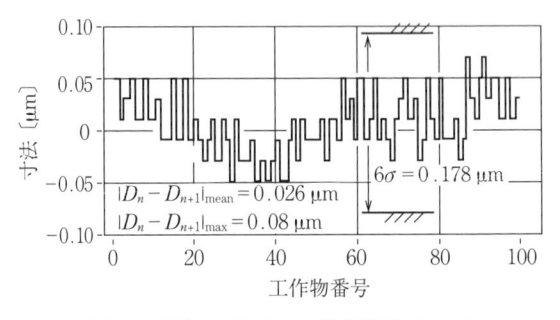

(b) 工作物：φ2×41L，調整砥石 A220ZEP
$|D_n - D_{n+1}|_{mean} = 0.026\ \mu m$
$|D_n - D_{n+1}|_{max} = 0.08\ \mu m$
$6\sigma = 0.178\ \mu m$

(*) 両砥石ともダイヤモンドホイールにより研削修正を施す

平均値 $|D_{n+1} - D_n|_{mean} = 0.006\ \mu m$，　最大値 $|D_{n+1} - D_n|_{max} = 0.02\ \mu m$

であり，測定誤差の範囲内で同一寸法であるということができる．図（b）の場合

平均値 $|D_{n+1} - D_n|_{mean} = 0.026\ \mu m$，　最大値 $|D_{n+1} - D_n|_{max} = 0.08\ \mu m$

であり，隣接誤差が存在する．エポキシ砥石は柔らかいため，調整車に微小外周振れが残留したものと推定される．図（b）には（－）0.05μm/8minの経時変化が認められるが，隣接誤差と同オーダである．このような場合，寸法を補正することはできない．

〔2〕 **研削負荷変動の影響**　スルフィード研削中の研削負荷（法線力）は0.1kN（仕上げ研削）から1kN（荒研削）にも達する．供給機の不具合，作業終了などにより，工作物供給が中断するとき，負荷は "0" へと大きく変化する．弾性変形が解放され砥石間隔が狭くなる．流れの後端に位置する工作物は寸法が小さくなる．ここにポストプロセスゲージを適用することはできない．これを回避するための一つの方法をつぎに説明する．

図2.48に示すように，後述の位置決め機構（FOPM）に研削負荷補償機能を付加することを試みる．調整車を静圧軸受により両持支持する．工作物供給側軸受の対向ポケット差圧

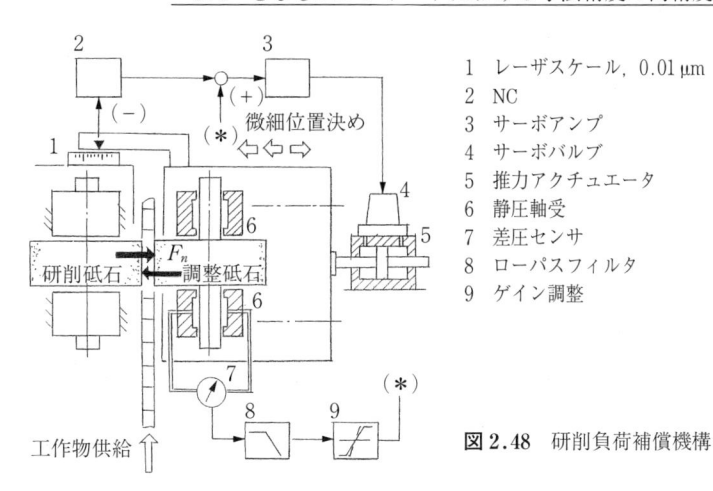

2.4 心なしスルフィードにおける寸法精度の高精度化

1　レーザスケール，0.01 μm
2　NC
3　サーボアンプ
4　サーボバルブ
5　推力アクチュエータ
6　静圧軸受
7　差圧センサ
8　ローパスフィルタ
9　ゲイン調整

図 2.48 研削負荷補償機構

を研削負荷として検出し，オフセット信号として位置決め制御系に加える。砥石間隔のコンプライアンス，すなわち（寸法変化量）／（負荷変動）が最小となるようゲインを調整する。この装置は砥石間隔の変動補償，すなわち静剛性補償機構ということができる。

研削砥石寸法 φ510×250T なる研削盤に補償機構を適用する。供給中断時における寸法変化の様子を**図 2.49** に示す。この研削盤は砥石間静剛性が 0.3 kN/μm に達する高剛性機である。しかしながら，所要研削能率の下では 0.2〜0.3 kN の研削負荷が発生する。工作物 NO.1〜NO.8 の間で 1〜2 μm の寸法変化が発生し，所要公差 ±0.25 μm を満たすことができ

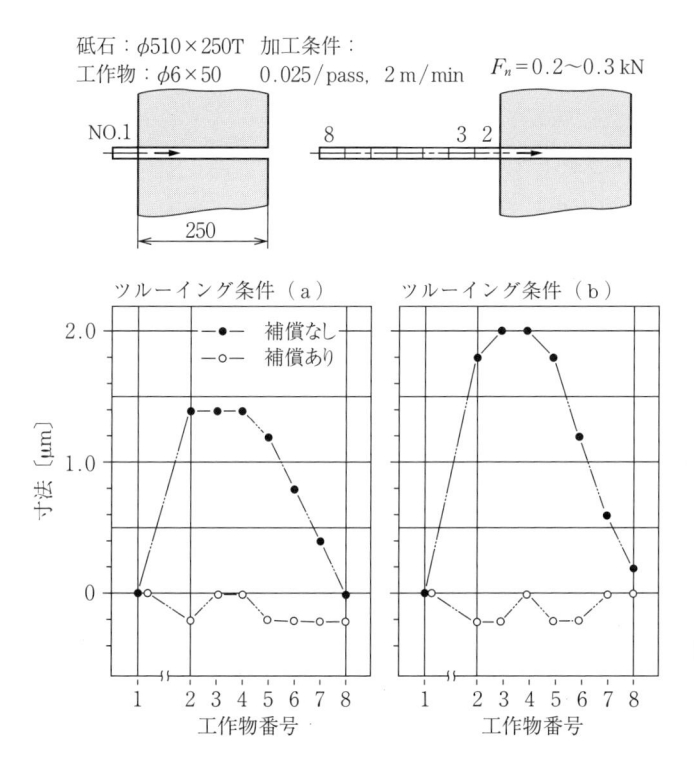

砥石：φ510×250T　加工条件：
工作物：φ6×50　0.025/pass，2 m/min　F_n = 0.2〜0.3 kN

図 2.49 工作物供給中断時における寸法変化，研削負荷補償機構の及ぼす影響

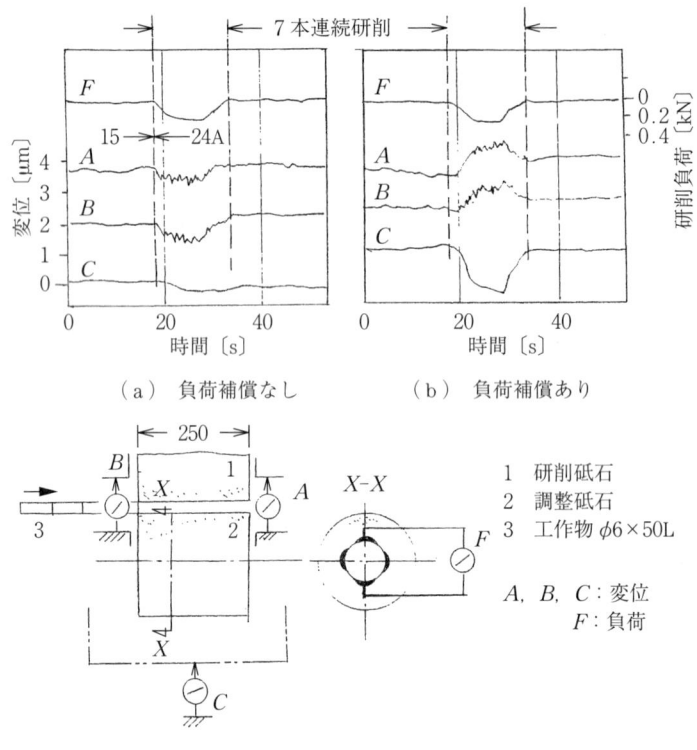

図 2.50 研削負荷補償機構の作動状況

ない。補償装置の作動中は寸法変化が 0.2 μm 以下となり，装置の有効性を裏づけている。図 2.50 に装置の作動状況を示す。

2.4.4 寸法偏差の検出 — ポストプロセスゲージ

量産工程においては寸法精度の安定化のため，研削盤にポストプロセスゲージを併用する。プランジ研削の場合，工作物排出部に設けた検測ステーションにおいて加工直後の工作物を全数測定する。寸法があらかじめ設定した限界値（補正限界）を越えた場合研削盤に補正信号を与える。公差を越えた場合，不良品として専用のシュート（NG シュート）に排出する。スルフィード研削の場合，研削盤の後部に設けた検測ステーションにおいて，一般的には工作物を全数測定する。ポストプロセスゲージ適用に際しての注意事項は，以下のとおりである。

(1) 補正単位，補正精度
(2) 測定精度，"0" 点ドリフト（"0" 点の経時的なずれ）の確認方法
(3) 補正限界値および補正量の設定
(4) 研削から検測の間に滞留した工作物の取扱い

なお，隣接誤差という観点からすれば，寸法は少なくとも補正単位だけばらつくことに注意

を要する。

2.5 心なし研削盤の基本構成

　高精度化を目指すためには，高剛性化が前提となる。砥石負荷および砥石テーブルの位置決めに関する力のループの検討が重要である。また，砥石間隔の平行度変化を抑制するため，熱源配置を含み，両砥石幅中心に関して前後対称な構造としなくてはならない。これらのうち，特に砥石テーブルの案内方式について検討する。

　図 2.51 は転がり案内など低摩擦案内面を備えた心なし研削盤の模式図である。砥石台テーブルの位置決めに際し位置決め機構の弾性変形が小さく，高い位置決め精度が期待できる。他方，研削力は直接位置決め機構に作用するため，この変動に基づき工作物寸法が変化する。また，低摩擦案内面においては，外乱によって擾乱振動が発生しやすい。

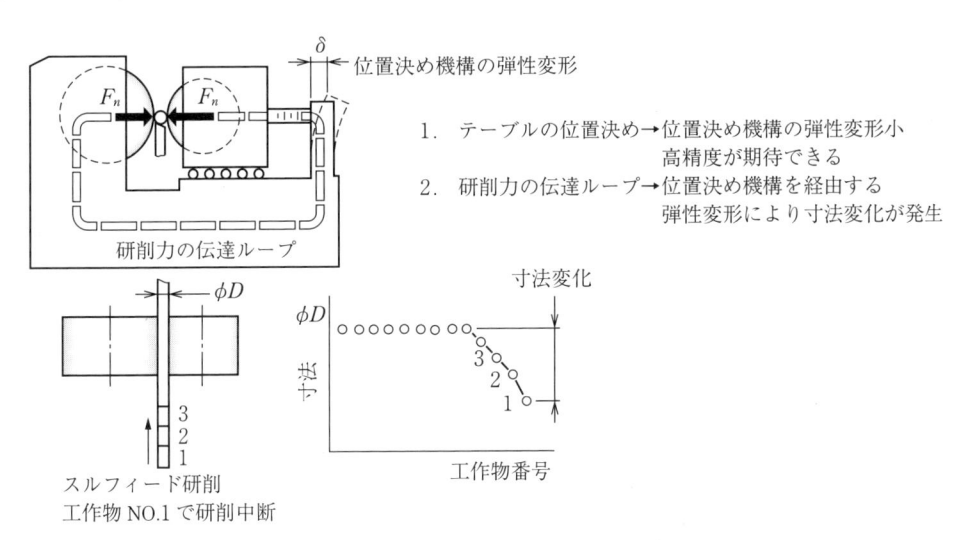

図 2.51 低摩擦案内面を備えた心なし研削盤

　摩擦の大きい滑り案内面を備えた場合を**図 2.52** に示す。研削力の伝達ループはこの滑り案内面を経由する。研削力は案内面の摩擦により保持され，弾性変形量の変化に基づく寸法変化は発生しにくい。擾乱振動の懸念も少ない。このため，大形砥石を有する心なし研削盤においては，一般に滑り案内面が用いられている。

　しかしながら，摩擦力が大きいため高精度位置決めが困難となる。図に示すように，テーブルに，（＋）側あるいは（－）側へと指令方向の反転する鋸歯状位置指令（送りねじの回転角）を与えるとき，弾性変形の蓄積に起因して，テーブル位置の移動には「遅れ」が発生する。また，その移動量も弾性変形量だけ小さくなる。さらに，送り方向の反転時にはロスト

図 2.52 滑り案内面を備えた心なし研削盤

X_i：位置指令値
X_o：テーブル位置

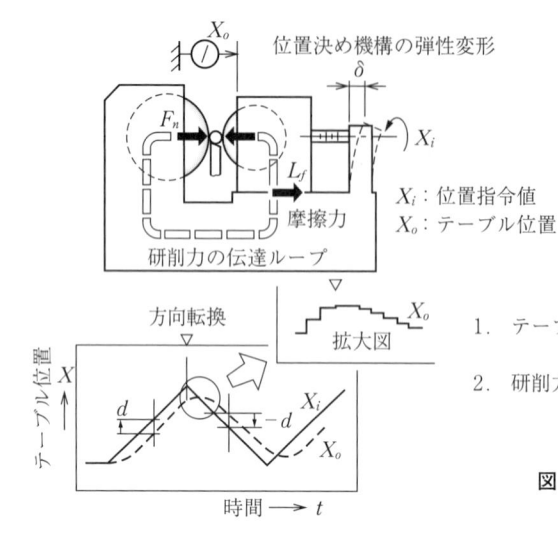

1. テーブルの位置決め→位置決め機構の弾性変形大 高精度化は困難である
2. 研削力の伝達ループ→滑り案内面(摩擦)を経由する弾性変形による寸法変化は生じにくい

モーションが発生する．スルフィード研削における補正方向に関しては，現在位置からの切込み，または戻しと両方向が必要である．方向反転時に不感帯のないことが要請される．

図 2.53 は「力操作形位置決め機構（force operated positioning mechanism, FOPM）」を備えた滑り案内テーブルにおいて，ステップ送り（$0.25\,\mu\mathrm{m/step}$）の鋸歯状位置指令を与えるとき，位置決めに要する駆動力の測定結果である．これは，テーブルが目標箇所に位置決めされたときの駆動力，すなわち摩擦力の大きさを意味している．逆にいえば，この大きさの駆動力の経緯をテーブルに加えれば，テーブルは不感帯なしに $0.25\,\mu\mathrm{m/step}$ で運動す

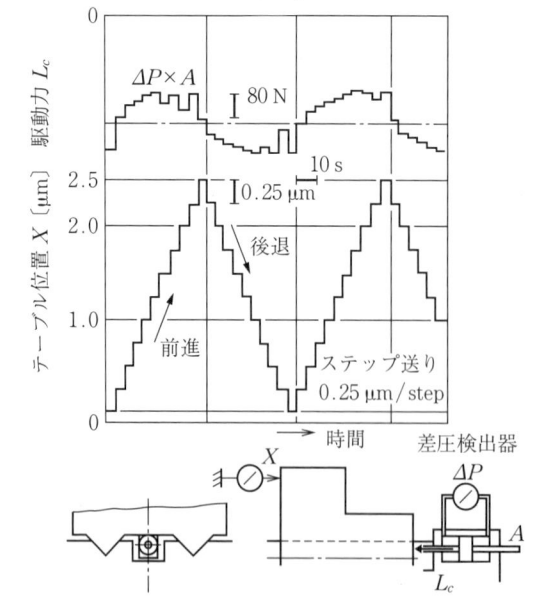

図 2.53 鋸歯状微細ステップ送りによる位置決めに要する駆動力の測定結果

ることになる。

　一般的な送りねじ方式においては，駆動力とは位置決め機構における弾性変形の反力である。ねじの回転角をこの複雑な駆動力パターンに沿って制御することはできない。図 2.53 は送りねじを介することなく，直接「駆動力を操作」した結果である。すなわち，つぎの方式の位置決め機構における測定結果である。

（1）　レーザスケールにより現在位置の指令値からの偏差を検出する。

（2）　偏差がゼロとなるまで，テーブルに偏差に比例した駆動力を与える。

この方式は宮下ら[2.8]により提案され力操作形位置決め機構（FOPM）と呼ばれる。上述の説明においては，位置決め機構の負荷として摩擦力を対象としたが，外力によりテーブルに偏差の発生した場合にも補償機能が働くことはいうまでもない。以下に FOPM の具体例について述べる。

2.5.1　新たな位置決め機構

力操作形位置決め機構の設計において，以下の組合せが考えられる。

（1）　偏差検出方式

（a）　送りねじに作用する残留力

（b）　テーブル位置センサ（変位センサ，リニアスケール）

（2）　推力アクチュエータ

（a）　油圧サーボ弁と油圧シリンダ

（b）　電磁リニアモータ

送りねじを備えた在来機においては，送りねじに作用する残留力により偏差を知ることができる。位置決め機構に弾性変形があるとき，ねじには推力が作用している。「残留推力＝0」とは，指令値（ねじ送り角）どおりにテーブルが移動したことを意味する。これに推力アクチュエータを付加すれば FOPM を構成することができる。心なし研削盤に適用できる仕様の電磁リニアモータは市販品に見当たらない。本節においては油圧サーボ弁とシリンダの組合せにより推力アクチュエータとした。

2.5.2　油圧サーボ弁の選定

図 2.54 はスプール弁を備えた流量（速度）制御形サーボ弁の「負荷-速度特性」である。一定負荷下の速度制御に適した特性となっている。シリンダピストンにテーブルを連結し，その位置決めを試みるとき，「速度 $V=0$」においてテーブルを定位置に保つことができない。$V=0$ に近づけば，開口度 α のいかんにかかわらず，推力 L の値は $L = \pm L_{max}$ または $L = 0$ となり，任意の負荷を支持することはできないからである。

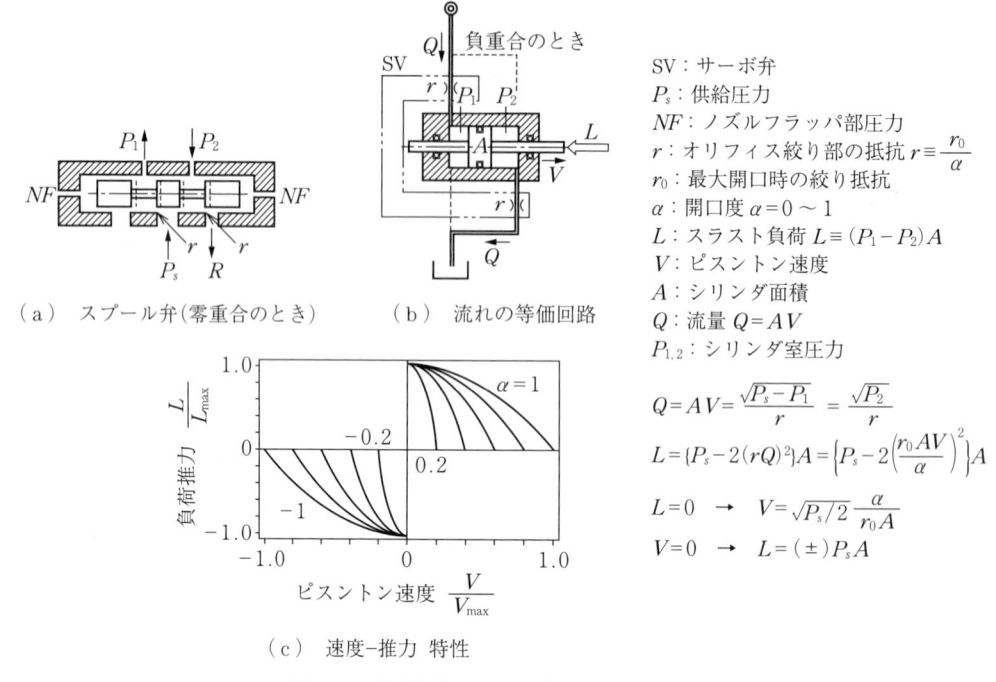

図 2.54 に示すサーボ弁の構成および特性図

記号説明:
- SV: サーボ弁
- P_s: 供給圧力
- NF: ノズルフラッパ部圧力
- r: オリフィス絞り部の抵抗 $r \equiv \dfrac{r_0}{\alpha}$
- r_0: 最大開口時の絞り抵抗
- α: 開口度 $\alpha = 0 \sim 1$
- L: スラスト負荷 $L \equiv (P_1 - P_2)A$
- V: ピストン速度
- A: シリンダ面積
- Q: 流量 $Q = AV$
- $P_{1,2}$: シリンダ室圧力

$$Q = AV = \dfrac{\sqrt{P_s - P_1}}{r} = \dfrac{\sqrt{P_2}}{r}$$

$$L = \{P_s - 2(rQ)^2\}A = \left\{P_s - 2\left(\dfrac{r_0 AV}{\alpha}\right)^2\right\}A$$

$L = 0 \rightarrow V = \sqrt{P_s/2}\,\dfrac{\alpha}{r_0 A}$

$V = 0 \rightarrow L = (\pm)P_s A$

(a) スプール弁(零重合のとき)　(b) 流れの等価回路　(c) 速度-推力 特性

図 2.54 流量制御形サーボ弁の負荷-速度特性

　負重合スプール弁の場合 $V = 0$ における特性を改善できるが，サーボ弁は特注となり入手が困難である．

　差圧制御形二連ノズルフラッパサーボ弁（MOOG 社）の構成および配管方法を**図 2.55**に示す．2 セットのノズルフラッパにより発生した 2 系統の圧力を負荷シリンダに導く．その差圧が推力となる．中立点（$V=0$）ではフラッパは対向ノズルの中央に位置し油が流れている．このため，中立点近くでも圧力の微細調整が可能となる．

　シリンダ/ピストンにこのサーボ弁を連結するときの，負荷-速度特性を**図 2.56**に示す．$V=0$ の近辺において，推力 L は $L = 2\alpha L_{\max}$ と表され，開口度 $\pm\alpha$ の調整により任意の推力を得ることができる．FOPM においてはこのサーボ弁を適用した．

2.5.3　送りねじに作用する残留力を検出する場合

　この方式の FOPM を特に負荷補償機構（load compensating mechanism, LCM）と呼ぶ．**図 2.57** は設計例である．送りねじは砥石中心の延長線上に配置され，ねじの軸端を静圧軸受により非接触支持する．ねじに作用する推力 L は，スラスト軸受における対向ポケットの圧力差として検出する．推力アクチュエータは滑り案内中心に配置する．これは $L_c = KL_s$ なる補償推力を発生し，案内面摩擦力 L_f に抗してテーブルを駆動する．この関係からねじに作用する残留推力 L_s は本来の値 L_f から

2.5 心なし研削盤の基本構成

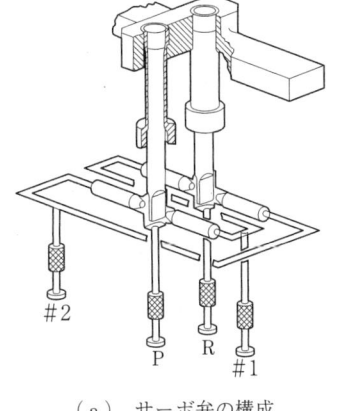

(a) サーボ弁の構成

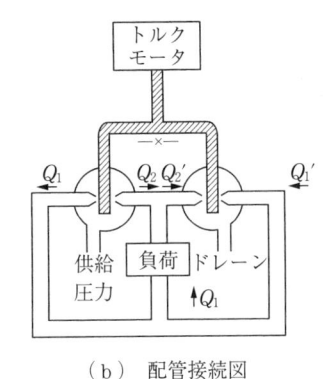

(b) 配管接続図

図2.55 二連ノズルフラッパサーボ弁（MOOG社による）

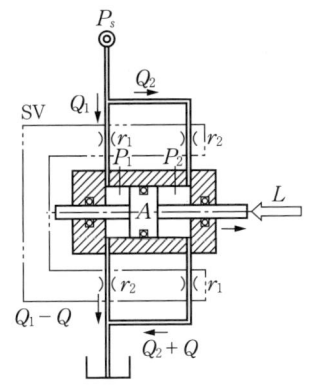

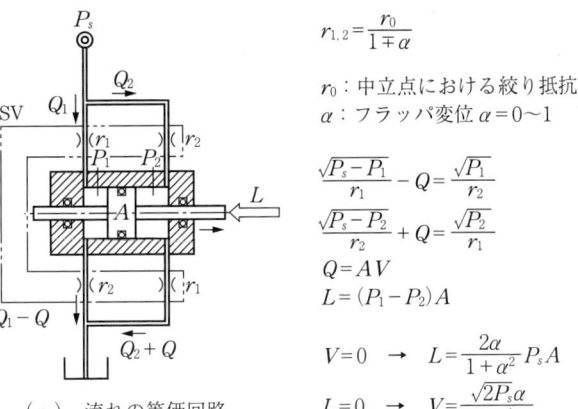

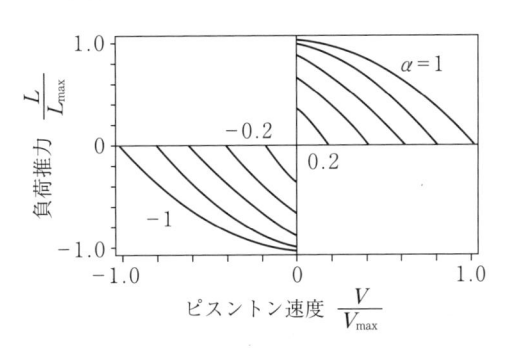

(a) 流れの等価回路

$$r_{1,2} = \frac{r_0}{1 \mp \alpha}$$

r_0：中立点における絞り抵抗
α：フラッパ変位 $\alpha = 0 \sim 1$

$$\frac{\sqrt{P_s - P_1}}{r_1} - Q = \frac{\sqrt{P_1}}{r_2}$$

$$\frac{\sqrt{P_s - P_2}}{r_2} + Q = \frac{\sqrt{P_2}}{r_1}$$

$$Q = AV$$

$$L = (P_1 - P_2)A$$

$$V = 0 \rightarrow L = \frac{2\alpha}{1+\alpha^2} P_s A$$

$$L = 0 \rightarrow V = \frac{\sqrt{2P_s}\alpha}{r_0 A}$$

(b) 速度-推力特性

図2.56 差圧制御形サーボ弁の負荷-速度特性

$$L_s = \frac{1}{1+K} L_f \cong 0 \quad \text{（積分制御のとき）}$$

へと減少している。ここにKはサーボ系のループゲインである。市販機器のとき組合せにより $K = 10 \sim 100$ の値を得ることが可能である。

$\phi 610 \times 305$T なる研削砥石を装着した高能率生産用心なし研削盤におけるLCMの適用例を図2.58に示す。「角-平滑り案内」を備えた砥石台テーブルの自重は2.5tに達する。図2.59は指令値を0.1, 0.05 μm/stepとする場合のステップ送りの様子である。テーブル位置は, 指令値に精度高く追随する。

この図においてつぎの特性が得られている。

(1) 方向反転時のロストモーションは0.05μm以下である。
(2) テーブルの姿勢変化は小さく, ヨーイング誤差は0.05μm/400 mm以下である。

指令方向の反転時において両砥石表面間の平行度が変化してはならない。ヨーイング誤差を抑えるため, 「角ガイド」の側面には静圧パッドにより予圧を与えている。

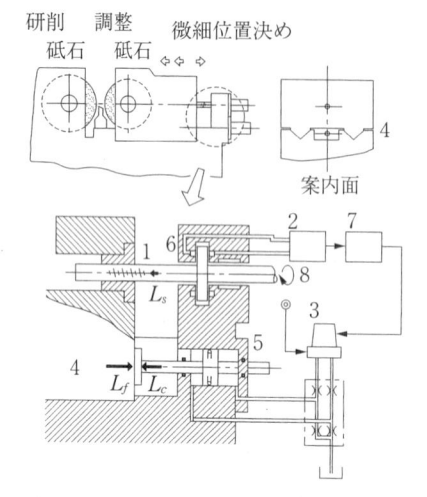

206   2. 新たな心なし研削盤の開発

図2.57 負荷補償機構（LCM）の設計例

1　送りねじ
2　差圧検出器
3　圧力制御形サーボバルブ
4　滑り案内
5　油圧アクチュエータ
6　静圧スラスト軸受
7　サーボアンプ
8　サーボモータ

L_f：案内面摩擦抵抗
L_c：補償力
L_s：送りねじの残留力
$$L_s = \frac{1}{1+K} L_f \sim 0$$
K：サーボ系ループゲイン

1　油圧アクチュエータ　　4　サーボ弁
2　サーボモータ　　　　　5　静圧軸受
3　差圧力検出器

図2.58 負荷補償位置決め機構（LCM）の適用例

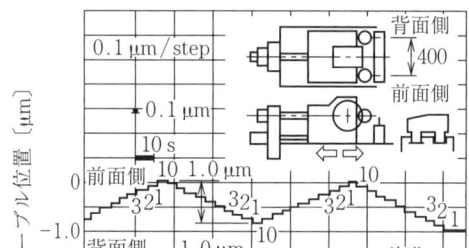

形式：高能率生産形心なし研削盤　　案内形式：角一平　滑り案内
GW：φ610×305T　　　　　　　　　位置決め機構：LCM

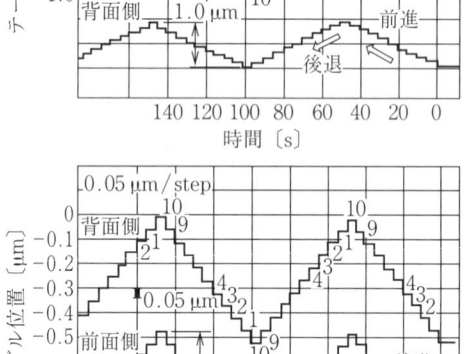

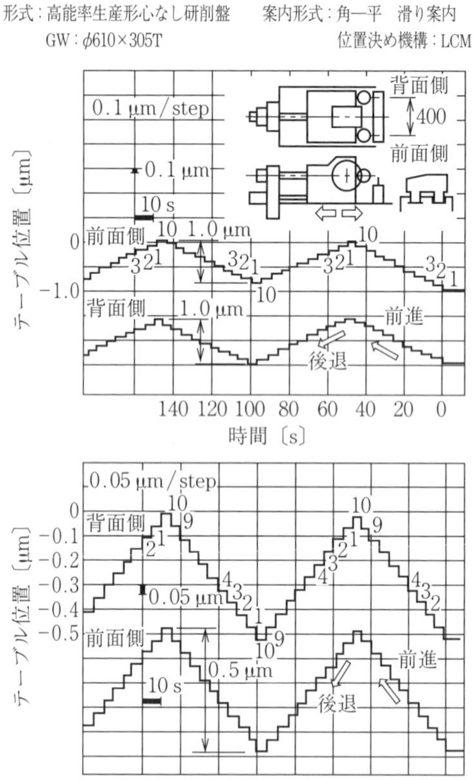

（＊）　運動ストローク±0.5μmにおける
　　　ヨーイング誤差 ＜0.05μm/400 mm（0.13μrad）
（＊）　送り方向反転時のロストモーション
　　　（不感帯）＜0.05μm

図2.59 大形砥石台テーブルのステップ送り精度
　　　　（自重2.5 t，0.1, 0.05μm/step）

2.5.4　テーブル位置を検出する場合

　位置検出センサを備えたテーブル位置決め機構においては，LCMを簡略化した機構を構成することができる。NC指令電圧を推力アクチュエータに与え，テーブルを直接駆動する。位置センサ出力をNCにフィードバックし，誤差が零となるように作動力を操作する。送りねじは不要となる。剛性（推力／誤差）は位置センサの感度に支配される。なお，実用機に

2.5 心なし研削盤の基本構成

おいては,停電をはじめ非常時に備えた安全装置が不可欠である。

図2.60は設計例である。位置センサの配置としては,リニアスケールによるテーブル位置検出のみならず,図中の6のように両砥石軸中心間隔を測定する方法も考えられる。**図2.61**に示す小形心なし研削盤[2.9]における微小ステップ送り精度を**図2.62**に示す。V-V滑り案内を備えた砥石台テーブルの自重は0.5 tである。位置センサとして,容量形位置センサ(ADE社)を使用し,指令値を 2.5 nm(10 mV)/step とする。テーブル位置の追随性は高く,送り方向反転時のロストモーションは 2.5 nm 以下である。

図2.63はこの砥石台テーブルの運動方向における静剛性の測定結果である。1 kN/μm 以上と高い剛性が得られている。

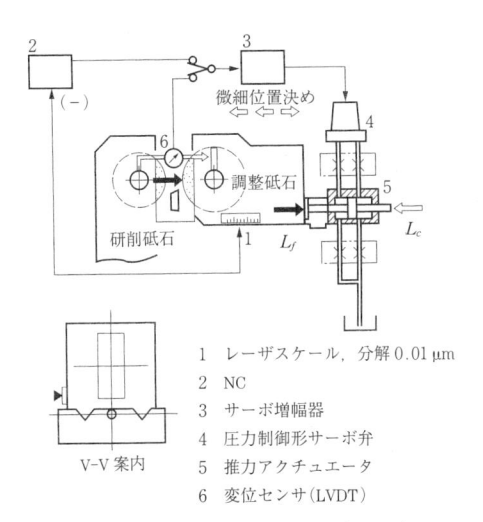

図2.60 力操作形位置決め機構(FOPM)の精密心なし研削盤への適用

1 レーザスケール,分解 0.01 μm
2 NC
3 サーボ増幅器
4 圧力制御形サーボ弁
5 推力アクチュエータ
6 変位センサ(LVDT)

図2.61 力操作形位置決め機構(FOPM)を備えた小形心なし研削盤

1 研削砥石   1′ 調整砥石
2 V-V 滑り案内   3 サーボ弁および油圧アクチュエータ
4 レーザスケール室

図2.62 小形砥石台テーブルのステップ送り精度(自重 0.5 t, 0.0025 μm/step)

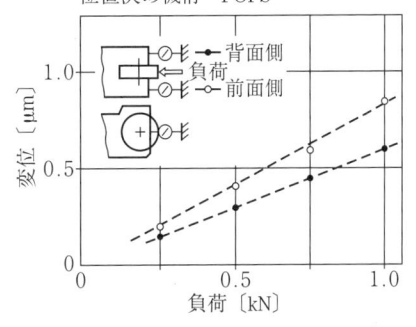

図2.63 砥石台テーブルの静剛性(位置決め機構を含む)

2.5.5 軸受隙間制御による寸法補正機構

静圧軸受スピンドルを備えた心なし研削盤においては，軸受隙間を制御することにより，微細寸法補正を行うことができる。静圧軸受の絞り抵抗を可変絞りとする。抵抗の値を変化させるとき，軸の軸受隙間内における釣合い位置が変化する。これにより，高精度位置決め機構を構成することができる。この方式は

(1) テーブル案内面の摩擦が不問である
(2) 方向を反転するとき，原理的に不感帯がない
(3) 砥石の回転中に微小調整できる

という特徴を有する。ただし，作動範囲は軸受隙間の1/2以下に制限される。

図 2.64 は $\phi 510 \times 250 T$ 砥石を備えた心なし研削盤において，調整車側にこの装置を適用した場合を示す。円環隙間形可変絞りを介して，水平方向に対向する静圧軸受の各ポケットに圧油を供給する。絞りスプールの位置を l だけ移動するとき，軸の釣合い位置は

$$h = h_0 \times \frac{l}{3L}$$

だけ変位する。ここに h_0 は半径隙間である。実用設計値に基づき，$h_0 = 25\,\mu\mathrm{m}$，$L = 10\,\mathrm{mm}$

1 ポストプロセスゲージ　3 ステッピングモータ
2 制御装置　　　　　　　4 可変絞り

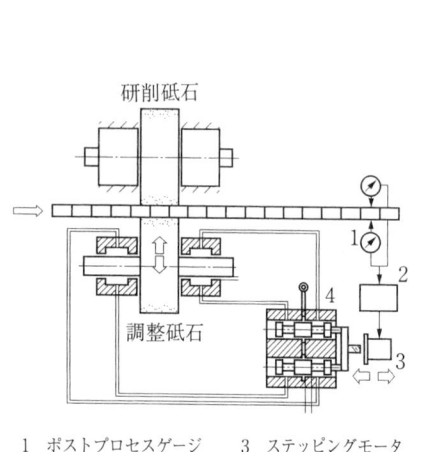

図 2.64 軸受隙間制御による寸法調整
　　　　—スルフィールド研削盤への適用

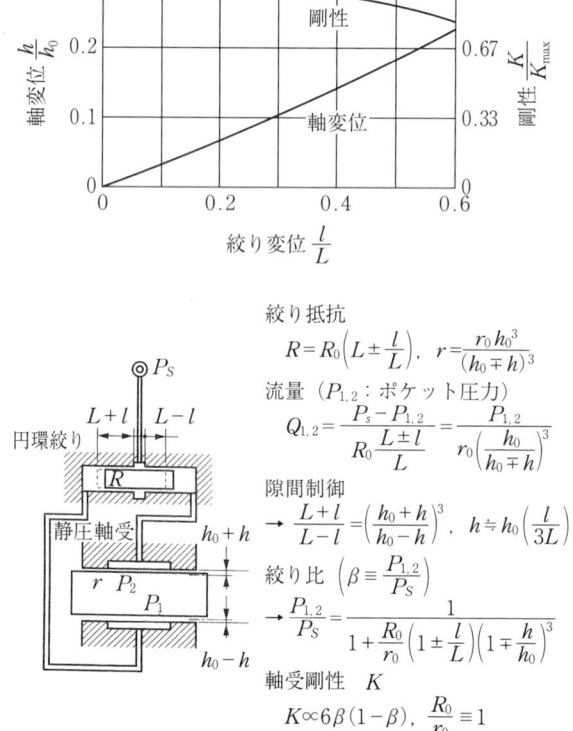

絞り抵抗
$$R = R_0\left(L \pm \frac{l}{L}\right), \quad r = \frac{r_0 h_0^3}{(h_0 \mp h)^3}$$

流量（$P_{1,2}$：ポケット圧力）
$$Q_{1,2} = \frac{P_s - P_{1,2}}{R_0 \dfrac{L \pm l}{L}} = \frac{P_{1,2}}{r_0 \left(\dfrac{h_0}{h_0 \mp h}\right)^3}$$

隙間制御
$$\rightarrow \frac{L+l}{L-l} = \left(\frac{h_0+h}{h_0-h}\right)^3, \quad h \simeq h_0\left(\frac{l}{3L}\right)$$

絞り比 $\left(\beta \equiv \dfrac{P_{1,2}}{P_s}\right)$
$$\rightarrow \frac{P_{1,2}}{P_s} = \frac{1}{1 + \dfrac{R_0}{r_0}\left(1 \pm \dfrac{l}{L}\right)\left(1 \mp \dfrac{h}{h_0}\right)^3}$$

軸受剛性 K
$$K \propto 6\beta(1-\beta), \quad \frac{R_0}{r_0} \equiv 1$$

図 2.65 円環隙間形可変絞りと静圧軸受の特性

とするとき，変位 $h=0.1\,\mu\mathrm{m}$ を得るためのスプール所要移動量は $0.15\,\mathrm{mm}$ と拡大され，高い分解能を得ることができる。

図2.65は円環隙間形可変絞りにおいて，スプール位置に対する軸位置および剛性の関係を示す。図から $l/L < 0.5$ までは実用範囲であると見なすことができる。

2.5.6 工作物寸法への転写精度

以上により滑り案内を備えた砥石台テーブルにおいて，その位置を微細調整することが可能である。いうまでもなく，これは工作物直径寸法の制御を目的としている。砥石台位置を微細調整するとき，研削作用を仲介として，これが工作物直径にどのように転写されるか，これを再確認する。

隙間制御形補正機構により両砥石表面間隔を微小調整し，連続加工中の工作物の寸法変化を測定する。指令値を 0.1 および $0.05\,\mu\mathrm{m/step}$ としたときの寸法変化を**図2.66**に示す。

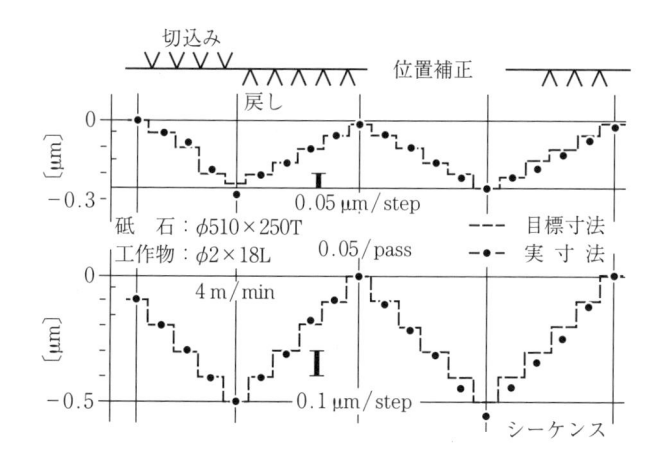

図2.66 隙間制御形補正機構による砥石位置指令の工作物寸法への転写精度(連続スルフィード研削の場合)

工作物の流れから，各5本の工作物を抜き取り，高精度直径測定器（Movomatic 社，最小読取り値 $0.02\,\mu\mathrm{m}$）を用いて測定した。0.1 の場合のみならず $0.05\,\mu\mathrm{m/step}$ においても，指令値に対応して寸法は精度高く追随している。結果は，装置の補正精度，および指令値としての砥石間隔の変化がどこまで工作物寸法の変化として伝達されるか，すなわち転写分解能が $0.05\,\mu\mathrm{m}$ 以下であることを裏づけている。

2.6 生産研削における寸法精度

高精度を要する場合，荒研削，仕上げ研削と工程を分割する。以下に，小形工作物の仕上げ研削における直径寸法の精度水準について精査する。いずれも表面粗さを $0.02\sim0.03\,\mu\mathrm{mRa}$ とする精密研削工程である。供試研削盤は，それぞれ前節の位置決め機構を備

え，両砥石ともダイヤモンドホイールを用いた精密修正が施されている。また，研削液装置，油圧装置は温度制御装置を備えている。

2.6.1 ポストプロセスゲージ：抜取り検測

図2.67は，$\phi 2 \pm 0.0005 \times 10L$ なるジルコニアフェルールの，ダイヤモンドホイールによる研削工程への適用例である。研削盤は FOPM を備え，$(\pm)0.05\,\mu m/step$ の補正が可能である。15 s（12本）ごとに1本抜き取り，直径を測定する。検測ステーションを**図2.68**に示す。ステーション内にはマスタピンが格納されている。5 min ごとのマスタ合せサイクルにより，測定系のゼロ点ドリフトを自動修正する。

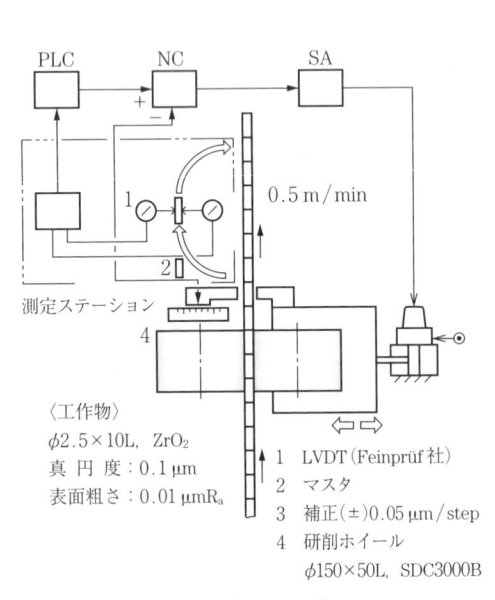

〈工作物〉
$\phi 2.5 \times 10L$, ZrO_2
真円度：$0.1\,\mu m$
表面粗さ：$0.01\,\mu mR_a$

1 LVDT（Feinprüf社）
2 マスタ
3 補正$(\pm)0.05\,\mu m/step$
4 研削ホイール
  $\phi 150 \times 50L$, SDC3000B

PLC：ロジックコントローラ
NC ：NC装置
SA ：サーボアンプ

図2.67 フェルールの心なし研削

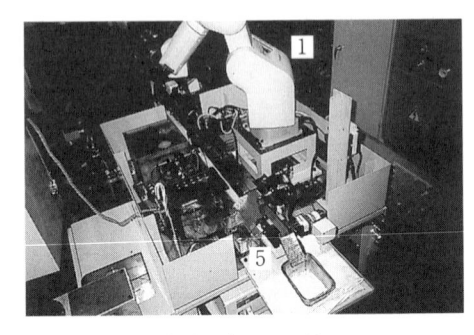

（a）全　　景

（b）検　測　部
1 多関節ロボット　2 洗浄乾燥部　3 検測部
4 マスタ格納部　5 排出コンベア

図2.68 フェルール研削における検測ステーション（最小読取り値 $0.02\,\mu m$，自動マスタ合せ機能付き）

補正限界を $\pm 0.2\,\mu m$ と設定し，工作物を1900本連続加工した経緯を**図2.69**に示す。図はポストプロセスゲージの表示値および補正箇所を示す。

$X_{mean}=0.00\,\mu m$，$6\sigma=0.75\,\mu m$（$C_p=1.33$）なる値が得られている。なお，この装置は長期稼働の結果公差 $\pm 0.25\,\mu m$ なる工程にも適用可能と報告されている。

2.6 生産研削における寸法精度　211

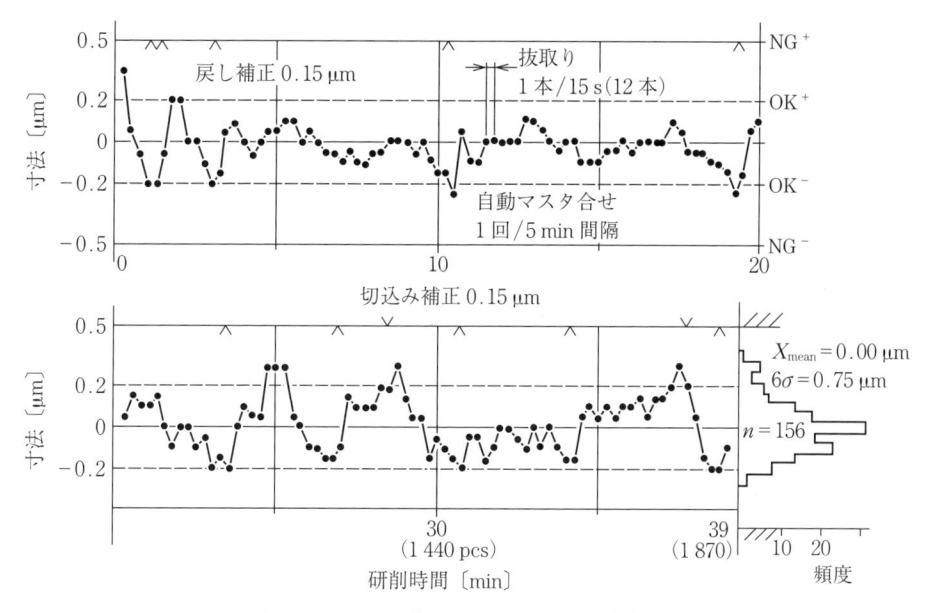

図 2.69　ポストプロセスゲージによる寸法制御

2.6.2　ポストプロセスゲージ：全数検測

研削盤後部に工作物の流れをまたいで検測ステーション（TNK 社）を設ける。対向した一対の LVDT センサの出力差として直径寸法を全数測定する。これにより，寸法補正，さらには「NG 品」排出も行う。

図 2.70 は $\phi 2 \pm 0.0005 \times 18L$ 工作物を，4.3 m/min なる通し送り速度で 6 時間（70 000本）連続研削するときの寸法の推移を示す。変化の範囲は $R = 0.35$ μm である。隙間制御形補正装置を用いている。砥石再修正寿命は 6 時間以上であり，加工途上で再ドレッシングは施していない。

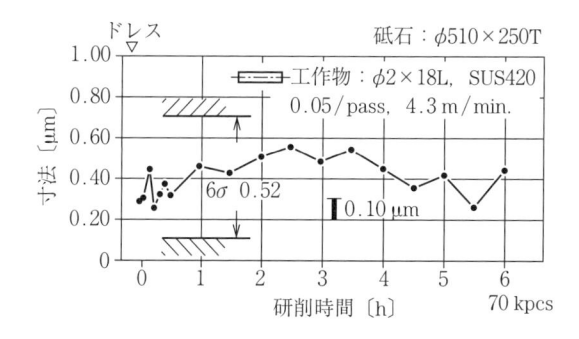

図 2.70　長時間生産稼働における寸法の推移（手動補正／なし，ロットサイズ 70 000 本）

つぎにこの工作物の 9 時間（100 000 本）連続加工を行う。ここでも砥石再修正は行わない。図 2.71 は寸法精度の抜取り検査結果である。前加工精度は $6\sigma = 4.86$ μm であるが，仕上げ研削により $6\sigma = 0.60$ μm（$C_p = 1.67$）とばらつきが小さくなる。9 時間における主なマ

212   2. 新たな心なし研削盤の開発

工 作 物：φ2×18L, SUS420J2
砥　　石：φ510×250T, GC100LV
加工能率：0.05/pass, 4.3 m/min
ロットサイズ：100 000 本
加工時間：9 時間

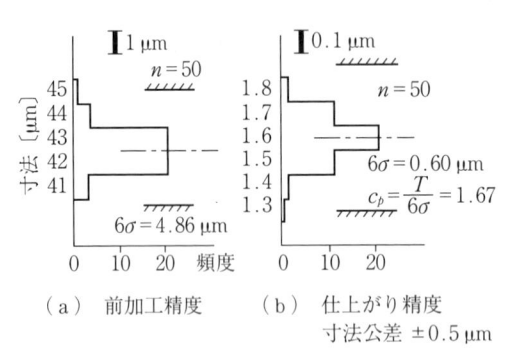

(a) 前加工精度　(b) 仕上がり精度
　　　　　　　　寸法公差 ±0.5 μm

(＊) 補正装置：軸受隙間制御
　　 ポストプロセスゲージ：特殊LVDT
(＊) 砥石修正後連続加工開始，以後砥石再修正なし，また，手動寸法修正なし

図 2.71 寸法精度の抜取り検査結果
（数量 100 000 本）

工 作 物：φ6×50L, SUS420J2
砥　　石：φ510×250T, GC100LV
加工能率：0.025/pass, 3 m/min
ロットサイズ：5 000 本
加工時間：1.5 時間

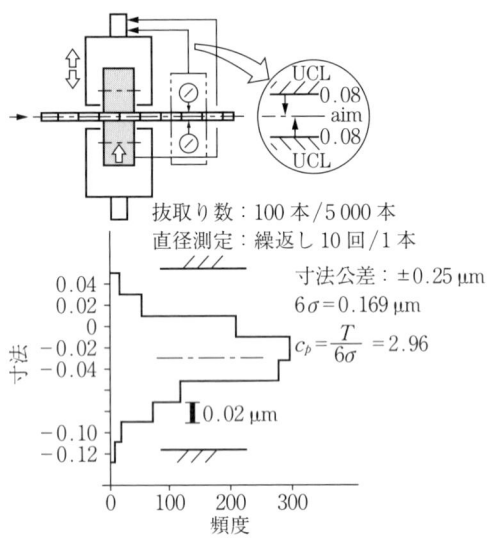

抜取り数：100 本/5 000 本
直径測定：繰返し 10 回/1 本

寸法公差：±0.25 μm
$6\sigma = 0.169$ μm
$c_p = \dfrac{T}{6\sigma} = 2.96$

(＊) 補正装置：レーザスケール(0.01 μm)と FOPM および研削負荷補償
　　 ポストプロセスゲージ：特殊LVDT
(＊) 砥石修正後連続加工開始，以後砥石再修正なし，また，手動寸法補正なし

図 2.72 VTR シャフトの加工精度
（数量 5 000 本）

ニュアル作業は，工作物外観および検測装置ゼロ点の確認である。

　図 2.72 は寸法公差 ±0.25 μm なる工程における VTR シャフトの加工精度を表す。φ6×50L 工作物を 1.5 時間（5 000 本）にわたり連続加工する。検測結果が ±0.08 μm を越えた場合補正を与える。補正装置はレーザスケールと FOPM である。

　寸法のばらつきは $6\sigma = 0.169$ μm であり，$C_p = 2.96$ と十分な工程能力を有する。なお，得られた結果は制御範囲 ±0.08 μm と一致している。

2.6.3 ポストプロセスゲージが適用できない場合

　特殊工作物においては寸法公差 $R = 0.10$ μm が要求される。測定精度の制約により現状においては，ここにポストプロセスゲージを適用することはできない。また，極細または極短工作物に対してもこれは適用できない。

　このような場合，研削途上での補正は行わない。暖気運転，さらには「捨て研削」を経て寸法変化の安定した状態において，機外測定器を用いて目標寸法を設定した後，所要数量を

連続加工する。

図2.73に寸法変化の安定した状態を例示する。前述の低膨張鋳鉄機を使用する。$\phi2\times20L$工作物において，研削代を$5\,\mu m/pass$と小さな値に設定する。2時間（20 000本）にわたる連続加工において，寸法精度$R=0.09\,\mu m$が得られている。設備設置環境の設計を含め安定状態の再現性の向上が今後の課題である。

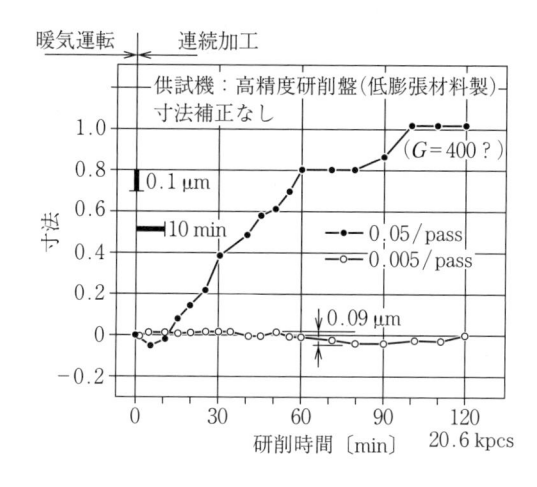

図2.73 寸法精度の安定した状態（連続加工，20 000本）

工 作 物：$\phi2\times20L$，SUS420J2
砥　　石：$\phi350\times150T$，GC100LV，$1\,800\,m/min$
加工能率：0.05，0.005/pass，$3.1\,m/min$
ロットサイズ：20 600本
加工時間：2時間

なお，研削代を$50\,\mu m/pass$とする場合，$(+)1\,\mu m/2h$と変化が大きいが，研削比を$G=400$と仮定しても，$(+)1\,\mu m/20\,000$本なる寸法変化の可能性がある。

2.7　直 径 測 定 器

寸法公差が，$R=0.10\,\mu m$に近づくにつれ，適用可能な高精度直径測定器は市販品の種類が限られてくる。$\phi15$以下のシャフトを対象として，平行2平面の間に工作物を挟む方式の測定スタンドを開発した（TNK社）。**図2.74**[2.11]にその外観を示す。マスタピンと比較測定する。変位センサは最小読取り値を$0.01\,\mu m$とするLVDT（KarlMarl社）である。

繰返し精度を**図2.75**に示す。$\phi2.8\times28L$なる12本のサンプルについて可動側アンビルの上下を繰り返すとき，読取り値のばらつきを示す。平均値$0.01\,\mu m$が得られた。製作上の要点は2平面の平面度および平行度の確保である。なお，この装置はすでに多数台が実用に供されている。

工作物の直径寸法について精度を論ずるとき，その形状精度以下の値を直径として同定することは困難である。開発機によれば表面粗さ，真円度など，$0.1\,\mu m$以下の高い形状精度が得られる。FOPM，隙間制御形補正機構，研削負荷補償機構，熱変形から解放された研削盤などを実用化することにより，$0.1\,\mu m$以下の寸法制御が可能となった。開発機を適用す

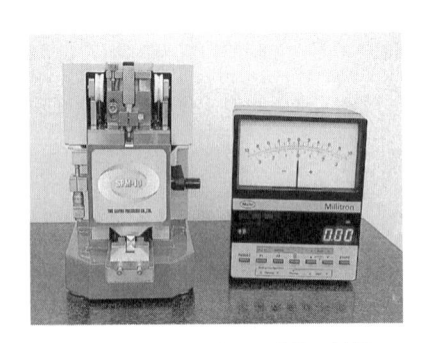

2. 新たな心なし研削盤の開発

図 2.74 高精度直径測定器の外観
(最小読取り値 0.01 μm)

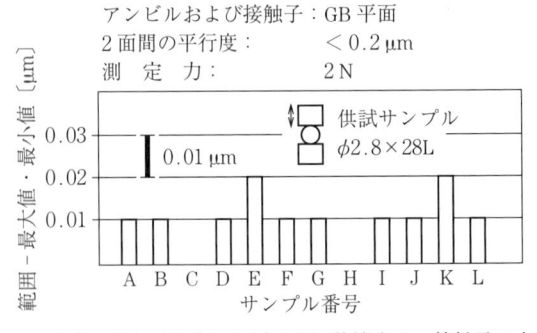

図 2.75 精密直径測定器における繰返し精度
(最小読取り値 0.01 μm)

アンビルおよび接触子：GB 平面
2 面間の平行度：　　　< 0.2 μm
測　定　力：　　　　　2 N

供試サンプル φ2.8×28L

(＊) サンプルをアンビル上に装填する。接触子の上昇下降（測定，表示値読取り）を 5 回繰り返す

ることにより，小形工作物のスルフィード研削において，寸法公差を 0.1 μm とする生産工程が実現されている。

引用・参考文献

第 1 部

1章

1.1) Robert S. Woodbury：Studies in the History of Machine Tools, The MIT Press (1972)
1.2) Ogilvie, W.：Centerless Grinding Practice, Abrasive Industry, pp. 48〜51 (Feb. 1926)
1.3) Lidköping：A Short History of Centerless Grinding and Lidköping's Contribution
1.4) Cincinnati：1884 CINCINNATI MIRACRON, p. 54 (1984)
1.5) Lidköping：1875-1975 100 ar
1.6) ANON：Centerless Grinder Operation, Abrasive Industry, p.102 (Apr. 1925)
1.7) ANON：Centerless Grinder Operation, Abrasive Industry, p. 50 (Feb. 1926)
1.8) ANON：Periphery Locates Work in Centerless Grinding, Abrasive Industry, pp. 21〜22 (Nov. 1931)
1.9) Meals, A. D.：Centerless Grinding Troubles Corrected by Simple Adjustments, Abrasive Industry, pp. 9〜10 (Oct. 1932)
1.10) Cincinnati：Principle of Centerless Grinding (1942)
1.11) 米津　栄：心無研削に関する研究（第1報），日本機械学会誌，**19**, 86, p. 53 (1953)
1.12) H. Shaw：Recent Developments in the Measurement and Control of Surface Roughness, The Institute of Production Engineers, pp. 369〜417 (Aug. 1936)

2章

2.1) 中田，山本：Vブロックによる真円度の測定，日本機械学会誌，p. 159, (May 1950)
2.2) 加藤，中野，渡辺：センタ支持円筒研削における工作物の回転精度と真円度，精密工学会誌，**55**, 11, 1975 (1989)；その他5件
2.3) Hashimoto, F., Kanai, A., Miyashita, M.：High Precision Truing Method of Regulating Wheel and Effect on Grinding Accuracy, Annals of CIRP, **32**, 1 (1983)
2.4) Cincinnati：1884 CINCINNATI MIRACRON, p. 103 (1984)
2.5) 橋本からの私信（1999）による
2.6) ティムケン（Timken）社のカタログ，P 900 (1988)

3章

3.1) 橋本，鈴木，金井，宮下：心なし研削の限界加工領域と安全作業問題，精機学会，**48**, 8, p. 996 (1982)
3.2) Hashimoto, F., Lahoti, G. D. and Miyashita, M.：Safe Operation and Friction Characteristics of Regulating Wheel in Centerless Grinding, CIRP, **47**, 1 (1998)
3.3) 橋本，鈴木，大津，加藤，宮下：段付き工作物の心なし研削過程における回転運動，精機学会，**45**, 5, p. 579 (1979)

4章

4.1) Hashimoto, F., : Effect of Friction and Wear Characteristics of Regulating Wheel on Centerless Grinding, SME 3rd Int. Machining and Grinding Conf., Oct. 4-7, (1999)

4.2) 橋本, 鈴木, 大津, 加藤, 宮下：段付き工作物の心なし研削過程における回転運動, 精密機械, **45**, 5, p. 55 (1979)

4.3) 橋本, 鈴木, 金井, 宮下：心なし研削における調整砥石の制動機能と摩擦特性, 精密機械学会春季大会論文集, p. 169 (1979)

5章

5.1) 小川, 宮下：心なし研削加工に関する研究第1報〜第4報, 精密機械, **24**, 2 (1958); **24**, 6 (1960); **26**, 3 (1960); **27**, 6 (1961)

5.2) Miyashita, M., Hashimoto, F., Kanai, A. : Diagram for Selecting Chatter Free Conditions of Centerless Grinding, Annals of CIRP, **31**, 1, pp. 221〜223 (1982)

6章

6.1) 宮下, 金井, 大東：心なし研削における運動学的成円機構解析と最適セットアップ条件の提案, 精密工学会秋期大会講演会講演論文集札幌 (1998)

6.2) Hashimoto, F., Zhou, S. S., Lahoti, G. D. and Miyashita, M. : Stability Diagram for Chatter Free Centerless Grinding and its Application in Machine Development, Annals of CIRP, **49**, 1, pp. 225〜230 (2000)

7章

7.1) 小川, 宮下：心なし研削加工に関する研究第1報〜第4報, 精密機械, **24**, 2; **24**, 6; **26**, 3; **27**, 6 (1958)

7.2) 宮下：心なし研削におけるびびり振動, 精密機械, **35**, 1, p. 54 (1969)

7.3) 須田：接線送り方式心なし研削に関する研究, 東京工大学報 No. 25 (1963)

7.4) 宮下, 塩崎：研削幅の一様でない円筒体の心無研削, 精機学会講演会（仙台）(Apr. 1966)

7.5) Rowe, W. B., Barash, M. and Koenigsberger, F. : Some Roundness Characteristics of Centerless Grinding, Int, J. Mach. Tool Des. Res. 5, 203 (1965)

7.6) 橋本, 金井, 宮下, 坂井：心なし研削の成円機構, 精密学会秋期大会論文集 (1982)

7.7) 塩崎, 宮下, 橋本：シュー型心なし研削盤の幾何学的成円機構, 日本機械学会講演論文集 No. 178, p. 45 (Oct. 1967)

7.8) Hashimoto, F., Kanai, A. and Miyashita, M. : High Precision Truing Method of Regulating Wheel and Effect on Grinding Accuracy, Annals of CIRP, **32**, 1, p. 237 (1983)

8章

8.1) Hashimoto, F., Kanai, A. and Miyashita, M. : Growing Mechanism of Chatter Vibrations in Grinding Processes and Chatter Vibration Stabilization Index of Grinding Wheel, CIRP, **33**, 1 (1984); Hashimoto, F., Yoshioka, J. and Miyashita, M. : Sequential Estimation of Growth Rate of Chatter Vibration in Grinding Processes, CIRP, **34**, 1 (1985)

8.2) 増淵正美：自動制御例題演習. p. 104, コロナ社 (Oct. 1971)

8.3) 高橋利衛：機械振動とその防止, p. 122, オーム社 (1955)

8.4) Satche, M. : Discussion on "Stability of linear oscilating system with constant time lag", J.

Appl. Mech, 16, pp. 419〜420 (1949)

9章

9.1) 石川, 宮下, 塩崎：心なし研削におけるびびり振動（第1報, 第2報），日本機械学会論文集, **36**, 282 (1970)；**37**, 300 (1971)

9.2) 宮下：心なし研削系の不安定振動解析と安定化対策, 精密機械, **40**, 10, p. 865 (1974)

9.3) 橋本, 金井, 宮下：心なし研削における自励びびり振動発達機構と安定化対策（第1報），精密機械, **49**, 6, p. 715 (1983)

9.4) 森谷, 金井, 宮下：心なし研削における成円作用安定条件の同定手法と最適セットアップ条件設定手法に関する研究, 精密工学会誌, **70**, 4, p. 568 (2004)

10章

10.1) Miyashita, M., Hashimoto, F. and Kanai, A.：Diagram for Selecting Chatter Free Conditions of Centerless Grinding, Annals of CIRP, **31**, 1, pp. 221〜223 (1982)

10.2) Moriya, T., Kanai, A. and Miyashita, M.：Theoretical Analysis of Rounding Effect in Generalized Centerless Grinding, Physics of Machining Process-2, ASME, p. 303 (1994)

10.3) Moriya, T., Kanai, A. and Miyashita, M.：Optimization of Ceneralized Centerless Grinding Process and System Synthesis in Rounding Accuracy, euspen in Copenhagen (May 2000)

10.4) 森谷, 金井, 宮下：一般化心なし研削における成円作用の解析（第1報, 第2報），精密工業会誌, **68**, 5；**68**, 8 (2002)

11章

11.1) Hashimoto, F., Zhou, S. S. and Lahoti, G. D. and Miyashita, M.：Stadility Diagram for Chatter Free Centerless Grinding and its Application in Machine Development, Annals of CIRP, **49**, 1, pp. 225〜230 (2000)

11.2) Hashimoto, F., Yoshioka, J. and Miyashita, M.：Development of an Algorithm for Giving Optimum Setup Conditions for Centerless Grinding Operations, 2nd Int, Grinding Conf., SME/MR 86-628 (1986)

11.3) Hashimoto, F., Lahoti, G. D. and Miyashita, M.：Optimum Set-up Condition in In-feed Centerless Grinding, Annals of CIRP, **50**, 1 (2001)

第 2 部

1章

1.1) Kanai, A., Sano, S., Yoshioka, J. and Miyashita, M.；Positioning of 200kg Carriage on Plain Bearing Guideways to Nanometer Accuracy with Force-operated Linear Actuator, Nanotechnology, **2**, 1, pp. 43〜51 (1991)

1.2) Kanai, A., Yoshioka, J. and Miyashita, M.；Feed and Load Characteristics of Carriage on Plain Bearing Guideways in the Range of Nanometer Positioning, Proc. ASPE, **4**, pp. 80〜84 (1991)

1.3) Miyashita, M., Kanai, A. and Yoshioka, J.；Design Concept of Ultraprecision and High Stiffness Feed Mechanism Based on Differential-Force Operation and the Applications, ASPE, **6** (1992)

1.4) Kanai, A., Miyashita, M., Nishihara, H. and Yoshioka, J.；A Study on Frictional

Characteristics of Slideway in Microdynamics, ASPE, **6** (1992)

1.5) Kanai, A., Miyashita, M. and Uchida, S. : Proposal of Multi-point Ultraprecision Slide Feed Mechanism by Making Use of Force-operated Actuator, ASPE, **8** (1993)

1.6) Daito, M., Kanai, A., Miyashita, M. and Yoshioka, J. : Design Strategies for Ultraprecision High Stiffness Feed System of Slide on Plain Bearing Guideways, ASPE, **8** (1993)

1.7) Kanai, A., Miyashita, M. and Kishimoto, Y. : Experimental Analysis of Grinding Wheel Head Feed Mechanism on Plain Bearing Guideways with Force-operated Linear Actuator, ASPE, **9** (1994)

1.8) Hisada, J., Kanai, A., Miyashita, M. ; Feed Characteristics of Force-operated Feed Mechanism of Slide on Plain Bearing Guideways for Long Travel Range, ASPE, **10** (1994)

1.9) Kanai, A., Miyashita, M. and Kitahara, T. : Application of Linear Scale with 1 nm Resolution to Ultraprecision Machine Tools, ASPE, **12** (1995)

1.10) Kanai, A., Miyashita, M., Hatai, T. and Yoshida, M. : Friction Characteristics of Linear Plain Bearing Guideway and Motion Controllability of Numerically Controlled Slide, ASPE, **16**, pp. 614〜617 (1997)

2章

2.1) Yoshioka, J, Hashimoto, F, Miyashita, M, Kanai, A, Abo, T and Daito, M : ASME in Flolida PED, **16**, pp. 209〜227 (1985)

2.2) Hashimoto, F, Miyashita, M, Kanai, A, Moriya. T and Toba, H : JSPE, **49**, 6, pp. 715〜721 (1983)

2.3) Hashimoto, F, Zhou, S. S., Lahoti, G. D. and Miyashita, M : Annnals of CIRP, **49**, 1, pp. 225〜230 (2000)

2.4) Werkerk, J. : Annals of CIRP, **28**, 2 (1979)

2.5) Hasimoto, F. et al. : ASME Winter Annual Meeting, PED., **16** (1985)

2.6) 大下英明 他：機械と工具，8月号 (1995)

2.7) Hashimoto, F. et. al. : ASME Winter Annual Meeting, PED., **16** (1985)

2.8) 宮下政和，金井　彰：日本機械学会誌，**80**, 703 (1977)

2.9) Daito, M., Kanai, A. and Miyasita, M. : Proc. 9th Annual Meeting, ASPE (1994)

2.10) Hashimoto, F., Kanai, A. and Miyashita, M. : CIRP, **32**, 1, p. 237 (1983)

2.11) 大東聖昌：機械技術，**53**, 7 (2005)

索　引

【あ】

アクチュエータの操作量出力　156
圧砕転写　185
網目状曲線群　103
安定限界　179
安定判別線図　117, 120
安定判別のキーパラメータ　144, 145
安定判別パラメータ　125

【い】

異径ひずみ円加工　180
位相合致法　117
位置決め誤差と3σ　163
位置決め精度　154, 168
位置決め分解能　168
一巡伝達関数　98, 110, 158

【う】

受板頂角　7
　──による成円効果　9
　──の摩擦係数　25
うねり　13
うねり再生形　94
うねりの再生効果　94
うねり山数　14

【え】

円すい形センタ穴　15
延性摩耗　187
延性モード形摩耗　92

【お】

送りねじの回転角　201
送り分解能　168

【か】

外周支持研削方式　15
外周支持心出し機構　18
回転駆動機構　19
回転比　75
拡大倍率　14
拡大率　44
片持スピンドル　172

過渡応答　53

【き】

幾何学的成円機構を表す伝達関数　49
幾何学的不安定条件　83
奇数山歪円　6
奇数山歪円発生領域　142
狭角　14
強制振動　71
強制振動擾乱　136
切屑厚さ　184
切込み変動　90
切込み率　61
切残し現象　61
切残し率　61
近似拡大率　46

【く】

偶数山歪円発生領域　142
空転　8
駆動剛性　168
クラッシングドレス　185

【け】

形状係数　39
ケレ　14
研削旋盤　2
研削ツルーイング　86
研削ツルーイング法　92
研削砥石　7
　──の接触剛性　130
研削幅　130
研削比　188
減衰比　131
減耗特性　36

【こ】

工作物再生形自励びびり振動対策　108
工作物再生形びびり振動　93
工作物支持系　19
工作物の歪円出力　49
高周波フィルタ　66
高真円度加工　180
高速安定領域　141

高速研削　93
高能率プランジ研削　176
固有歪円　48, 51
固有歪円うねり山数　51
転がり滑り摩擦・摩耗試験　33
転がり転写　185
コンプライアンスのベクトル軌跡　100

【さ】

差圧制御形サーボ弁　155, 156, 204
差圧操作形油圧アクチュエータ　155
最小位相角　119
最小自転研削力　27, 28
最小ステップ送り　154
再生関数　111, 178
　──のベクトル軌跡　98, 111
再生限界うねり振幅　94
再生限界うねり山数　96
再生限界周波数　94, 96
再生効果によるうねりの伝達特性　94
再生心出しおよび摩擦回転駆動の機能　21
再生心出し関数　50, 111
再生心出し機構　15, 18, 21
再生心出し研削方式　14
最大減衰率　57
最大振幅発達率　129
最大摩擦係数　33
最適心高　74
最適心高角　74, 79
材料除去率　93
サーボ弁の制御出力　156

【し】

磁気摩擦回転駆動機構　82
自生発刃　187
自生発刃作用　182
時定数　53
自転係数　27
自動送りニードル研削盤　2
シュー　15
周期的切込み入力　49

周期的振動振幅	51	
周速比	93	
摺動抵抗	155	
摺動特性（滑り軸受の）	155	
自由保持機構	21	
シューセンタレス研削盤	20	
シューセンタレス内面研削盤	20	
小径部制動領域	40, 42	
自励びびり振動	22, 71	
——の発生機構	134	
——の抑止対策	134	
自励びびり振動核	144	
自励びびり振動発生パラメータ	142	
真円誤差	13, 44	
——の減衰率	51	
真円度	9, 170, 176	
心高	6	
心高角	25	
シンシナチ社	4	
心出し機構	14	
心出し条件	14	
振動核の振幅発達率特性	149	
振動系の特性方程式	97	
振動変位振幅比	100	
心なし研削加工の原理	9	
心なし研削盤	3	
心なし研削方式	2	
振幅減衰率	57, 64	
振幅発達率	64	

【す】

スティックスリップ	152
スティックスリップ現象	154
捨て研削	196
スパークアウト研削	185
スピンドル研削盤	2
スピンドルのラジアル剛性	173
滑り案内	171
滑り軸受案内テーブルの力操作形位置決めサーボ系	160
スルフィード研削盤	194
寸法精度	170

【せ】

静圧軸受	172
成円機構のブロック線図	58
成円作用	6
成円作用判別線図	120, 126
制御量出力	156
静剛性	131, 169
静剛性補償機構	199
静止軸形スピンドル	172
静止摩擦係数	33

脆性破壊形摩耗	92
静的コンプライアンス	152
制動限界自転研削力	27, 28
制動不能領域	40
制動摩擦係数	37
静力学的成円作用	129
接触変形特性	89
絶対安全制動領域	30
絶対安定・安全研削領域	30
絶対値出力	156
0点ドリフト	200
全運転状態	196
旋削加工	2
センタ	15
センタ穴	15
センタ支持円筒プランジ研削加工系の動力学的ブロック線図	97
センタ支持円筒プランジ研削系の安定判別式	105
センタ支持研削方式	14
センタ支持心出し機構	15

【そ】

操作量出力	156
相対値出力	156
測定倍率	13
速度制御形サーボ弁	203

【た】

大径部制動領域	40, 42
多点駆動能力	169
単位インパルス入力	52
単位ステップ入力	52
暖気運転	196
弾性接触弧	66
弾性変形再生限界うねり山数	97

【ち】

力操作形アクチュエータ	156
力操作形位置決め機構	202, 203
力操作形位置決めサーボ系	160
力操作形サーボ系	154, 156
力操作形油圧アクチュエータ	157
力操作形油圧アクチュエータピストンの駆動剛性	160
力操作形油圧サーボ系	156
力操作出力	156
超高速研削	93
調整砥石	3, 7
——の制動摩擦係数	25
——の接触剛性	129
——の摩擦係数	25
超砥粒ホイール	93

直径測定器	213

【つ】

ツルーイング	18
ツルーイング送り	33
ツルーイング寿命（調整砥石の）	35

【て】

低速安定限界線	142
低速安定領域	141
ティムケン社	23
デッドセンタ方式	17
テーラ・ホブソン社	11
転写精度	174
転写分解能	209
伝達関数	51

【と】

砥石再修正寿命	182, 187
砥石再生形自励びびり振動	93
砥石寿命	92, 170
砥石スピンドル	173
等 M 軌跡	98
等 σ 線図	98
等 σ 線図の近似ベクトル軌跡	112
等 Δn 線図	98
——の近似ベクトル軌跡	112
等価砥石半径	95
等径歪円	8
動剛性	131, 169
動力学的成円機構	109
通し送り研削盤	194
特性根	101
特許 1,210,937	22
特許 1,264,930	22
特許 1,970,777	23
トラクションドライブ	24
取り代	8
ドレスインターバル	187
ドレッサ	18
ドレッシング	182
ドレッシングツール	182
ドレッシングプロセス	182

【な行】

中田の論文	13
ネック	18
鋸歯状位置指令	201

【は，ひ】

ハイカットフィルタ	66

万能研削盤	2	ベクトル軌跡合致法	103	無次元再生関数	178
非再生形	94	変位操作出力	156	無負荷自転限界摩擦係数	27
歪円	6	【ほ】		【め】	
歪円うねり振幅	51	ポストプロセスゲージ		目直し間寿命	93
歪量	44		195, 200, 210	【ゆ, よ】	
歪量の拡大率	46	補正限界	200	油圧式位置決めサーボ弁	155
びびり振動	8	補正精度	200	米津の論文	9
びびり振動発生の安定判別基準		補正単位	200	【ら行】	
	179	補正量	200	ライブセンタ方式	17
表面粗さ	170	母線形状	174	ラバーボンド	33
【ふ】		ポリウレタンボンド	33	リチョッピング社	5
不安定回転領域	42	ボールセンタ	18	リヤシュー	20
不安定振動根	123	【ま】		流量制御形サーボ弁	155, 203
フィルタ効果	67	摩擦回転駆動機構	21, 25	流量操作形油圧アクチュエータ	
フォード社	4	摩擦回転駆動系の力学的モデル			155
負荷補償機構	171, 204		25	両持スピンドル	172
不感帯	154, 174	摩擦回転駆動系を支配するパラ		理論境界曲線	42
ブラウン・シャープ社	2	メータ	29	隣接誤差	195
プランジ研削	86	摩擦特性	87	ループ剛性	62
振れ	45	マスタカムならい	172	レジンボンド	33
プロファイルプランジ研削	173	摩耗特性	88	レスト	20
フロントシュー	20	廻し金	14	──の機構	20
【へ】		【む】		ロストモーション	152, 174, 201
平均円中心	44	無次元化コンプライアンス		ロール研削盤	18
平均円半径	44		100, 111, 120		
ベクトル合致法	114				

【A, B, C】		LCM	204	Sanford Mfg. Co. 方式	4
A. D. Meals	8	Lewis Heim	4	Schleicher	2
Abrasive Industry の記事	6	Lidköping 社	5	Schmid-Roost 社	5
Ball and Roller Bearing 社	22	【M】		Spinner	8
Brown & Sharp 社	2	Machinery's Yellow Back Series	6	【T】	
cBN ホイール	190	Mayer & Schmidt の原理	4	Talysurf 1	11
Centri-Matic	23	Micro-Centric	24	The Institute of Production	
Cincinnati 社	4	【N】		Engineers の記事	10
【D, F】		NC 輪郭制御	172	Timken 社	23
D. Clayton	11	NG シュート	200	【V】	
Detroit Machine Company	2	NPL	11	V 形外周支持研削盤	22
Fehrenkemper の提案	4	$n\gamma$ vs. nn_w 線図	141	V 形支持円筒研削方式	12
FOPM	202, 203	【O, P, R】		V ブロック真円度測定法	13
Ford 社	4	Opitz	93	V ブロック法	14
【H, J, L】		Principle of Centerless Grinding	9	【W】	
Heald 社	23	R 形センタ穴	15	Wilkinson	2
J. W. Smith	23	【S】			
L. R. Heim	22				

―― 著者略歴 ――

宮下　政和（みやした　まさかず）
- 1951 年　東京大学工学部精密工学科卒業
- 1951 年　日本精工株式会社勤務
- 1954 年　東京大学生産技術研究所助手
- 1959 年　日立製作所中央研究所勤務
- 1961 年　Bell & Howell/日本(日本映画機械)勤務
- 1964 年　東京都立大学助手
- 1966 年　東京都立大学助教授
- 1967 年　工学博士（東京工業大学）
- 1972 年　東京都立大学教授
- 1982 年　シチズン時計株式会社，株式会社日進機械製作所，Taylor Hobson Ltd. 顧問
- 1986 年　足利工業大学教授
- 1997 年　ナノテック研究所勤務
- 　　　　　現在に至る
- 1991 年　SPIE Fellow (Int. Soc. for Optical Engineering) U.S.A.
- 1992 年　精密工学会名誉会員
- 1995 年　砥粒加工学会名誉会員

大東　聖昌（だいとう　みちまさ）
- 1960 年　東京大学工学部精密工学科卒業
- 1960 年　日本精工株式会社勤務
- 1969 年　株式会社日進機械製作所勤務
- 1998 年　三和ニードルベアリング株式会社勤務
- 2006 年　ナノテック研究所勤務
- 　　　　　現在に至る

金井　彰（かない　あきら）
- 1966 年　東京都立大学工学部機械工学科卒業
- 1968 年　東京都立大学大学院修士課程修了（機械工学専攻）
- 1971 年　東京都立大学博士課程修了
- 1971 年　東京都立大学助手
- 1978 年　東京都立大学講師
- 1990 年　足利工業大学助教授
- 2007 年　足利工業大学准教授
- 　　　　　現在に至る

橋本　福雄（はしもと　ふくお）
- 1975 年　東京都立大学工学部機械工学科卒業
- 1977 年　東京都立大学大学院修士課程修了
- 1978 年　東京都立大学大学院博士課程中退（機械工学専攻）
- 1978 年　東京都立大学助手
- 1984 年　工学博士（東京大学）
- 1984 年　都立航空高等専門学校助教授
- 1987 年　米国 The Timken Company, Timken Reseach 勤務
- 　　　　　現在に至る

心なし研削盤の原理と設計 ― 研削加工の力学 ―
Principle and Design of Centerless Grinding Machine ― Dynamics of Grinding Processes ―
© Miyashita, Daito, Kanai, Hashimoto 2009

2009 年 8 月 6 日　初版第 1 刷発行

検印省略	著　者	宮　下　政　和
		大　東　聖　昌
		金　井　　彰
		橋　本　福　雄
	発行者	株式会社　コロナ社
	代表者	牛来辰巳
	印刷所	萩原印刷株式会社

112-0011　東京都文京区千石 4-46-10
発行所　株式会社　コロナ社
CORONA PUBLISHING CO., LTD.
Tokyo Japan
振替 00140-8-14844・電話(03)3941-3131(代)
ホームページ　http://www.coronasha.co.jp

ISBN 978-4-339-04599-4　（金）　（製本：愛千製本所）
Printed in Japan

無断複写・転載を禁ずる
落丁・乱丁本はお取替えいたします

超精密シリーズ

(各巻A5判，欠番は品切です)

■(社)日本機械学会編

配本順		頁	定価
1.（1回）	超精密システムの設計技術	220	3360円
2.（3回）	超精密加工技術	212	3150円
3.	超精密環境制御技術		

精密工学講座

(各巻A5判，欠番は品切です)

■編集責任者　宮本　博・津和秀雄・岡村健二郎・吉川弘之

配本順			頁	定価
1.（8回）	精密工学序説	津和秀夫他著	168	2835円
6.（10回）	機械運動学	牧野　洋／高野政晴 共著	252	4095円
8.（13回）	精密測定学	櫻井好正著	152	2310円
12.（5回）	設計工学	今井兼一郎他著	328	3465円

定価は本体価格+税5％です。
定価は変更されることがありますのでご了承下さい。

図書目録進呈◆

塑性加工技術シリーズ

(各巻A5判，欠番は品切れです)

■(社)日本塑性加工学会編

配本順		(執筆者代表)	頁	定価
2.(17回)	材料 — 高機能化材料への挑戦 —	宮川 松男	248	3990円
4.(19回)	鍛造 — 目指すはネットシェイプ —	工藤 英明	400	6090円
5.(10回)	押出し加工 — 基礎から先端技術まで —	時澤 貢	278	4410円
6.(2回)	引抜き加工 — 基礎から先端技術まで —	田中 浩	270	4200円
9.(1回)	ロール成形 — 先進技術への挑戦 —	木内 学	370	5250円
10.(11回)	チューブフォーミング — 管材の二次加工と製品設計 —	淵澤 定克	270	4200円
11.(4回)	回転加工 — 転造とスピニング —	葉山 益次郎	240	4200円
12.(9回)	せん断加工 — プレス加工の基本技術 —	中川 威雄	248	3885円
13.(16回)	プレス絞り加工 — 工程設計と型設計 —	西村 尚	278	4410円
15.(7回)	矯正加工 — 板，管，棒，線を真直ぐにする方法 —	日比野 文雄	222	3570円
16.(14回)	高エネルギー速度加工 — 難加工部材の克服へ —	鈴木 秀雄	232	3675円
17.(5回)	プラスチックの溶融・固相加工 — 基本現象から先進技術へ —	北條 英典	252	3990円

加工プロセスシミュレーションシリーズ

(各巻A5判，CD-ROM付)

■(社)日本塑性加工学会編

配本順		(執筆者代表)	頁	定価
1.(2回)	静的解法FEM—板成形	牧野内 昭武	300	4725円
2.(1回)	静的解法FEM—バルク加工	森 謙一郎	232	3885円
3.	動的陽解法FEM—3次元成形	大下 文則		
4.(3回)	流動解析—プラスチック成形	中野 亮	272	4200円

定価は本体価格+税5％です。
定価は変更されることがありますのでご了承下さい。

図書目録進呈◆